Cahiers de Logique et d'Épistémologie
Volume 25

Modèles scientifiques et objets théoriques

Essai d'épistémologie modale

Cahiers de Logique et d'Épistémologie Series Editors
Dov Gabbay   dov.gabbay@kcl.ac.uk
Shahid Rahman   shahid.rahman@univ-lille3.fr

Assistance Technique
Juan Redmond   juanredmond@yahoo.fr

Comité Scientifique: Daniel Andler (Paris – ENS); Diderik Baetens (Gent);
Jean Paul van Bendegem (Vrije Universiteit Brussel); Johan van Benthem
(Amsterdam/Stanford); Walter Carnielli (Campinas-Brésil); Pierre Cassou-
Nogues (Lille 3 – UMR 8163-CNRS); Jacques Dubucs (Paris 1); Jean Gayon
(Paris 1); François De Gandt (Lille 3 – UMR 8163-CNRS); Paul Gochet
(Liège); Gerhard Heinzmann (Nancy 2); Andreas Herzig (Université de
Toulouse – IRIT: UMR 5505-NRS); Bernard Joly (Lille 3 – UMR 8163-
CNRS); Claudio Majolino (Lille 3 – UMR 8163-CNRS); David Makinson
(London School of Economics); Tero Tulenheimo (Helsinki); Hassan Tahiri
(Lille 3 – UMR 8163-CNRS).

Modèles scientifiques et objets théoriques

Essai d'épistémologie modale

Matthieu Gallais

ISBN 978-1-84890-312-8

College Publications
Scientific Director: Dov Gabbay
Managing Director: Jane Spurr

http://www.collegepublications.co.uk

Sommaire

Préambule

Dans cet ouvrage, nous proposons une analyse épistémologique des objets théoriques, s'inscrivant dans la conceptualisation philosophique des modèles utilisés dans une grande variété de disciplines scientifiques. Notre étude concerne la portée des connaissances pouvant être tirées de modèles scientifiques, et les conditions selon lesquelles elles peuvent concerner certains aspects du monde actuel. D'une part, nous envisageons les modèles scientifiques selon un point de vue fictionnaliste ; les diverses idéalisations marquant les définitions d'objets théoriques au sein de modèles scientifiques nous incitent à questionner le mode d'existence de ces *objets*, et à en concevoir des exemplaires stricts dans des contextes rigoureusement compatibles. Toutefois, d'autre part, nous considérons la nature intrinsèquement modale des modèles scientifiques qui visent une multitude de contextes actuels ou possibles, au sein desquels l'identification d'objets théoriques doit être examinée relativement aux conditions d'application des modèles en question dans ces contextes. En effet, nous suggérons que le statut épistémologique accordé aux connaissances tirées d'un modèle scientifique, dans le cadre d'une argumentation visant certaines situations particulières, doit dépendre de la manière dont ce modèle peut être appliqué au sein de ces situations. En particulier, nous questionnons les conditions selon lesquelles des connaissances portant strictement sur des exemplaires de certains objets théoriques dans une situation donnée, peuvent concerner d'autres exemplaires de ces mêmes objets théoriques, identifiés dans d'autres situations. Par exemple, dans quelle mesure la description de la période d'oscillation d'un pendule simple consistant en une masse ponctuelle fixée à l'extrémité d'un fil de masse nulle, peut-elle nous informer sur le mouvement oscillatoire d'un solide suspendu à un fil d'une certaine masse ? De plus, notre étude s'inscrit dans une perspective logique. Tout en distinguant *modèles logiques* et *modèles scientifiques*, nous proposons d'analyser les applications de modèles scientifiques à l'aide de modèles logiques appropriés, notamment munis d'un système d'identification des propriétés et des relations. De manière générale, notre objectif est de rendre compte de l'identité des objets théoriques à travers les situations possibles, en vertu de laquelle nous considérons avoir affaire à des exemplaires différents des mêmes objets théoriques, dans des contextes distincts. En effet, dans notre projet d'épistémologie modale, l'application des modèles scientifiques repose notamment sur l'identité des objets théoriques définis au sein de ces modèles.

Dans le premier chapitre, nous définissons précisément ce que nous entendons par *objets théoriques*, *modèles scientifiques* et *modèles logiques*. Nous justifions l'approche épistémologique de notre analyse, ainsi que la perspective logique dans laquelle elle s'inscrit. Dans le deuxième chapitre, nous présentons les caractéristiques formelles des modèles logiques grâce auxquels nous proposons d'étudier des applications de modèles scientifiques. En particulier, le concept de *ligne de monde* nous permet de rendre compte de l'identité des propriétés et des relations à travers les situations possibles. Dans le troisième chapitre, nous expliquons les apports du fictionnalisme, non seulement vis-à-vis de la compréhension épistémologique des modèles scientifiques, en envisageant des contextes strictement compatibles avec ces modèles, mais aussi d'un point de vue logique, en accordant à ces contextes un statut spécifique au sein de modèles logiques appropriés. Les liens entre modèles scientifiques et situations actuelles ou possibles sont analysés, d'abord, dans le quatrième chapitre, selon le structuralisme scientifique, puis, dans le cinquième et dernier chapitre, en termes de pouvoirs causaux. Tout d'abord, nous critiquons les fondements et les motivations du structuralisme scientifique, et suggérons que cette conception doit prendre en considération l'identité des propriétés et des relations. Ensuite, nous soulignons l'importance des pouvoirs causaux en science et nous décrivons leur rôle dans l'identification des objets théoriques. Enfin, d'un point de vue logique, nous expliquons comment, au sein d'un modèle logique approprié pour l'étude de l'application d'un modèle scientifique, des propriétés exemplifiées strictement dans des contextes compatibles avec ce modèle scientifique, peuvent être *suivies* jusque dans des situations actuelles, relativement à certaines conditions d'application.

Remerciements

Cet ouvrage est tiré de ma thèse de doctorat. J'exprime ma profonde reconnaissance à mon directeur, Tero Tulenheimo, pour l'attention constante qu'il a prêtée à mes recherches et pour nos échanges qui ont été indispensables au développement des idées de cet ouvrage. Je remercie également mon co-directeur, Shahid Rahman, pour son soutien et pour la publication de ce livre. Enfin, j'adresse mes remerciements à tous les chercheurs qui, par leurs écrits ou leurs remarques, m'ont aidé à critiquer et perfectionner mes différentes propositions. En particulier, je remercie Catherine Bruguière, Roman Frigg, Manuel Rebuschi et Franck Varenne, pour la considération qu'ils ont bien voulu porter à mon travail.

Normes rédactionnelles

Les références bibliographiques sont conformes au style Auteur-Date. Dans le texte, une source sera citée de la manière suivante : [Nom, Année] ou [Nom, Année, Page]. Dans un souci de cohérence et afin d'identifier le contexte historique d'une citation, la date indiquée est celle de la première publication du texte cité. Cependant, si elle est différente, la date de l'édition consultée est précisée dans la bibliographie (la pagination est celle du document consulté). Sauf mention contraire, la traduction française des extraits figurant dans le texte est personnelle.

Chapitre 1

Approche épistémologique et perspective logique

Dans ce chapitre, nous présentons la notion d'*objet théorique*, en expliquant ses relations avec celle de *modèle scientifique*. Selon la conception épistémologique que nous proposons, ces deux notions sont indissociables. Un objet théorique est relatif au modèle scientifique au sein duquel il est défini, et nous suggérons que, dans le cadre d'une application à une situation particulière, un modèle scientifique vise certains éléments de cette situation, mais qu'il porte de manière plus générale sur des objets théoriques intrinsèquement modaux, pouvant être identifiés dans une multitude de situations possibles. Par ailleurs, notre étude s'inscrit dans une perspective logique que nous voulons cohérente avec les thèses épistémologiques que nous soutenons. Nous expliquons dans ce chapitre la distinction que nous opérons entre modèles au sens de la logique mathématique et modèles scientifiques, tout en esquissant le rôle que pourront jouer des modèles logiques dans l'étude d'une application de modèle scientifique.

1.1 Épistémologie des modèles scientifiques

1.1.1 Expression d'« objet théorique »

Tout d'abord, nous signalons que le terme d'« objet » dans l'expression « objet théorique » ne doit pas être compris *directement* au sens courant d'objet concret notamment, c'est-à-dire comme un élément *présent* dans une situation à un instant donné, et auquel nous pouvons nous confronter sur un plan sensible. Même si la notion d'*existence* devra être considérée au sens large dans notre approche, intuitivement, un élément est *présent* dans une situation s'il y *existe*, comme l'astre nommé Vénus se trouve au sein du Système solaire ou comme un solide suspendu à l'extrémité d'un fil peut se trouver dans une salle du Panthéon de Paris suite aux expériences du physicien Léon Foucault. Nous distinguons les *objets théoriques* de ces objets au sens courant, dans la même mesure où une propriété est distincte des objets qui l'exemplifient. Nous expliquerons qu'un *objet théorique* est d'ailleurs conceptuellement défini en termes de propriétés notamment. Afin d'éviter toute ambiguïté, nous dirons que des *objets locaux* (au sens de [Tulenheimo, 2017, p. 2] comme nous l'expliquerons d'un point de vue logique dans le second chapitre) se trouvent dans un *système* (au sens de [Shapiro, 1997, p. 73] notamment, en tant que collection d'objets entre lesquels se tiennent des relations). En ces termes, nous distinguons *objets théoriques* et *objets locaux* : un *objet théorique* n'est pas un *objet local* d'un système, mais un *objet local* peut être considéré comme un *exemplaire* d'un *objet théorique* dans ce système. Par exemple, l'astre nommé Vénus peut être considéré comme un exemplaire de l'objet théorique de *planète*, et le dispositif mis en place au Panthéon, comme un exemplaire de l'objet théorique de *pendule simple*. Notre étude porte notamment sur les critères d'identification d'un objet théorique au sein d'un système donné.

De plus, nous employons le qualificatif de « théorique » dans l'expression « objet théorique » au sens de [Black, 1962, p. 226], [Achinstein, 1965, p. 103] ou encore [Giere, 1983, p. 270], où il est attribué aux *modèles* utilisés dans différents domaines scientifiques, pour signifier le niveau conceptuel de ces *modèles* et des définitions qu'ils émettent. De notre point de vue, l'adjectif « théorique » qualifie ce sur quoi portent les modèles scientifiques de manière générale, c'est-à-dire les « objets » de connaissance définis au sein de ces modèles, comme des *concepts scientifiques*. Autrement dit, nous employons l'adjectif « théorique » au sens de « relatif à un modèle scientifique ». Le qualificatif de « théorique » tel que nous l'employons est ainsi à comprendre dans un sens plus large que des adjectifs permettant simplement de mettre en doute l'existence des choses qu'ils qualifient, comme « hypothétique » ou « spéculatif ». D'un côté, un *objet théorique* est une notion relative à un modèle scientifique, étant entièrement défini au sein de ce modèle particulier considéré comme un cadre conceptuel ; « théorique » est ainsi à comprendre au sens de [Duhem, 1906, p. 278] notamment. D'un autre côté, un *objet hypothétique* désignerait un objet dont nous pouvons douter de l'existence ; un tel objet pourrait être qualifié de « théorique » par opposition à « observable » par exemple (au sens de [Carnap, 1966, chap. 23] notamment). Nous pouvons illustrer ces usages de l'adjectif « théorique » en évoquant le *pendule simple* comme un *objet théorique*, et le *phlogiston* comme un *objet hypothétique*. Le phlogiston était un *objet hypothétique* de la physique pour expliquer la combustion, mais son existence est aujourd'hui rejetée. Toutefois, dans notre étude, un objet tel que le phlogiston est *théorique* au sens de « défini au sein d'un modèle », indépendamment de l'existence de son exemplification dans le monde actuel. Même si le phlogiston n'existe pas en tant qu'entité du monde actuel, il reste un *objet théorique* de la phlogistique. Dans notre terminologie, le boson de Higgs en tant qu'*objet* défini au sein d'un modèle de physique est *théorique*, que des particules du monde actuel soient ou non identifiées comme des exemplaires de cet *objet théorique*. Dans le même ordre d'idées, le pendule simple en tant qu'*objet* défini au sein d'un modèle de physique est *théorique*, que des dispositifs du monde actuel soient ou non identifiés comme des exemplaires de cet *objet théorique*.

De ce point de vue, le mode d'*existence* d'un objet théorique est indépendant de l'existence ou de l'observabilité de ses exemplaires. Il y a des objets locaux reconnus comme des exemplaires d'objets théoriques, comme des exemplaires de l'objet théorique de *planète* défini au sein d'un modèle newtonien comme parfaitement sphérique avec une masse uniformément répartie, ou comme des exemplaires de l'objet théorique de *pendule simple* défini comme une masse ponctuelle fixée à l'extrémité d'un fil sans masse. Les adjectifs *théorique* et *hypothétique* pourraient en ce sens être alliés d'une manière particulière : il y a bien des objets locaux reconnus comme des exemplaires d'objets théoriques, mais nous pouvons douter d'une telle identification au sens strict. L'exemplification d'un *objet théorique* est *hypothétique* en un certain sens, et doit être étudiée d'un point de vue épistémologique. Nous expliquerons en effet, dans le chapitre 3, que les définitions d'*objets théoriques* marquées par des abstractions, des idéalisations, ou des isolations, nous amènent à analyser les critères selon lesquels des objets locaux peuvent être identifiés comme des exemplaires d'*objets théoriques*. Comment un dispositif constitué d'un solide qui n'est, de fait, pas ponctuel mais étendu, et d'un fil ayant une certaine masse, peut-il être reconnu comme un exemplaire de l'*objet théorique* de *pendule simple* défini comme une masse ponctuelle fixée à l'extrémité d'un fil sans masse ?

Notre étude épistémologique portera sur le mode d'existence des *objets théoriques*, au sens de constructions scientifiques, à un niveau conceptuel, ainsi que sur la manière dont ils peuvent être exemplifiés au sein d'une situation possible ou d'un contexte expérimental actuel, selon certains critères d'approximation. Nous proposerons que les *propriétés* occupent une place essentielle dans l'identification des exemplaires d'un objet théorique. Signalons d'ailleurs que notre étude relève de l'épistémologie : nous cherchons à analyser de manière générale les objets théoriques et les propriétés scientifiques tels qu'ils sont définis au sein de modèles scientifiques, et non, comme nous l'expliquerons, « les propriétés » dans un sens ontologique, dont le concept peut être appelé celui des *propriétés naturelles*, et qui seraient indépendantes des modèles scientifiques.

1.1.2   Perspective modale

Différents objets locaux peuvent être reconnus, sous certaines conditions, comme des exemplaires d'un même objet théorique, non seulement au sein d'une même situation, mais aussi à travers une multitude de contextes et différents instants du temps. Notre analyse devra notamment rendre compte de la diversité des exemplaires d'un objet théorique et de la pluralité des systèmes dans lesquels il peut être identifié. De manière

générale, comme l'explique Jocelyn Benoist, « le concept est essentiellement fait pour affronter la modalité » [Benoist, 2010, p. 124] ; c'est en
particulier le cas d'un objet théorique défini au sein d'un modèle scientifique. Nous suggérerons que, d'un point de vue épistémologique, les
objets théoriques, comme les propriétés scientifiques, peuvent être considérés comme des liens entre les ensembles de leurs exemplifications dans
différentes situations. Les modèles scientifiques portent sur des objets
théoriques, des propriétés et des relations, non pas en ne prenant en
compte que des exemplifications particulières isolées, comme une exemplification stricte dans un monde idéal ou même une seule exemplification
reconnue dans un système actuel, mais bien en considérant un ensemble
d'exemplifications possibles. L'individualité propre des objets locaux est
admise (chaque objet local est *différent* d'un autre), mais nous devons
expliquer comment ces objets locaux peuvent être identifiés comme des
exemplifications d'une *même* propriété, ou comme des exemplaires d'un
même objet théorique, et ainsi rendre compte de l'*identité* de ces objets théoriques et de ces propriétés à travers les situations possibles, en
vertu de laquelle nous considérons avoir affaire aux *mêmes* propriétés ou
aux *mêmes* objets théoriques. Suite à notre définition d'objet théorique,
l'identité d'un objet théorique devra être considérée dans le cadre du
modèle scientifique au sein duquel il a été défini.

1.1.3   Modèles scientifiques

Description de modèle

Les modèles scientifiques sont variés et de différents types, et peuvent
surtout être présentés de diverses manières, par des ensembles d'idées
abstraites, mais aussi par des constructions physiques concrètes, comme
des maquettes de ponts ou d'avions, ou bien encore des assemblages de
molécules en bois. Un modèle scientifique est présenté au moyen d'une
description (« model description » au sens de [Frigg, 2010c] notamment),
mais ce terme de *description* englobe diverses formes de présentations
de modèles, pouvant être linguistiquement formulées (dans un langage

formel ou naturel), partiellement mathématiques, sous forme de diagrammes ou d'images, ou encore sous forme numérique en images de synthèse en trois dimensions (voir par exemple [Barberousse et Ludwig, 2009, p. 56], même si, dans cet article, le terme « description » désigne exclusivement une présentation linguistique). De manière générale, nous employons l'expression « description de modèle » pour faire référence à la manière dont un modèle scientifique est présenté. Remarquons qu'un même modèle scientifique peut, semble-t-il, être présenté sous différentes formes. Par exemple, une description linguistique dans un certain langage peut être traduite dans un autre langage, un assemblage concret en bois peut présenter le même modèle qu'une image de synthèse en trois dimensions, ou bien encore, un article linguistiquement formulé et un dispositif matériel peuvent être la description d'un même modèle scientifique.

Systèmes-modèles

Le débat entre réalisme et fictionnalisme vis-à-vis des modèles scientifiques concerne ce qui est *effectivement visé* par ces modèles ; constituent-ils un ensemble de connaissances sur le monde en portant *directement* sur les situations ou phénomènes sur lesquels ils sont justement censés porter, ou les connaissances tirées des modèles concernent-elles seulement *indirectement* ce sur quoi ces modèles sont censés porter ? Les modèles scientifiques sont employés dans le but de décrire, expliquer, ou prédire, selon les cas, certains aspects du monde ou d'un contexte particulier, mais d'un point de vue épistémologique, le rapport entre les modèles et ce qu'ils sont censés viser doit être questionné. Dans le cadre d'une étude du pendule simple par exemple, les modèles scientifiques utilisés *visent* les exemplaires de pendule simple auxquels nous pouvons nous confronter dans un contexte expérimental notamment, en émettant par exemple des prédictions sur leur période d'oscillation. Mais ces exemplaires sont-ils bien ce qui est *effectivement visé directement* par ces modèles ? Selon le point de vue fictionnaliste, que nous expliquerons précisément dans le chapitre 3, les abstractions, idéalisations et isolations intervenant dans la conception des modèles scientifiques doivent nous inciter à considérer que ces modèles portent sur des fictions, *directement*, même s'ils peuvent décrire, expliquer, ou prédire *indirectement* ce sur quoi ils sont censés porter. De ce point de vue, une description de modèle, au sens décrit dans le paragraphe précédent, vise ou génère une fiction, comme un contexte idéal dans lequel un exemplaire de pendule simple exemplifie strictement les propriétés et les relations qui le définissent dans le modèle scientifique en question (nous parlerons de *propriétés définitionnelles*), et vérifie strictement les lois émises par ce modèle au sujet de l'objet théorique de pendule simple. En termes fictionnalistes, un tel contexte est un *système-modèle* généré à partir de la description du modèle scientifique considéré. Cette expression, initialement proposée dans [Godfrey-Smith, 2006, p. 735], qualifie ce qui vérifie rigoureusement les prescriptions d'un modèle scientifique. Lorsque ces prescriptions sont idéalisées, comme dans le cas d'un modèle définissant son objet d'étude comme un mobile fixé à un fil de masse nulle par exemple, les *systèmes-modèles* doivent être imaginés [Frigg, 2010c, p.253].

Les simplifications effectuées lors de la conception d'un modèle scientifique ont de multiples intérêts, nous permettant notamment de saisir des objets ou des phénomènes trop *complexes* pour être modélisés ; « nous expliquons des phénomènes complexes en les réduisant à leurs composants plus simples » [Cartwright, 1983, p. 58]. D'un autre point de vue, les simplifications peuvent être considérées comme les conséquences des limitations des outils dont nous disposons (comme les outils mathématiques) face à « la complexité des systèmes réels qui doivent être modélisés » [Knuuttila et Loettgers, 2012, p. 6]. Que les simplifications soient épistémologiquement motivées ou inhérentes aux méthodes de modélisation, elles semblent caractériser toutes les descriptions de modèles scientifiques [Morrison, 2015, p. 34] ; nous expliquerons notamment qu'une description de modèle peut ne pas comporter d'idéalisation, mais en ne visant qu'un aspect ou qu'une partie du monde, elle peut être marquée de certaines abstractions et isolations. Selon la conception fictionnaliste, les descriptions de modèles scientifiques, en raison des simplifications qu'elles comportent, décrivent des *systèmes-modèles*. De notre point de vue, ces systèmes-modèles vérifient rigoureusement les descriptions de modèles scientifiques, et comportent notamment des exemplaires stricts des objets théoriques définis au sein de ces modèles (comme des pendules constitués d'un fil de masse nulle par exemple).

D'un point de vue fictionnaliste, l'éventualité, évoquée dans le paragraphe précédent, selon laquelle un même modèle scientifique puisse être présenté sous différentes formes, est considérée en termes de systèmes-modèles : « différentes descriptions sont censées décrire le même système-modèle » [Frigg, 2010c, p. 256]. Ce concept de système-modèle permet notamment de parer à une compréhension purement linguistique des modèles, selon laquelle une description dans un certain langage et sa traduction dans un autre langage aboutiraient à deux modèles distincts [Frigg et Hartmann, 2012, section 2.4]. De manière générale, nous suggérons qu'un système-modèle (ou une classe de systèmes-modèles, comme nous l'expliquerons) peut être décrit par différentes *descriptions*, au sens large du terme comme nous l'avons défini.

Par ailleurs, signalons que les définitions, les lois, ou plus généralement les prescriptions d'un modèle scientifique, doivent être systématiquement considérées comme relatives à ce modèle. Comme nous l'avons notamment expliqué, un objet théorique est toujours relatif au cadre conceptuel dans lequel il est défini. Dans le même ordre d'idées, une loi émise à partir d'un modèle scientifique ne peut pas en être extraite sans négliger les hypothèses et les définitions relativement auxquelles cette loi peut être vérifiée au sein des contextes dans lesquels ce modèle s'applique. Plus simplement encore, les définitions elles-mêmes doivent être étudiées dans le cadre des modèles dont elles composent les descriptions. Par exemple, nous pouvons tirer des connaissances importantes d'un modèle de physique selon lequel le fil d'un pendule simple est de masse nulle, mais une telle définition en elle-même, sortie de ce cadre conceptuel, semble sans intérêt. Cette recommandation épistémologique concerne en particulier toute conception linguistique des modèles. Ce que désigne un terme est déterminé dans le cadre d'un modèle considéré. Par exemple, même si deux descriptions de modèles scientifiques définissent respectivement un objet théorique en employant le même terme de « planète », il s'agit potentiellement de deux objets théoriques différents. L'objet théorique de *planète* défini, d'une part, au sein d'un modèle scientifique conforme aux indications de l'Union Astronomique Internationale de 2006, et l'objet théorique de *planète* défini, d'autre part, au sein d'un modèle scientifique de la fin du XXᵉ siècle par exemple, ne possèderont pas les mêmes exemplaires. En l'occurrence, relativement au premier modèle, l'astre nommé Pluton n'est pas considéré comme un exemplaire de l'objet théorique de *planète*, mais il peut être identifié comme un exemplaire de l'objet théorique de *planète* défini dans un modèle plus ancien. De manière générale, les descriptions de modèles portent ainsi sur les objets théoriques des modèles en question, qui ont des exemplaires stricts dans des systèmes-modèles. Toutefois, ces modèles visent prétendument des contextes autres que des systèmes-modèles strictement compatibles.

Systèmes-cibles

Les descriptions de modèles, marquées de simplifications variées, comme des abstractions, des idéalisations ou des isolations, définissent des objets théoriques (notamment au moyen de propriétés et de relations définitionnelles). Selon un certain type de fictionnalisme que nous critiquons dans le chapitre 3, les systèmes-modèles constituent les seuls domaines d'existence des objets théoriques (pour reprendre l'expression de [Caveing, 2004, p. 84] employée spécifiquement à l'égard des mathématiques). Nous suggérerons au contraire que, dans le cadre d'une application de modèle scientifique, des objets théoriques peuvent être identifiés en dehors des systèmes-modèles strictement compatibles avec les modèles concernés, relativement à certaines conditions d'application. En l'occurrence, dans le cas de l'application d'un modèle scientifique jugée réussie, des exemplaires des objets théoriques en question sont reconnus au sein des contextes que ce modèle visait, en prétendant le décrire, l'expliquer, ou le prédire selon les cas. Ces contextes visés par un modèle scientifique sont appelés des *systèmes-cibles* (« target systems » dans [Weisberg, 2007, p. 224] notamment).

Notre étude consiste notamment à analyser, d'un point de vue épisté-mologique, la manière dont des propriétés dites *idéalisées* dans le cadre d'un modèle scientifique peuvent être exemplifiées dans des systèmes-cibles qui ne sont pas idéalisés. Précisément, le caractère idéalisé d'une propriété est déterminé par la comparaison entre la description théorique de cette propriété au sein d'un modèle scientifique, et son exemplifica-tion possible dans un certain système-cible. Si une propriété telle qu'elle est définie dans un modèle ne peut pas être strictement exemplifiée dans un système-cible, alors elle est dite *idéalisée* vis-à-vis de ce système. De manière générale, une propriété scientifique peut être idéalisée sur tout un ensemble de situations possibles. Lorsque cet ensemble est consti-tué de tous les systèmes visés par ce modèle ou de tous les contextes concevables par un agent manipulant ce modèle, nous considérons cette propriété comme idéalisée (implicitement vis-à-vis de tous ces systèmes). Par exemple, la propriété d'être parfaitement sphérique, définie au sein d'un modèle scientifique étudiant les planètes, ou celle d'être une masse ponctuelle dans un modèle de physique par exemple, sont dites *idéalisées* dans la mesure où elles ne semblent pouvoir être exemplifiées strictement dans un système-cible actuel.

Application d'un modèle scientifique

Une application de modèle scientifique au sein d'un système-cible peut être jugée réussie si les connaissances tirées de ce modèle sont per-tinentes vis-à-vis de ce système-cible, relativement aux motivations de cette application, c'est-à-dire, selon la nature des objectifs de cette ap-plication de modèle, si les descriptions, les explications ou les prédictions que ce modèle fournit sont justes, pertinentes ou fructueuses vis-à-vis du système-cible en question. Si tel est le cas, nous considérons que ce système-cible est *compatible* avec ce modèle scientifique, relativement, comme nous l'expliquerons principalement dans le chapitre 5, aux conditions de cette application (qui consistent notamment à définir des critères d'approximation permettant des exemplifications approximatives de propriétés scientifiques), et relativement aux « besoins et aux intérêts », au sens de [Teller, 2009, p. 236], qui motivent cette application de modèle. Un degré d'approximation est justifié par des *besoins* et des *intérêts* variables, selon par exemple que nous souhaitons appliquer un modèle plus ou moins facilement, ou plus ou moins rigoureusement. L'expression de *représentation scientifique* peut être employée pour envisager « la représentation des phénomènes empiriques, au moyen d'artefacts physiques et mathématiques » [van Fraassen, 2008, p. 1], ou, en d'autres termes, pour qualifier la relation entre un modèle scientifique et un système-cible *compatible*. Cependant, le terme de *représentation* pouvant suggérer une notion trop générale, nous utiliserons généralement le terme de *compatibilité* : un système-cible peut être dit « compatible » avec un modèle scientifique relativement à certaines conditions d'application, et certains besoins et intérêts. En accord avec les travaux de Kendall Walton, nous critiquerons, dans le chapitre 3, la notion de *représentation* (au sens de [Walton, 1990]) entre modèles scientifiques et systèmes-cibles. En effet, appliquer un modèle scientifique comportant notamment des idéalisations à un système-cible donné, requiert de « faire *comme si* [ce système] possédait des caractéristiques qu'il n'a pas » [Potochnik, 2017, p. 23]. Nous expliquerons qu'une telle démarche ne constitue pas une *représentation* au sens de Walton. La conception fictionnaliste des modèles scientifiques trouve d'ailleurs l'une de ses origines dans les travaux de Hans Vaihinger, dans lesquels les *représentations* « en contradiction avec la réalité » sont considérées comme des *semi-fictions* [Vaihinger, 1911, p. 79]. Toutefois, nous emploierons le terme de « fiction » dans un sens plus général que selon Vaihinger qui distingue *fictions* au sens fort du terme et *semi-fictions* ; les premières sont en contradiction avec le monde et se contredisent elles-mêmes, tandis que les secondes sont en contradiction avec le monde, sans se contredire elles-mêmes [Fine, 2009, p. 23].

Pour qu'un système-cible puisse être considéré comme *compatible* avec un modèle scientifique, des exemplaires des objets théoriques définis par ce modèle doivent être reconnus comme tels au sein de ce système-cible. Cela requiert ce que Ronald Giere appelle des *hypothèses théoriques* du type : « il y a un X, où la définition correspondante énonce ce que c'est qu'être X », en « identifiant des éléments du modèle avec des éléments des systèmes réels » [Giere, 1983, p. 271]. En nos propres termes, des *hypothèses théoriques* suggèrent notamment que des éléments du système-cible sont identifiés comme des exemplaires des objets théoriques sur lesquels porte le modèle considéré.

Étant donné qu'un objet théorique est défini au sein d'un modèle scientifique, un objet local, pour être reconnu comme un exemplaire d'un objet théorique, doit non seulement exemplifier les propriétés et relations définitionnelles de cet objet théorique, mais aussi, comme nous l'expliquerons par la suite, vérifier les lois concernant cet objet théorique ou toute autre propriété exemplifiée par l'objet local en question. Par exemple, dans le cas d'un objet théorique de pendule simple défini au sein d'un modèle comme une masse ponctuelle fixée à l'extrémité d'un fil de masse nulle, et dont la période d'oscillation obéit à une loi de ce modèle, pour qu'un objet local soit reconnu comme un exemplaire de cet objet théorique, il devra exemplifier, potentiellement sous certains critères d'approximation, ces propriétés définitionnelles, et vérifier cette loi au sein du système dans lequel il se trouve. Or, comme Nancy Cartwright le propose, les lois scientifiques ne sont vraies que dans le cadre des modèles, et Cartwright suggère que « même lorsque des modèles scientifiques conviennent, ils ne conviennent pas très exactement » [Cartwright, 1999, p. 68]. D'un point de vue fictionnaliste, les lois scientifiques émises à partir d'un modèle scientifique ne sont vraies que dans des contextes strictement compatibles avec ce modèle, c'est-à-dire dans des systèmes-modèles. Au sein d'un système-cible actuel par exemple, d'une part, des *hypothèses théoriques* ne pourraient être, de ce point de vue, qu'approximativement vraies [Giere, 1983, p. 296], c'est-à-dire qu'un objet local actuel ne pourrait être qu'un exemplaire approximatif d'un objet théorique (en n'exemplifiant ses propriétés définitionnelles qu'approximativement), et d'autre part, qu'il ne pourrait vérifier les lois qui concernent cet objet théorique selon le modèle scientifique considéré que de manière approximative. La notion de compatibilité peut ainsi être considérée comme un type spécifique de représentation, lorsque les critères d'évaluation d'une représentation jugée « bonne » ou « satisfaisante » sont définis relativement à des conditions d'application et aux besoins qui motivent cette application.

Dans le cadre de notre étude épistémologique, un objet théorique est relatif au modèle scientifique dans lequel il est défini, et son identification dans des situations possibles est quant à elle relative aux conditions d'application de ce modèle. Dans une perspective logique, notre étude s'appuiera notamment sur la notion de *modèle* au sens logique du terme, que nous distinguons de celle de *modèle scientifique*. Dans la section suivante, nous expliquons cette distinction et esquissons dans quelle mesure les caractéristiques formelles des *modèles logiques* que nous proposons dans le deuxième chapitre, reflètent certaines thèses épistémologiques soutenues à l'égard des *modèles scientifiques*.

1.2 Systèmes logiques

1.2.1 Modèles scientifiques et modèles logiques

Au sens de la logique mathématique, des *modèles* sont utilisés pour définir une sémantique pour les énoncés d'un langage logique : un énoncé utilise un certain vocabulaire (avec des symboles de constantes et de prédicats) et respecte la syntaxe du langage considéré, un modèle offre une interprétation pour chaque élément de ce vocabulaire, et une sémantique logique définit la *vérité* d'un énoncé dans un modèle (au sens logique) [Tarski, 1933]. Un *système logique* global présente un concept de modèle logique pour un certain langage, et une sémantique utilisant les modèles de ce type pour évaluer les formules de ce langage.

Afin d'éviter toute ambiguïté, nous employons les expressions de « modèles logiques » et de « modèles scientifiques » ; les premiers fournissent une interprétation pour chaque élément non logique d'un langage et s'inscrivent dans une sémantique générale permettant d'évaluer les formules de ce langage, tandis que les seconds, comme nous les avons présentés dans la section précédente, sont utilisés dans des argumentations scientifiques qui prétendent porter sur certains aspects du monde, certaines situations ou certains objets (des systèmes-cibles de manière générale), en émettant des descriptions, des explications ou des prédictions à propos de ces systèmes-cibles. D'un point de vue conceptuel, nous distinguons *modèles logiques* et *modèles scientifiques*. Une analogie entre ces deux types de modèles peut être soutenue, à l'instar de Suppes qui affirme : « la signification du concept de modèle est la même en mathématiques et dans les sciences empiriques » [Suppes, 1960, p. 12]. Toutefois, une telle analogie s'inscrit dans l'étude des relations entre ce qui est appelé *théories* et *modèles*, dans le débat entre les points de vue syntaxique et sémantique sur les *théories*. En effet, l'analyse des relations entre les notions logiques de *théories* et de *modèles* peut conduire, en philosophie des sciences, à envisager les relations entre les notions de *théories* et de *modèles* au sens scientifique. Selon le point de vue syntaxique, une théorie scientifique est considérée comme une théorie au sens de la logique mathématique, c'est-à-dire comme un ensemble d'énoncés linguistiques, alors que d'un point de vue sémantique, une théorie scientifique est considérée comme une classe de modèles au sens logique (voir [Chakravartty, 2001] notamment). De ce point de vue sémantique, comme le souligne van Fraassen, « le langage employé pour exprimer une théorie n'est ni fondamental ni unique ; la même classe de structures peut tout à fait être décrite de manières radicalement différentes, chacune avec ses propres restrictions » [van Fraassen, 1980, p. 44], même si Chakravartty signale qu'un modèle logique, comme une structure qui satisfait certains axiomes, fournit, pour un certain langage, une interprétation pour tout élément du vocabulaire de ce langage, et que l'indépendance entre modèle et langage peut ainsi être remise en cause [Chakravartty, 2001, p. 326].

Rappelons que notre étude porte sur les *objets théoriques*, considérés comme des entités relatives à des *modèles théoriques* au sens de [Achinstein, 1965] ou de [Giere, 1983] notamment (comme nous l'avons signalé p. 12), l'adjectif *théorique* étant employé pour qualifier ce sur quoi portent les modèles scientifiques. En l'occurrence, l'expression *modèles théoriques* (« theoretical models »), au sens épistémologique, ne doit pas être confondue avec celle de *modèles de théorie* (« model of a theory ») au sens logique. D'un point de vue logique, un *modèle logique* est un modèle d'une théorie au sens logique (c'est-à-dire d'un ensemble d'énoncés), si tout énoncé de cette théorie est vrai dans ce modèle [Tarski, 1933]. Notre étude ne concerne pas les *modèles de théorie* au sens logique, mais bien les *modèles théoriques* tels que nous les avons présentés d'un point de vue épistémologique. Dans une certaine mesure, nous considérons dans notre étude les modèles scientifiques comme des entités *autonomes*, à l'instar de [Morrison, 1999]. Nous prétendons adopter un point de vue global et unifié sur les modèles scientifiques, quelle que soit la manière dont tels ou tels modèles peuvent être présentés (linguistiquement ou non), et quelle que soit l'éventuelle relation entre tels ou tels modèles et telles ou telles théories (que des modèles soient considérés comme une étape préliminaire à l'élaboration d'une théorie, comme des éléments participant à la formulation d'une théorie, ou au contraire comme un moyen de comprendre des théories complexes déjà existantes ; ces différentes considérations étant présentées dans [Frigg et Hartmann, 2012, section 2.4] par exemple).

1.2.2   Logique et épistémologie

Tout en distinguant *modèles logiques* et *modèles scientifiques*, nous proposons une analyse épistémologique des argumentations basées sur des modèles scientifiques, dans une perspective logique. Une argumentation scientifique peut en effet développer un raisonnement en justifiant certaines de ses propositions sur les conclusions tirées d'un modèle scientifique. D'une part, notre étude porte principalement sur les modèles scientifiques et sur leurs applications dans des systèmes-cibles (questionnant ainsi leur compatibilité). En effet, l'analyse de l'application d'un modèle scientifique, portant sur des objets théoriques, des propriétés et des relations, dont l'identification des exemplifications est relative aux conditions de cette application, nous permet d'examiner la valeur épisté-mologique d'une argumentation basée sur un modèle scientifique. D'autre part, notre étude épistémologique s'inscrit dans une perspective logique, dans la mesure où nous proposons des systèmes logiques spécifiques utiles pour analyser les applications de modèles scientifiques. En particulier, nous définirons, dans le chapitre 2, de manière générale, la notion de modèle logique *augmenté* pour un langage de logique, et nous spécifie-rons, dans le chapitre 5, la notion de modèle logique augmenté *approprié* pour l'étude d'une application d'un modèle scientifique. À ce stade, nous justifions le fondement même de l'utilisation d'un système logique dans le cadre de recherches épistémologiques sur les objets théoriques et les modèles scientifiques au sein desquels ils sont définis.

Modèles scientifiques et propositions

Comme nous l'avons expliqué, un modèle scientifique peut être pré-senté sous différentes formes, sa *description* peut être linguistiquement formulée ou consister en un dispositif matériel, comme une maquette par exemple. De ce point de vue, une analyse logique liée au langage peut sembler inadaptée. Cependant, nous supposons, à l'instar de Bailer-Jones notamment, que des propositions peuvent être tirées de modèles scienti-fiques :

> « Considérer la vérité ou la fausseté des modèles impli-querait qu'un compte rendu propositionnel des modèles soit possible, car ce ne sont qu'aux propositions que la vérité ou la fausseté peuvent être attribuées. J'appelle *implication* la re-lation entre modèles et propositions : les modèles *impliquent* des propositions. » [Bailer-Jones, 2003, p. 60]

Bailer-Jones précise qu'elle ne fait pas allusion à l'*implication* au sens logique. Nous écrirons qu'un modèle *entraîne* des propositions. Bailer-Jones poursuit :

> « Dans la modélisation, toute une gamme de moyens d'expression différents, tels que des textes, des diagrammes ou des équations mathématiques, sont utilisés pour saisir le contenu d'un modèle. Une partie de ce contenu peut être exprimée par des moyens non propositionnels, mais au moins une partie *peut* être exprimée en termes de propositions sur le phénomène modélisé. Le modèle *contient* ou *entraîne* ces propositions, et les propositions ainsi entraînées par un modèle indiquent ce que le modèle est supposé énoncer sur le phénomène modélisé. Les propositions *ne sont pas* le modèle, mais le modèle peut être transcrit en propositions qui expriment son "message". » [ibid., p. 60]

Le *message* d'un modèle scientifique peut être capturé par des propositions, même si la description de ce modèle n'est pas donnée de manière propositionnelle. Pour illustrer la notion d'*implication* au sens large (et non au sens logique seulement), Bailer-Jones prend l'exemple d'un modèle matériel de molécule d'eau : l'angle que forment les liaisons entre l'atome d'oxygène et les atomes d'hydrogène peut être établi propositionnellement, tout comme il peut être exprimé à l'aide des tiges et des boules composant ce modèle matériel. En effet, un modèle matériel de molécule d'eau *implique* ou *entraîne* certaines propositions, comme celle selon laquelle les liaisons internucléaires d'une molécule d'eau, entre l'atome d'oxygène et ceux d'hydrogène, sont de même longueur, ou celle selon laquelle ces liaisons forment un angle pouvant être exprimé d'une certaine manière, comme $104{,}45°$ par exemple.

Le point de vue global et unifié que nous prétendons tenir vis-à-vis des modèles scientifiques peut être justifié en expliquant que tout modèle scientifique *entraîne* des propositions, quelle que soit la forme sous laquelle il est présenté, c'est-à-dire quelle que soit la nature de sa description. Une argumentation scientifique basée sur un modèle procède d'ailleurs à ce type de démarche, en utilisant les propositions que ce modèle *entraîne*. Par la suite, nous parlerons parfois directement des *propositions d'un modèle*, ou *émises* par un modèle. Notons que dans

le cas d'une description de modèle linguistiquement formée, les propositions exprimées par les énoncés constituant cette description peuvent être
considérées comme des propositions que ce modèle *entraîne*. Mais nous
suggérons que d'autres propositions peuvent être *entraînées*. D'un point
de vue fictionnaliste, nous suggérons qu'un modèle scientifique *entraîne*
des propositions notamment vraies au sein de ses systèmes-modèles. En
effet, comme le suggère Frigg, « il y a plus de choses vraies au sujet [des
systèmes-modèles] que ce que les descriptions initiales spécifient ; personne ne consacrerait du temps à étudier les systèmes-modèles si tout ce
qu'il y avait à savoir à leur sujet était le contenu explicite de la description initiale » [Frigg, 2010c, p. 258].

Logique et propositions

Nous suggérons que l'étude de certaines propositions au sein de
systèmes-modèles, mais aussi de systèmes-cibles, peut contribuer à l'analyse de la compatibilité de ces systèmes avec un modèle scientifique, en
déterminant dans quelle mesure ces propositions sont *entraînées* par ce
modèle scientifique. Nous prétendons que ces propositions peuvent être
analysées d'un point de vue logique, en étant exprimées dans un langage de logique, et, dans le chapitre 2, nous proposerons notamment de
définir des modèles logiques pour un tel langage. En l'occurrence, la logique modale met à notre disposition des outils adaptés dans le cadre
de l'étude épistémologique que nous cherchons à mener. Non seulement,
la vérité des propositions *entraînées* par un modèle scientifique doit être
examinée dans différents contextes, mais comme nous l'avons expliqué,
les objets théoriques peuvent être identifiés dans de multiples situations,
un modèle scientifique pouvant être appliqué à différents systèmes-cibles.
Cependant, nous soulignerons, dans le même chapitre, les limites de certains outils logiques traditionnels notamment pour rendre compte de
l'identité d'un élément ou d'une propriété à travers les *mondes possibles*,
c'est-à-dire à travers différents contextes possibles (nous expliquerons,
p. 35, qu'un *monde possible* en logique peut être considéré comme un

contexte au sens large). Nous définirons donc des modèles pour un langage de logique modale munis notamment d'un système d'identification indépendant d'un système de référence, de manière à étudier des modèles scientifiques et leurs applications d'un point de vue logique.

L'analyse épistémologique des *modèles scientifiques* que nous proposons fait appel à la notion de *modèle logique*. Nous expliquerons précisément la manière dont nous considérons qu'un *modèle logique* peut être *approprié* pour l'étude d'une application de *modèle scientifique*, et comment un tel *modèle logique* s'inscrit dans un système général permettant d'examiner les propositions *entraînées* d'un modèle scientifique notamment. Mais signalons dès à présent la distinction avec la manière dont Jaakko Hintikka suggère d'utiliser la notion de *modèle logique* dans le cadre d'une conception des *enquêtes scientifiques* : dans le cas d'un scientifique (ou « enquêteur » selon les termes de Hintikka) portant son intérêt sur un certain monde (le monde *actuel* de cet enquêteur) et sur une théorie notée T (au sens logique d'un ensemble d'énoncés formulés dans un certain langage), « ce monde est supposé être un modèle de T. En d'autres termes, je suppose que T est vraie dans le monde dans lequel l'enquêteur enquête » [Hintikka, 1984, p. 177]. Comme nous l'avons déjà expliqué, nous distinguons la notion de *modèle théorique* (sur laquelle porte notre étude), et celle de *modèle de théorie*. Dans cet article, Hintikka envisage les mondes possibles *compatibles* avec une théorie, comme des *modèles de cette théorie*, au sens logique. Notre projet concerne quant à lui la relation entre *modèles scientifiques* et *systèmes-cibles*. La manière dont les *modèles logiques* pourront être utilisés pour mener à bien ce projet épistémologique se distingue nettement de la manière dont Hintikka conçoit une analyse logique des *enquêtes scientifiques*. En l'occurrence, de notre point de vue, une situation sera considérée comme un monde possible d'un modèle de logique modale, de manière à étudier l'identification d'un objet théorique à travers différentes situations (alors que selon l'analyse proposée par Hintikka, un monde possible peut être un *modèle de théorie*).

1.2.3 Interprétation et évaluation

Dans un modèle logique pour un certain langage, muni d'une fonction d'interprétation notamment (au sens courant), les éléments non logiques de ce langage peuvent désigner des objets d'un domaine, c'est-à-dire des éléments d'un ensemble d'objets (dans le cas de constantes) ou un sous-ensemble de ce domaine (dans le cas de prédicats). La référence d'un élément du vocabulaire dans un contexte est ainsi déterminée. Un système logique définit une sémantique pour un tel modèle en établissant notamment les conditions de satisfaction des formules respectant la syntaxe du langage considéré. Par ailleurs, un modèle scientifique *entraîne* des propositions vraies au sujet d'objets, de propriétés ou de phénomènes au sein de ses systèmes-modèles, et *supposées* vraies dans des situations qui constituent les systèmes-cibles compatibles avec ce modèle scientifique. Nous suggérons que des modèles de logique modale peuvent être *appropriés* pour rendre compte de la nature intrinsèquement modale des modèles scientifiques et des objets théoriques, et pour étudier, avec une relation de satisfaction, les conditions de satisfaction de formules exprimant des propositions au sujet de certains contextes pour déterminer s'ils sont ou non compatibles avec un modèle scientifique. L'analyse des ces modèles logiques est primordiale, puisque l'interprétation qu'ils fournissent des prédicats notamment est déterminante dans l'évaluation de formules (comme celles exprimant les propositions que le modèle scientifique *entraîne*), vis-à-vis de ces modèles logiques. D'un point de vue épistémologique, nous devons rendre compte de l'application d'un modèle scientifique à des situations actuelles ou possibles, en établissant qu'un exemplaire d'un objet théorique dans de telles situations, et non simplement un exemplaire strict au sein d'un système-modèle, puisse satisfaire les prédicats idéalisés utilisés pour exprimer les propositions *entraînées* du modèle scientifique dont l'application est analysée, et au sein duquel cet objet théorique est défini.

1.3   Identité des objets théoriques

Appliquer un même modèle scientifique dans différentes situations consiste notamment à y identifier les mêmes objets théoriques, à reconnaître certains objets locaux différents de ces situations distinctes comme des exemplaires des mêmes objets théoriques ; certaines caractéristiques de ces individualités distinctes conduisent à considérer ces objets comme des exemplaires des mêmes objets théoriques. L'*identité* des objets théoriques à travers les contextes possibles, et particulièrement celle des propriétés qui les définissent au sein de modèles scientifiques (ou plus généralement celle des *relations*), constituent donc une part importante de notre étude épistémologique. Dans une perspective logique, nous suggérons que les modèles logiques traditionnels et les interprétations qu'ils fournissent pour les éléments d'un vocabulaire, ne permettent toutefois pas de rendre compte de cette question de l'identité des propriétés de manière cohérente avec la conception des modèles scientifiques que nous défendons. En effet, les modèles scientifiques portent notamment sur des propriétés. Par exemple, les lois scientifiques se tiennent entre des propriétés. Selon Fred Dretske, une loi selon laquelle *tous les F sont G* doit être comprise, non pas comme un énoncé au sujet des extensions des prédicats F et G, mais comme un énoncé décrivant une relation entre les propriétés de F-ité et de G-ité [Dretske, 1977, p. 252]. Une telle conception est d'ailleurs cohérente avec la théorie de David Hugh Mellor, selon laquelle la causalité a besoin des propriétés, parce qu'elle lie des faits qui ont des propriétés comme constituants et non pas des énoncés comportant des prédicats [Mellor, 1991, p. 173]. Par ailleurs, David M. Armstrong présente le même type d'analyse : les lois expriment une relation de nécessité entre des propriétés [Armstrong, 1983, p. 75]. Examiner l'application d'un modèle scientifique qui définit un objet théorique par certaines propriétés, dans différents systèmes-cibles, requiert d'être en mesure de rendre compte de l'identité de ces propriétés, et ainsi de cet objet théorique, à travers les mondes possibles. Or, comme nous l'avons expliqué, un modèle logique offre une interprétation des éléments d'un vocabulaire, constituant ainsi un système de référence pour ces éléments linguistiques. Pour que l'analyse épistémologique que nous proposons puisse utiliser des modèles logiques pour étudier les propositions qu'un modèle scientifique *entraîne*, nous suggérons que ces modèles logiques doivent également être munis d'un système d'identification permettant de rendre compte de l'identité des propriétés et des relations à travers les mondes possibles ; identité en vertu de laquelle nous considérons avoir affaire aux exemplaires des *mêmes* objets théoriques dans différentes situations.

Conclusion du Chapitre 1

Dans ce chapitre, nous avons expliqué comment certains aspects d'une analyse épistémologique des modèles scientifiques et des objets théoriques qu'ils définissent, peuvent s'inscrire dans une perspective logique. Un modèle scientifique *entraîne* des propositions jugées vraies dans des systèmes dits compatibles. Nous suggérons d'étudier ces propositions et leurs valeurs de vérité à l'aide de modèles de logique modale. Dans le chapitre suivant, nous définissons un système logique général permettant d'évaluer les formules d'un langage de logique modale vis-à-vis de modèles logiques munis d'un système d'identification indépendant d'un système de référence. Nous spécifierons par la suite les caractéristiques des modèles logiques dit *appropriés* pour l'étude d'une application de modèle scientifique. En particulier, à l'aide d'un système d'identification comme celui que nous définissons dans le chapitre suivant, les propriétés sur lesquelles porte un modèle scientifique, peuvent être *suivies* à travers les systèmes-cibles, indépendamment du langage utilisé pour exprimer les propositions que ce modèle scientifique *entraîne*.

Chapitre 2

Lignes de monde

Dans ce chapitre, après avoir présenté la notion traditionnelle de modèle au sens logique pour un langage de la logique modale, en envisageant diverses caractéristiques possibles d'une sémantique logique, nous expliquerons, sur un plan conceptuel, les raisons épistémologiques qui motivent les particularités formelles de la sémantique que nous définissons. Sur un plan logique, nous proposerons ainsi rigoureusement une définition de modèle *augmenté* pour un langage de la logique modale, et envisagerons différentes manières de déterminer la satisfaction des formules de ce langage vis-à-vis d'un modèle logique *augmenté*. Notre objectif consiste à enrichir la logique modale traditionnelle en introduisant de nouveaux concepts pertinents pour l'analyse des applications de modèles scientifiques dans différents systèmes-cibles, et d'élaborer ainsi une sémantique dont les caractéristiques formelles reflètent les différentes exigences épistémologiques de notre étude.

2.1 Options logiques et motivations épistémologiques

Dans cette section, après avoir présenté la syntaxe de la logique modale de notre étude, nous expliquerons et motiverons, d'un point de vue épistémologique, les caractéristiques logiques du système que nous proposons, avec la notion de modèle de logique modale *augmenté* (section 2.3) et avec différentes relations de satisfaction (section 2.4).

2.1.1 Syntaxe de logique modale

Soit un vocabulaire composé :

- d'un ensemble de constantes (notées a, b...),

- d'un ensemble de prédicats (notés P, Q...),

- d'un ensemble de variables (notées x, y...). Cet ensemble est noté : *Var*.

Un langage $\mathcal{L}$ de la logique modale, constitué à partir d'un vocabulaire de ce type, est syntaxiquement composé de la manière suivante :

(i)   Si P est une lettre prédicat n-aire dans le vocabulaire du langage $\mathcal{L}$, et si chaque t_1,..., t_n est une constante ou une variable du vocabulaire de $\mathcal{L}$, alors $Pt_1 \ldots t_n$ est une formule atomique dans le langage $\mathcal{L}$. En particulier, nous parlons de prédicat unaire si $n = 1$.

(ii) Si t_1 et t_2 sont des termes (constantes ou variables) du vocabulaire de $\mathcal{L}$, alors $t_1 = t_2$ est une formule atomique de $\mathcal{L}$.

(iii) Si φ et ψ sont des formules de $\mathcal{L}$, alors $\neg\varphi$, $(\varphi \wedge \psi)$, $(\varphi \vee \psi)$, et $(\varphi \to \psi)$ en sont également.

(iv) Si φ est une formule de $\mathcal{L}$ et x une variable, alors $\exists x\varphi$ et $\forall x\varphi$ en sont également.

(v)   Si φ est une formule de $\mathcal{L}$, alors $\Box\varphi$ et $\Diamond\varphi$ en sont également.

(vi) Seul ce qui peut être généré par les clauses (i)-(v) en un nombre fini d'étapes, est une formule de $\mathcal{L}$.

Notons que $\neg$, $\vee$, $\wedge$, $\to$ sont des connecteurs logiques (jouant respectivement les rôles de la négation, de la disjonction, de la négation et de l'implication), $\exists$ et $\forall$, des quantificateurs (respectivement quantificateur existentiel et quantificateur universel), et $\Box$ et $\Diamond$, des opérateurs modaux (respectivement relatifs à la nécessité et à la possibilité).

Par définition, un énoncé est une formule sans variable libre. Dans une formule, une variable est libre si elle possède au moins une occurrence libre dans cette formule ; une occurrence d'une variable x est libre si elle n'est dans la portée d'aucun quantificateur portant sur x ; sinon elle est liée. Dans un énoncé, toutes les occurrences de variables sont liées.

2.1.2   Modèle traditionnel de logique modale

Un modèle $M = \langle W, R, I \rangle$ est défini (notamment à partir de [Gamut, 1991, p. 53] et [Fitting et Mendelsohn, 1998, p. 95]) comme un modèle pour un langage $\mathcal{L}$ de la logique modale, dont la syntaxe, pour un vocabulaire donné, respecte les clauses définies en 2.1.1, avec :

- Un ensemble non vide W composé de mondes possibles.

- Une relation binaire R sur W. R est une relation dite « d'accessibilité » entre mondes possibles. Un monde $w' \in W$ est dit accessible par R depuis $w \in W$ si et seulement si wRw'.

- Une fonction d'interprétation I, à deux arguments, qui assigne :

  - à une constante c du langage $\mathcal{L}$ et à un monde $w \in W$, un élément d'un domaine.

  - à un prédicat n-aire P du langage $\mathcal{L}$ et à un monde $w \in W$, un ensemble de n-uplets d'éléments.

Ensemble de mondes possibles

L'ensemble W est composé de mondes possibles ($W = \{w_1, w_2, w_3\}$ par exemple). Un monde est un contexte au sens large ; il peut s'agir d'une situation actuelle, possible ou imaginée, d'un instant du temps... La nature du domaine d'un monde peut ainsi varier selon les cas, pouvant contenir des objets physiques, des personnes, des nombres, ou même des ensembles d'objets par exemple. Comme le suggère Jaakko Hintikka, les mondes possibles ne sont pas nécessairement des *univers* complets :

> « La plupart des applications souhaitées découlent davantage de ce que nous pourrions appeler "scénarios", plutôt

que des histoires de monde entier. Mais l'étiquette de "sémantique de mondes possibles" originellement inspirée par
Leibniz, porte sérieusement à confusion. Peut-être devrions-
nous plutôt parler de sémantiques de *possibilia* ou de sémantiques de scénarios alternatifs, ou même nous réapproprier
un terme et parler de "sémantique de situations" » [Hintikka
et Hintikka, 1982, p. 75]

Dans le cadre de l'évaluation de propositions *entraînées* par un modèle
scientifique, les mondes d'un modèle logique pourront par exemple être
considérés comme des contextes expérimentaux ou des systèmes-cibles
arbitrairement isolés.

Cette question de la nature des mondes prendra une plus grande
importance au moment d'étudier les mondes possibles générés par une
fiction. En effet, dans le chapitre suivant, nous analyserons quelques similitudes entre descriptions de modèles scientifiques et œuvres fictionnelles, et étudierons certaines positions fictionnalistes. Un exemple de
problématique fictionnaliste liée à notre étude peut en effet être celui
de la détermination d'un monde. Nous expliquerons qu'un texte de fiction génère un certain ensemble de mondes à travers lesquels les valeurs
de vérité de propositions particulières peuvent varier. Par exemple, la
question concernant le nombre de cheveux que possède Sherlock Holmes
est-elle indécidable étant donné que cette information n'a pas été précisée
par Arthur Conan Doyle dans l'ensemble de son œuvre ? Nous étudierons
deux réponses possibles à ce type de question. La première sera basée sur
l'idée qu'un « monde » généré par une fiction est incomplet ; la propriété
liée au prédicat « avoir n cheveux » ne sera alors pas exemplifiée par
Sherlock Holmes dans un tel monde, quel que soit n. La seconde consistera à établir qu'une fiction génère toute une classe de mondes ; dans
certains mondes, Sherlock Holmes possèdera un nombre n de cheveux,
dans d'autres, il en possèdera un nombre m, etc.

Relation d'accessibilité

La nature des relations qui se tiennent entre certains mondes de W dépend du type d'accès considéré. Il peut par exemple s'agir d'accès épistémiques : un monde w est accessible depuis une situation actuelle, notée @, si et seulement si nous connaissons certaines choses au sujet de w depuis @, ou si nous pouvons imaginer le contexte w depuis @. Par exemple, dans le cas des croyances d'un agent, un monde w est épistémiquement accessible depuis @ pour cet agent, si et seulement si tout ce que croit cet agent dans @ est vrai dans w. Il peut également s'agir de liens entre différents instants du temps : un instant t est accessible depuis $t_@$ si et seulement si t est passé par rapport à $t_@$. La figure 2.1 est une illustration d'un ensemble de mondes $\{w_1, w_2, w_3\}$ et d'une relation d'accessibilité R telle que $w_1 R w_2$ et $w_1 R w_3$ (w_2 et w_3 sont dits accessibles depuis w_1).

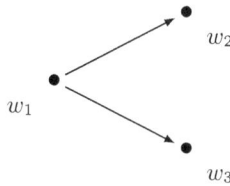

FIGURE 2.1 – Exemple de relations sur un ensemble de mondes

Interprétation

L'interprétation d'une constante c dans un monde w, notée $I(c, w)$, est l'élément désigné par la constante c dans w. Par exemple, avec la constante c valant pour le nom *Napoléon*, et @ pour une situation actuelle, $I(c, @)$ est le personnage historique nommé *Napoléon* dans @.

L'interprétation d'un prédicat n-aire P dans w, notée $I(P, w)$, est l'ensemble des n-uplets qui satisfont le prédicat P dans w. Par exemple, avec le prédicat unaire P valant pour « être un empereur », et une situation actuelle @, $I(P, @)$ est l'ensemble des personnes portant le titre d'empereur depuis le contexte actuel @.

2.1.3   Domaines et interprétation

En logique du premier ordre, le *domaine de quantification* d'un monde est l'ensemble des éléments sur lesquels nous pouvons quantifier depuis ce monde. Dans l'exemple précédent, avec prédicat P valant pour « être un empereur », l'évaluation d'une formule comme $\exists x P x$, dans un monde w, est relative au domaine de quantification de w. En l'occurrence, cet énoncé sera vrai dans w si le domaine de quantification de w contient au moins une personne portant le titre d'empereur, c'est-à-dire si nous pouvons « parler », dans w, d'une personne qui porte ce titre.

Domaine d'un monde

D'un point de vue épistémologique, pour déterminer le succès d'une application de modèle scientifique dans un contexte expérimental particulier, il semble souhaitable d'être en mesure de ne considérer que les éléments *présents* dans cette situation, c'est-à-dire les éléments qui *existent* dans cette situation (ou les n-uplets d'éléments de cette situation) qui y exemplifient les propriétés (ou respectivement les relations) sur lesquelles porte le modèle scientifique en question. Sur un plan logique, nous définissons donc le *domaine* d'un monde w comme l'ensemble D_w constitué des éléments *présents* dans ce monde w. Les membres de D_w *existent* dans w, même si la notion d'*existence* est à considérer au sens large. En effet, le personnage de Sherlock Holmes *existe* dans un monde généré par la fiction de Conan Doyle par exemple. Et en science, nous suggérons qu'un objet *existe* dans une situation si certains aspects peuvent par exemple en être mesurés. Les éléments composant le domaine d'un monde en ce sens, sont ce que Tero Tulenheimo appelle *objets locaux* [Tulenheimo, 2017, p. 2]. Dans la sémantique des mondes possibles que nous proposerons, nous distinguerons donc le *domaine* d'un monde et son *domaine de quantification*, même si nous définirons un lien spécifique entre eux.

Localité stricte des domaines de mondes

D'un point de vue épistémologique, l'identité d'un élément à travers différents contextes expérimentaux ne doit pas être présupposée. En science, établir qu'un objet présent dans une situation est le *même* que dans une autre situation (ou également entre différents instants du temps), est une démarche épistémique dont notre sémantique logique doit rendre compte. Sur un plan logique, la potentialité de considérer qu'un même objet d se trouve à la fois dans le domaine d'un monde w_1 et dans celui d'un autre monde w_2, en notant à la fois « $d \in D_{w_1}$ et $d \in D_{w_2}$ », pourrait amener à concevoir l'*identité trans-monde* comme une évidence métaphysique qu'il ferait sens de préétablir d'un point de vue formel. Dans notre sémantique de logique modale, nous imposerons donc la stricte localité des domaines de mondes et définirons un lien conceptuel potentiel entre objets locaux de domaines de mondes distincts, puis nous analyserons ce lien, dans les chapitres suivants, en expliquant cette identification d'un point de vue épistémologique (qu'il s'agisse de celle d'un individu, mais également de celle d'une propriété ou d'une relation). Nous imposerons ainsi qu'au sein d'un modèle de logique modale (dont l'ensemble des mondes possibles est W), les domaines de mondes distincts soient disjoints ; pour tout $w_1 \in W$ et tout $w_2 \in W$ tels que $w_1 \neq w_2$:

$$D_{w_1} \cap D_{w_2} = \varnothing$$

Désignation non rigide

D'un point de vue logique, la localité stricte des domaines de mondes n'interdit pas qu'une constante soit interprétée dans un monde comme un élément d'un domaine d'un autre monde. En effet, dans un modèle pour un langage $\mathcal{L}$ de la logique modale, une constante c de $\mathcal{L}$ peut être interprétée dans un monde w comme un élément d'un autre domaine que celui de w. Il n'est pas requis que $I(c, w) \in D_w$; l'interprétation de c

dans w peut être dans le domaine de n'importe quel monde appartenant à l'ensemble des mondes possibles W du modèle considéré :

$$I(c, w) \in \bigcup_{v \in W} D_v$$

Par exemple, dans un modèle de logique modale particulier, le personnage nommé *Napoléon* peut ne pas se trouver dans le domaine d'une situation actuelle @, mais être dans celui d'un contexte historique passé w. Dans ce cas, avec la constante c valant pour le nom *Napoléon* : $I(c, @) \in D_w$. Une telle conception logique peut ainsi permettre qu'une constante soit interprétée, dans différents contextes, comme le même objet local. Notons dès à présent que nous ne définirons pas de cette manière la fonction d'interprétation des modèles logiques que nous proposons, et que nous n'adopterons pas la théorie de la *désignation rigide*.

L'une des particularités de la sémantique proposée par Saul Kripke est la *désignation rigide* [Kripke, 1980]. Les constantes sont des désignateurs rigides : elles désignent le même objet dans tous les mondes. Comme nous l'avons noté, une constante c peut désigner, depuis un monde w, un objet du domaine d'un autre monde w' ; $I(c, w) = d$ avec $d \in D_{w'}$. La théorie de la désignation rigide stipule que l'élément désigné par un désignateur rigide est le même dans tous les contextes d'évaluation. Précisément, dans un modèle kripkéen pour un langage $\mathcal{L}$ de la logique modale, avec W l'ensemble des mondes de ce modèle, pour toute constante c de $\mathcal{L}$, ainsi que pour tout $w \in W$ et tout $w' \in W$:

$$I(c, w) = I(c, w')$$

Par exemple, le nom propre *Napoléon* désigne le même personnage historique dans n'importe quel contexte, même s'il n'est pas un élément du domaine du contexte en question. Kripke illustre cette théorie de la désignation rigide à l'aide d'un exemple, tiré de [Frege, 1892, p. 62], qui concerne les noms donnés à *l'étoile du matin* et à *l'étoile du soir* dans la mythologie grecque, respectivement *Phosphorus* et *Hesperus*. Le fait que ces deux noms désignent le même élément depuis tous les mondes d'un modèle kripkéen, est considéré, selon la théorie de la désignation rigide, comme une vérité nécessaire, même si Kripke distingue différents types de nécessité [Kripke, 1971, p. 137], et même si une telle vérité ne peut être connue que de manière *a posteriori* (Kripke distinguant notamment les modalités métaphysiques et épistémiques [Kripke, 1980, p. 36]). Par exemple, une déclaration telle que « les peuples de Grèce antique savaient que *Hesperus* est *Phosphorus* » ne devrait pas être vraie (évaluée dans un contexte actuel notamment).

En reprenant la distinction que nous opérons entre le *domaine* d'un monde w, noté D_w (l'ensemble des objets effectivement présents dans w), et le *domaine de quantification* dans w (l'ensemble des valeurs possibles des variables quantifiées dans w), le *domaine de quantification* d'une situation w peut contenir des éléments qui ne sont pas dans le *domaine* de w. Par exemple, le personnage nommé *Napoléon* depuis @ n'est pas dans $D_@$. De manière générale, comme nous l'avons souligné, pour une constante c et un contexte w, $I(c, w)$ n'est pas obligatoirement dans D_w. La désignation rigide d'un même élément d par une constante c dans tous les contextes possibles se traduit par $I(c, w) = d$, pour tout $w \in W$, quel que soit le domaine D_v dans lequel l'élément d se trouve. Cette rigidité est possible car le domaine D_w n'est pas le même ensemble que le domaine de quantification dans w.

La désignation rigide est une théorie qui s'inscrit dans la logique modale ou la philosophie du langage, et qui, de ce point de vue, porte sur l'égalité des interprétations d'un désignateur rigide dans différents mondes. Toutefois, Kripke ne prétend pas que cette théorie traite, sur un plan métaphysique ou un plan épistémologique, le problème de l'*identité* à travers les mondes d'un élément désigné de manière rigide. La notation $I(c, w) = I(c, w')$, pour tout $w \in W$ et tout $w' \in W$, traduit formellement la rigidité de la désignation sur le plan logique, mais aucunement l'identité de l'objet désigné à travers les mondes possibles.

Bien que notre analyse de l'identité trans-monde se développera principalement d'un point de vue épistémologique, dans le but d'élaborer un système logique approprié pour l'étude des modèles scientifiques, nous souhaitons définir la désignation, sur un plan linguistique, à l'aide d'une fonction d'interprétation non rigide. En effet, si la désignation d'un objet par une constante n'est pas relative à un modèle logique dans sa globalité en étant la même dans tous les mondes possibles, mais si elle est relative à un monde d'un modèle en étant potentiellement différente d'un monde à l'autre, alors des contextes dans lesquels une même constante est interprétée différemment, peuvent être étudiés au sein d'un seul modèle logique. Par exemple, le nom propre *Napoléon* désigne généralement le personnage historique qui fut sacré empereur des français en 1804, mais dans le contexte de la fiction écrite par George Orwell en 1945 (*Animal Farm. A Fairy Story*), ce même terme désigne un féroce porc Berkshire. La sémantique de logique modale que nous proposerons permettra de rendre compte, non seulement de cette interprétation contextuelle non-rigide (dans un sens spécifique, pour les constantes d'une part, et pour les prédicats d'autre part), mais également de l'identité à travers les mondes.

Contrainte sur les domaines

En logique, potentiellement, un élément du domaine d'un monde w peut satisfaire un prédicat Q (comme « être un empereur ») dans un autre monde que w, comme une situation actuelle @ par exemple. De manière générale, pour un prédicat unaire Q et un contexte w, $I(Q, w)$ n'est pas obligatoirement un sous-ensemble de D_w. En termes d'interprétations, par exemple avec la constante c valant pour le nom *Napoléon*, le prédicat unaire P pour « être un empereur », un monde w et une situation actuelle @, nous pouvons noter : $I(c, w) \in I(P, @)$. Le personnage historique nommé *Napoléon* dans w satisfait ce prédicat dans @, même si le personnage nommé *Napoléon* dans w n'est pas un objet local de @ (si par exemple il est un élément du domaine de w), c'est-à-dire même si $I(c, w) \notin D_@$ (et $I(c, w) \in D_w$ par exemple). Notons que l'adoption de la désignation rigide n'altère pas cette potentialité logique. Une égalité telle que $I(c, @) = I(c, w)$ ne modifie pas le domaine auquel appartient l'objet ainsi désigné. Il est en effet envisageable que $I(c, @)$ soit un élément de D_w par exemple, et que $I(c, @) \in I(P, @)$. Autrement dit, des éléments d'un domaine D_w peuvent satisfaire un prédicat dans une autre situation w'. Par exemple, même si la personne nommée *Napoléon* n'est pas dans le domaine d'une situation actuelle, elle peut y satisfaire certains prédicats. Ainsi, pour un prédicat n-aire P, et en notant $(D_w)^n$, la puissance cartésienne n-ième de l'ensemble D_w (à savoir l'ensemble de tous les n-uplets composés d'éléments de D_w), il n'est pas requis que $I(P, w) \subseteq (D_w)^n$, c'est-à-dire que tout n-uplet de $I(P, w)$ soit exclusivement composé d'éléments de D_w. Par exemple, dans un modèle de logique modale particulier (dont l'ensemble de mondes est constitué de contextes historiques passés ou actuels), les personnages nommés *Napoléon* (empereur disparu des français), *Hirohito* (empereur disparu du Japon) ou *Akihito* (empereur actuel du Japon) peuvent être des éléments de domaines différents, mais être dans l'interprétation du prédicat unaire « être un empereur » dans un contexte historique français actuel. Ou, pour prendre un exemple de prédicat binaire, dans un autre modèle de logique modale, les personnages historiques nommés *Charles Bona parte* et *Napoléon* peuvent être des éléments, respectivement d_1 et d_2, de domaines différents, respectivement D_{w_1} et D_{w_2} (w_1 et w_2 étant par exemple des contextes historiques différents). Dans ce cas, avec le prédicat P valant pour « être le père de » (de sorte que Pxy vaut pour « x est le père de y »), et une situation actuelle $@$, il est traditionnellement envisageable que $\langle d_1, d_2 \rangle \in I(P, @)$, avec $d_1 \in D_{w_1}$ et $d_2 \in D_{w_2}$.

Dans le but d'étudier l'application d'un modèle scientifique dans un contexte expérimental déterminé, intuitivement, il serait souhaitable que seuls les objets locaux de ce contexte particulier puissent satisfaire les prédicats unaires pertinents, c'est-à-dire, de manière générale, que l'interprétation d'un prédicat n-aire dans un monde w soit composée

de n-uplets eux-mêmes constitués exclusivement d'éléments du domaine
de w. Sur un plan formel, nous nous assurerons donc que la manière de
définir le domaine de quantification d'une situation d'une part, et l'interprétation d'un prédicat dans un contexte d'autre part, tient compte,
d'une certaine façon, de cette idée de restriction aux objets locaux du
monde considéré. Cependant, même en imposant la disjonction des domaines de mondes distincts, une sémantique de logique modale (comme
celle présentée dans [Gamut, 1991] par exemple) peut nier la contrainte
consistant à refuser qu'un objet puisse satisfaire un prédicat dans un
monde w, sans appartenir à D_w. Au contraire, notre sémantique respectera la contrainte sur les domaines (« domain constraint ») telle que
Timothy Williamson, notamment, la présente :

> « Selon la contrainte sur les domaines, une formule ato-
> mique est vraie dans un monde sous une assignation, seule-
> ment si le domaine de ce monde contient la dénotation de
> chaque terme individuel de la formule sous l'assignation. »
> [Williamson, 2013, p. 122]

Nier la contrainte sur les domaines permet à l'interprétation d'un
prédicat n-aire Q dans v d'être un ensemble de n-uplets composés d'éléments de n'importe quels domaines. Dans un modèle pour un langage $\mathcal{L}$
de la logique modale, l'interprétation d'un prédicat P de $\mathcal{L}$ dans un
monde w de l'ensemble des mondes W de ce modèle, peut contenir des
n-uplets composés d'éléments de n'importe quels domaines :

$$I(P, w) \subseteq \left(\bigcup_{v \in W} D_v \right)^n$$

Cela permet notamment d'énoncer des prédications, depuis le monde
actuel @ par exemple, au sujet d'éléments qui ne sont pas forcément
dans $D_{@}$.

Dans le cadre de notre étude épistémologique, nous proposons au
contraire une sémantique qui respecte la contrainte sur les domaines,
de manière à ce que l'interprétation d'un prédicat pertinent dans un

système-cible par exemple, contienne exclusivement des n-uplets composés d'éléments du domaine de ce système-cible. En effet, l'expérimentation procédant notamment à certaines isolations (comme nous l'expliquerons dans le chapitre 3), il est souhaitable de se concentrer sur les éléments du domaine d'étude ainsi constitué. De ce point de vue, l'interprétation d'un prédicat dans un système-cible doit ainsi être établie uniquement à partir des objets locaux de ce système. Intuitivement, dans le cadre de la comparaison de deux systèmes-cibles w_1 et w_2 isolés l'un de l'autre par exemple, l'intérêt de l'expérimentateur se concentre séparément sur les objets locaux de chaque système, et d'un point de vue formel, l'interprétation des prédicats dans l'un de ces systèmes ne devrait être constituée que par des éléments du domaine de ce système-cible ; les objets n'appartenant pas au domaine de ce système (étant présents par exemple dans l'autre système-cible) devraient être écartés de la composition de l'interprétation de ce prédicat dans ce système. Pour un prédicat n-aire P, l'ensemble $I(P, w_1)$ devrait être constitué exclusivement de n-uplets eux-mêmes composés d'éléments de D_{w_1} (et non d'éléments de D_{w_2} notamment). Nous définirons donc une sémantique de logique modale qui respecte non seulement la disjonction des domaines de mondes distincts, mais également la contrainte sur les domaines. De ce point de vue, dans un modèle pour un langage $\mathcal{L}$ de la logique modale, avec un ensemble de mondes W et une fonction d'interprétation I, pour tout prédicat n-aire P de $\mathcal{L}$, et tout monde $w \in W$:

$$I(P, w) \subseteq (D_w)^n$$

Dans notre sémantique, le domaine de quantification d'un monde possible sera défini dans le même ordre d'idées, c'est-à-dire de sorte que seuls les objets locaux de ce monde soient concernés, d'une manière particulière cependant, puisque, comme nous l'avons évoqué, l'identité trans-monde doit être prise en charge de façon cohérente avec les options logiques dont les intérêts épistémologiques ont été présentés dans cette section. Avant d'exposer les caractéristiques formelles de notre sémantique, fidèles à ces choix logiques, nous définissons dans la section suivante le concept de *ligne de monde*.

2.2   Concept de ligne de monde

Nous avons expliqué que la thèse de la désignation rigide soutenue par la sémantique kripkéenne concerne l'égalité des interprétations de constantes dans différents contextes et non l'identité des objets ainsi désignés à travers les mondes. Une égalité telle que $I(c_1, w) = I(c_2, w) = d$, pour tout monde w d'un modèle logique, signifie que les constantes c_1 et c_2 désignent un même objet d depuis tous les contextes, mais cela ne concerne pas la question de l'identité de cet objet d à travers les mondes possibles : dans quelle mesure l'objet $d \in D_v$ est-il le *même* objet dans un monde v' distinct de v ? Cette question est conceptuellement indépendante de la thèse de la désignation rigide. Or, une étude épistémologique doit justement rendre compte de l'identité des objets et de celle des propriétés ou des relations. La question de leur identification se pose de manière générale en logique, et en particulier dans le cadre d'une sémantique respectant notamment la contrainte sur les domaines et leur stricte localité.

Jaakko Hintikka critique le traitement de la reconnaissance d'un individu à l'aide de la notion de référence [Hintikka, 2003, p. 36]. Selon lui, un système de référence, presque par définition, ne nous dit rien au sujet de l'identité d'un objet suivi à travers différents mondes possibles : nous avons besoin d'un système d'identification, qui « s'avèrera être indépendant de ce système de référence ». Notre cadre conceptuel sera constitué d'un système d'identification pour ce que nous appellerons les *individus* (au sens de [Hintikka, 1969, p. 137] notamment), mais également d'un autre système d'identification pour les propriétés et les relations. Ces systèmes d'identification seront indépendants d'un système de référence, mais nous définirons explicitement les liens logiques qui se tiennent entre eux dans notre sémantique. Notre objectif sera en effet d'assurer l'identité d'un *même* objet ou d'une *même* relation à travers les situations possibles, d'un point de vue logique, puis, dans les chapitres suivants, d'analyser leurs conditions de reconnaissance d'un point de vue épistémologique.

2.2.1   Lignes de monde d'individus

Notre approche conceptuelle de l'identité d'un individu à travers les mondes pourrait être comparée à celle de David Lewis, au sein de laquelle des objets de domaines distincts sont numériquement distincts, et où « la relation de contrepartie est une relation de similarité » [Lewis, 1968, p. 115]. Toutefois, nous définirons rigoureusement cette notion générale de similarité par des critères stricts liés à des particularités épistémiques comme les mesures quantitatives de certains aspects d'un système-cible par exemple. Dans notre étude épistémologique, nous proposerons en effet de comprendre l'identité trans-monde comme le résultat d'une construction épistémique, non seulement dans le cas d'un individu, mais aussi dans celui d'une propriété ou d'une relation. Toutefois, comme l'indique [Tulenheimo, 2017, p. 47], la relation de contrepartie se tient entre ce que Lewis considère comme des « individus », pouvant correspondre à ce que nous avons appelé *objets locaux*, c'est-à-dire des éléments présents effectivement dans un domaine de monde possible. Or, dans la perspective modale qui définit notre étude, une individualité devrait être définie d'une certaine manière comme un ensemble de contreparties. D'un point de vue logique, notre approche s'inspire ainsi davantage des travaux de Hintikka dans lesquels un individu n'est justement pas un objet local, mais bien un lien notionnel entre des objets locaux de mondes distincts.

Notion de fonction

Afin de pouvoir exposer, dans un premier temps, les détails de la proposition de Hintikka visant à répondre à la problématique de l'identité des individus à travers les mondes (proposition formulée à l'aide de la notion mathématique de fonction, dans [Tulenheimo, 2009] par exemple), et afin d'expliquer plus facilement, dans un second temps, en quoi se distingue notre proposition portant sur la notion de *même* propriété à travers les mondes, précisons notre terminologie. Considérons deux ensembles E et F au sens mathématique. Une *fonction partielle* de E vers F peut être considérée comme un couple $\langle D_f, f \rangle$, avec un ensemble $D_f \subset E$ et une fonction $f : D_f \mapsto F$ (voir [Manin, 1977, p. 178] par exemple). Nous appelons E, l'*ensemble de départ* de f, D_f, le *domaine de définition* de f, et F, l'*ensemble d'arrivée* de f. Cette fonction f associe à chaque élément de son domaine de définition D_f, une seule image dans son ensemble d'arrivée F : $f(d) \in F$ pour tout élément $d \in D_f$. L'*ensemble image* de f, noté $f(D_f)$, est le sous-ensemble de son ensemble d'arrivée, composé des images des éléments de son domaine de définition : $f(D_f) \subseteq F$. Notons que nous avons affaire à une *fonction totale* de E vers F si le couple $\langle D_f, f \rangle$ est tel que $D_f = E$.

Définition des lignes de monde d'individus

Nous avons présenté la notion de fonction afin d'analyser la manière dont Hintikka définit le concept d'individu :

> « Un individu est maintenant une "ligne de monde" atemporelle et non-spatiale à travers plusieurs mondes possibles. En d'autres termes, chaque individu au sens propre est désormais essentiellement une fonction qui sélectionne dans plusieurs mondes possibles un membre de leur domaine, comme la "manifestation" de cet individu de ce monde possible, ou peut-être plutôt comme le rôle que cet individu joue dans un certain cours de choses. J'ai appelé ces fonctions des fonctions individualisantes. Elle peuvent bien sûr être des fonctions seulement partielles : un individu bien défini qui existe dans un monde peut ne pas exister dans un autre. » [Hintikka, 1970b, p. 412]

Les individus au sens classique (en tant qu'objets locaux) sont désormais des manifestations (« embodiments ») d'individus au sens de Hintikka, ce dernier comparant d'ailleurs lui-même les lignes de monde aux relations de contreparties, utilisant la terminologie de Lewis [Hintikka et Hintikka, 1989, p. 190]. Nous choisissons de traduire le terme « embodiments » par « manifestations », plutôt que par « incarnations » ou « concrétisations » (ces deux termes possédant certaines connotations contradictoires avec la nature possible de ces manifestations). D'un point de vue conceptuel, un individu est représenté par une fonction ; il y a une bijection entre un ensemble de lignes de monde d'individus et un ensemble approprié de fonctions : un individu est une ligne de monde (« world line ») correspondant à une fonction de cet ensemble. Dans notre sémantique, afin de simplifier certaines formulations, nous assimilerons les individus aux fonctions i de cet ensemble noté $\mathscr{L}_i$.

Nous définissons, de manière générale, qu'une fonction de type hintikkien lie un élément de l'ensemble des mondes d'un modèle logique, et le domaine de cet élément. L'ensemble d'arrivée d'une fonction hintikkienne est la réunion des domaines des mondes possibles qui constituent son ensemble de définition, avec la contrainte selon laquelle, pour chaque monde w de l'ensemble de définition d'une fonction hintikkienne, l'image de w par cette fonction appartient au domaine D_w. Autrement dit, une fonction hintikkienne définie sur un monde w associe à w un élément de D_w. En particulier, dans un modèle logique dont l'ensemble de mondes est noté W et dont l'ensemble de lignes de monde d'individus est noté $\mathscr{L}_i$, pour un individu compris comme une ligne de monde, il y a une fonction hintikkienne i (potentiellement partielle) ayant W comme ensemble de départ, et telle que pour tout w de son ensemble de définition :

$$i : w \mapsto i(w) \text{ avec } i(w) \in D_w$$

La valeur de la fonction i pour w est assimilée à « la manifestation de cet individu dans ce monde donné » [Hintikka et Hintikka, 1989, p. 76]. La manifestation de l'individu i dans w, notée $i(w)$, est un objet local du monde w : $i(w) \in D_w$. L'expression de « ligne de monde » illustre la ligne notionnelle reliant les différentes manifestations d'un individu à travers certains mondes possibles.

Comme le souligne Hintikka dans la citation précédente, les fonctions que nous appelons *hintikkiennes* pour les individus sont *potentiellement partielles*. En effet, une ligne de monde d'individu i peut ne pas être définie sur certains mondes de l'ensemble des mondes W d'un modèle logique ; son domaine de définition D_i est tel que $D_i \subset W$. Intuitivement, dans un modèle logique dont l'ensemble de mondes vaut pour un ensemble de contextes historiques par exemple, pour un individu comme *Napoléon* (nous définirons précisément le lien entre constantes individuelles et individus dans notre sémantique), une fonction hintikkienne i serait partielle dans la mesure où elle ne serait notamment pas définie sur un contexte actuel @ (cet individu « ne se manifestant pas » en tant qu'objet local de @), mais i pourrait être définie sur un contexte w (valant par exemple pour un contexte historique français de 1804). Autrement dit, i n'est pas définie sur @, mais $i(w)$ est la manifestation de cet individu dans ce contexte, en tant qu'élément de D_w.

De manière générale, des objets locaux, d_1 et d_2, de domaines de mondes possibles distincts, respectivement w_1 et w_2, sont des manifestations d'une même ligne de monde d'individu i, si i est définie sur w_1 et w_2 de sorte que $i(w_1) = d_1$ et $i(w_2) = d_2$. Un individu n'est pas un élément d'un domaine de monde, mais il se manifeste en tant qu'objet local d'un monde sur lequel il est défini. Dans un modèle de notre sémantique, nous expliquerons que pour tout monde w et tout objet d dans D_w, il y a une ligne de monde i telle que $i(w) = d$. Tout objet local peut être *individualisé*, même si l'individu identifié peut n'être défini sur aucun autre monde (en l'occurrence, le domaine de définition d'un tel individu est un singleton).

Identification d'un individu

En ce qui concerne l'*identification* d'un individu, Hintikka suggère qu'elle peut se baser sur différents critères. Il peut s'agir de critères purement perceptifs dans le cas d'une identification par accointance, correspondant à l'expérience phénoménologique première d'un sujet se confrontant à une chose se trouvant par exemple dans son champ visuel [Hintikka, 1970a, p. 873], ou de critères d'ordre public (comme l'état civil d'une personne), indépendants du sujet mais relatifs aux conventions tacites d'une communauté linguistique [Hintikka et Hintikka, 1989, p. 190]. Dans tous les cas, quelle que soit la manière de « tracer » des lignes de monde d'individus, celles-ci ne sont pas préalablement données :

> « les lignes de monde d'individus ne sont pas fixées par des lois immuables de la logique ou de Dieu ou de n'importe quel autre pouvoir tout aussi transcendant, mais elles sont en quelque sorte dessinées par nous-même — non pas par chaque personne seule, mais par une décision collective tacite intégrée dans la grammaire et la sémantique de notre langage » [Hintikka, 1975, p. 209].

Selon notre approche, le mode sur lequel se fait l'identification d'un individu pourra dépendre du modèle scientifique étudié, pouvant ainsi avoir un impact sur la nature des objets locaux au sein d'un modèle logique approprié tel que nous le définirons, même si notre étude se concentrera sur l'identification d'une propriété ou d'une relation. Notons d'ailleurs que dans le cas d'une identification d'ordre épistémique, même la reconnaissance d'un individu semble subordonnée à celle de certaines propriétés. Mais de manière générale, la conception de l'identité d'un individu proposée par Hintikka n'est pas essentialiste : deux manifestations distinctes d'un individu peuvent exemplifier certaines propriétés identiques dans leurs contextes respectifs, mais cela n'est pas une nécessité. Par exemple, dans le cadre d'une étude mathématique d'un espace à n dimensions, en considérant un ensemble de contextes comme un ensemble d'espaces à $(n-1)$ dimensions, relativement à une dimension particulière, une fonction hintikkienne pourrait associer à chaque espace à $(n-1)$ dimensions, un objet local du domaine de cet espace, en l'occurrence un $(n-1)$-polytope (voir [Coxeter, 1948] par exemple). L'analyse de l'évolution d'un tel individu relativement à la dimension considérée révélerait que les manifestations de cet individu, dans des espaces distincts, peuvent avoir des propriétés différentes. Une application en chimie pourrait consister à comprendre des matériaux polymères à mémoire de forme comme des individus. Un tel matériau peut être étudié à travers différents contextes expérimentaux au sein desquels sa forme dépend de la température à laquelle il est soumis (voir [Behl *et al.*, 2010] par exemple) ; d'un point de vue structurel notamment, les manifestations locales d'un tel matériau à travers des situations dans lesquelles la température diffère d'une situation à une autre, n'exemplifieront pas les mêmes propriétés. Nous reviendrons sur différentes techniques de reconnaissance des individus employées en science, mais nous soulignons simplement ici que la notion formelle d'individu constitue un système d'identification logique distinct du système d'identification des propriétés et des relations que nous présentons dans la sous-section 2.2.2.

Individus, domaines et interprétation

Dans un modèle de notre sémantique, comme nous l'avons expliqué, une ligne de monde d'individu ne sera pas un élément d'un domaine de monde, mais bien une fonction associant à un monde sur lequel elle est définie, un objet local de ce monde. De plus, dans un souci de cohérence avec les options logiques motivées dans la section précédente, nous expliquerons que le domaine de quantification d'un monde possible est constitué de certains individus, à savoir des lignes de monde d'individus définies sur ce monde.

D'autre part, le système d'identification des individus en tant que tel sera indépendant d'un système de référence, à l'image de ce que suggérait Hintikka (comme nous l'avons déjà cité [Hintikka, 2003, p. 36]). Au sein de notre système logique, nous étudierons toutefois la manière dont un élément de langage peut être interprété comme une ligne de monde, qu'il s'agisse d'un prédicat, comme nous l'expliquerons, ou d'une constante. Selon Hintikka :

> « Un nom qui avait un seul individu comme référence dé-
> signe désormais une fonction individualisante qui définit pour
> chaque monde la manifestation de cet individu particulier
> dans le monde donné. » [Hintikka et Hintikka, 1989, p. 76]

Remarquons que la première occurrence du terme « individu » fait référence à ce que nous avons appelé « objet local », tandis que la seconde est
à comprendre au sens de Hintikka, comme une ligne de monde d'individu.
Nous définirons ainsi une fonction d'interprétation de sorte qu'une constante soit interprétée, depuis un contexte v, comme une certaine ligne
de monde d'individu (dont le domaine de définition pourra d'ailleurs ne
pas contenir v). Notons enfin que cette fonction d'interprétation ne sera
pas définie comme *rigide* ; potentiellement, une constante pourra être interprétée comme une ligne de monde d'individu depuis un contexte, et
comme une autre ligne de monde d'individu depuis un autre contexte.
Mais avant de décrire précisément notre sémantique, nous proposons le
concept original de ligne de monde de relation dans la section suivante.

2.2.2 Lignes de monde de relations

La notion hintikkienne d'individu sera utile dans notre épistémologie, mais elle ne peut pas constituer à elle seule la définition de ce que
nous appelons un objet théorique en science. Considérer par exemple
un objet théorique comme un individu au sens de Hintikka ne pourrait pas être satisfaisant d'un point de vue épistémologique, d'une part
parce que les exemplaires d'un objet théorique à notre sens sont reconnus
comme tels en vertu des propriétés qu'ils exemplifient, contrairement aux
manifestations d'un individu qui peuvent dans l'absolu ne pas avoir de
propriété commune. D'autre part, même si le concept de ligne de monde
d'individu était modifié de manière essentialiste (en imposant que les
manifestations d'un individu partagent certaines propriétés essentielles),
nous expliquerons que l'identité de ces propriétés à travers les mondes serait présupposée. Comme nous avons expliqué dans le chapitre précédent
que les modèles scientifiques portent sur des propriétés ou des relations,

l'épistémologie que nous cherchons à proposer place ces notions au centre de notre analyse, sans reléguer à un second plan la question de leur identité à travers les mondes possibles. Nous proposons ainsi le concept de *ligne de monde de relation* que nous développerons par la suite, notamment d'un point de vue épistémologique dans les chapitres suivants, en étudiant la manière dont une propriété scientifique peut être identifiée à travers différents contextes expérimentaux. En effet, d'un point de vue purement logique, ce sont des prédicats linguistiques, et non des propriétés ou des relations, qui sont manipulés au sein d'un modèle logique. Or, un modèle scientifique émet des lois se tenant entre des propriétés, et non entre des éléments de langage ; certes, ces lois peuvent être formulées dans un certain langage, mais les propositions qu'un modèle scientifique *entraîne* dépassent prétendument tout langage particulier et constituent, selon certaines argumentations scientifiques, des vérités sur des situations actuelles ou possibles. Nous proposons donc d'enrichir notre sémantique logique afin de rendre compte de cette distinction philosophique entre propriétés et prédicats. De la même façon que nous devons étudier les individus en dehors d'un système de référence particulier, nous estimons qu'il est important d'étudier en premier lieu les propriétés indépendamment du langage utilisé pour les désigner, pour seulement par la suite analyser les relations entre un système d'identification des propriétés et un système de référence.

Définition des lignes de monde de relations

Dans la perspective modale qui caractérise notre étude, un modèle scientifique pouvant généralement s'appliquer dans une multitude de situations possibles, il est capital de prendre en considération la nature intrinsèquement modale des propriétés et relations scientifiques. D'un point de vue logique, nous définissons les propriétés et les relations comme des entités intensionnelles définies sur un ensemble de mondes possibles, dont les éventuelles exemplifications sont des éléments locaux de ces situations. D'un point de vue épistémologique, de même que l'identité entre objets locaux de situations possibles distinctes ne doit pas être présupposée, l'identité trans-monde d'une propriété à travers différents contextes doit être reconnue comme une construction d'ordre épistémique.

Nous suggérons que le concept de ligne de monde permet de rendre compte, non seulement de l'identité trans-monde d'un individu, mais aussi de celle d'une propriété ou d'une relation. Tout comme les lignes d'individus ne sont pas préalablement données, l'un des objectifs de notre étude consistera justement à analyser la constitution de ces lignes de monde de relations. Mais définissons tout d'abord ce concept d'un point de vue formel. Selon notre définition, l'ensemble de départ d'une *fonction hintikkienne* est un ensemble de mondes possibles et son ensemble d'arrivée est le domaine du monde pris en entrée. Par exemple, des objets locaux de mondes distincts peuvent être reconnus comme des manifestations d'un même individu. Intuitivement, dans le même ordre d'idées, nous voudrions que des objets locaux de mondes distincts puissent être reconnus comme des exemplifications d'une même propriété. Cependant, la notion même de *fonction hintikkienne* (liant un monde w de son ensemble de départ et l'ensemble des éléments de ce monde, D_w) ne permettrait pas d'exprimer cette idée qu'une propriété est potentiellement exemplifiée, au sein d'une situation, par un ensemble d'objets locaux, ce que permet la notion de multifonction (nous utilisons le terme « multifonction » comme un synonyme de « fonction dont les valeurs sont des ensembles » ; « set-valued function »). Nous proposons donc de définir le concept de *multifonction hintikkienne*, définie sur un ensemble de mondes possibles, qui associe à un monde un sous-ensemble du domaine de ce monde ; les ensembles de départ et d'arrivée d'une *multifonction hintikkienne* étant ainsi semblables à ceux d'une *fonction hintikkienne*. En particulier, pour une ligne de monde de propriété, une multifonction hintikkienne p est définie sur un ensemble de mondes telle que pour tout monde w de cet ensemble :

$$p : w \mapsto p(w), \text{ avec } p(w) \subseteq D_w$$

De manière générale, un modèle logique de notre sémantique comportera notamment, non seulement un ensemble de mondes W et un ensemble $\mathscr{L}_i$ de lignes de monde d'individus (ou *fonctions hintikkiennes*), mais aussi un ensemble $\mathscr{L}_r$ de lignes de monde de relations n-aires (ou *multifonctions hintikkiennes*), pour tout entier $n \geq 1$. Toute multifonction $\ell \in \mathscr{L}_r$ définie sur W sera telle que :

$$\ell : w \mapsto \ell(w), \text{ avec } \ell(w) \subseteq (D_w)^n, \text{ pour un entier } n \geq 1$$

L'ensemble $\ell(w)$ est le sous-ensemble de $(D_w)^n$ composé des n-uplets d'éléments de D_w qui exemplifient la relation ℓ dans w ; l'ensemble $\ell(w)$ est constitué de n-uplets d'objets locaux de w. Remarquons que les lignes de mondes de propriétés constituent bien un cas particulier de la définition de ligne de monde de relation n-aire avec $n = 1$, et que le domaine de définition d'une telle ligne de monde de relation est bien l'ensemble de mondes W, son ensemble de départ, dans son intégralité ; si par exemple une propriété n'est pas exemplifiée dans un monde, alors son ensemble-valeur dans ce monde est l'ensemble vide, noté $\varnothing$ (qui est bien un sous-ensemble du domaine de ce monde).

Sur un plan terminologique, nous avons notamment déterminé que si $\ell \in \mathscr{L}_r$ est une ligne de propriété, « $i(w) \in \ell(w)$ » est équivalent à « $i(w)$ exemplifie la propriété ℓ » ; si $\ell \in \mathscr{L}_r$ est une ligne de relation n-aire, « $\langle i_1(w), \ldots i_n(w) \rangle \in \ell(w)$ » est équivalent à « $\langle i_1(w), \ldots i_n(w) \rangle$ exemplifie la relation ℓ ». Nous ajoutons que si $\ell \in \mathscr{L}_r$ est une ligne de relation n-aire, alors toute manifestation d'individu intervenant dans un n-uplet exemplifiant ℓ, *contribue* à exemplifier ℓ.

Relations, domaines et interprétation

Une sémantique traditionnelle de logique modale de premier ordre ne porte que sur un système de référence. D'un point de vue purement formel, l'interprétation d'un prédicat n'est pas intuitivement guidée par son éventuelle signification linguistique ; un objet peut par exemple satisfaire à la fois les prédicats « être rouge » et « être bleu » sans contradiction logique. Dans le cadre d'une application d'un tel système logique, un prédicat pourrait être considéré comme le pendant linguistique d'une propriété. L'utilisation d'une même lettre de prédicat assurerait prétendument que nous avons affaire à la même propriété. L'un de nos objectifs est au contraire de ne pas reléguer la question de l'identité des propriétés et des relations en dehors des considérations sémantiques ; le problème de l'identité est conceptuellement indépendant d'une sémantique logique, mais le fait d'adopter une sémantique particulière doit refléter les conceptions que nous soutenons vis-à-vis de l'identité.

Dans le cadre d'une analyse épistémologique qui utiliserait une sémantique de logique modale, nous suggérons que le traitement des seules notions de constantes et de prédicats est insuffisant et qu'un système d'identification est requis, non seulement des individus, mais aussi des propriétés et des relations. De ce point de vue, les modèles de logique modale doivent prendre explicitement en compte les individus, les propriétés et les relations comme lignes de monde. L'identité trans-monde d'une relation notamment pourra ainsi être considérée indépendamment d'un système de référence. Notre sémantique logique rendra toutefois compte de la manière dont un prédicat peut être interprété dans un contexte comme une ligne de monde de relation ; l'interprétation d'un prédicat dans une situation sera la relation *qualifiée* par ce prédicat depuis ce contexte.

Remarquons d'ailleurs que notre sémantique ne respectera pas une théorie de la désignation rigide vis-à-vis des prédicats (ou plus généralement des expressions qui *visent* des propriétés), comme celle soutenue par Joseph LaPorte, dans la lignée des travaux de Kripke [LaPorte, 2013]. Cette théorie consiste à affirmer la rigidité des « désignateurs de propriétés » (comme « blancheur », « eau », ou « souffrance ») ; non seulement un tel terme désigne toujours la *même* propriété (l'identité trans-monde des propriétés pouvant sembler non problématique, de la même manière que la désignation rigide vis-à-vis des constantes ne concerne pas l'identité trans-monde des individus), mais deux expressions qui désignent, dans un contexte, la même propriété, le font de manière nécessaire, dans tous les mondes possibles. Par exemple, selon la thèse de LaPorte, « être de l'eau » et « être un composé H_2O » sont nécessairement interprétés de la même manière dans tous les mondes possibles. Or, la possibilité (évoquée par exemple à travers l'expérience de pensée de la Terre jumelle, proposée par Hilary Putnam) que le terme « eau » ne désigne pas le composé spécifique d'un atome appelé « O » et de deux atomes appelés « H » dans tous les mondes possibles, souligne que ce n'est pas le langage qui crée l'identité, et que, d'un point de vue purement formel, les interprétations logiques des prédicats « être de l'eau » et « être un composé H_2O » ne devraient pas être *nécessairement* identiques (par exemple, comme nous l'expliquerons p. 68, au sein d'un contexte dans lequel ces atomes sont nommés différemment, comme « XYZ »). Notre analyse soulignera ainsi que des considérations de types différents ne doivent pas être confondues, en distinguant les considérations d'ordre linguistique pour l'étude de la désignation, des considérations épistémologiques pour l'étude des propriétés.

Dans notre sémantique, l'interprétation d'un prédicat ne sera donc pas *rigide* : potentiellement, un prédicat n-aire pourra être interprété comme une ligne de monde de relation n-aire depuis un contexte, et comme une autre ligne de monde de relation n-aire depuis un autre contexte. Intuitivement, cette non-rigidité de l'interprétation traduit le fait qu'un prédicat puisse être associé à une propriété différente selon le contexte dans lequel il est employé. Nous expliquerons notamment le statut particulier de l'interprétation, dans un monde v, de prédicat employé dans une argumentation reposant sur un modèle scientifique dont v est un système-modèle (un prédicat pouvant être associé à des définitions différentes dans des systèmes-modèles de modèles scientifiques distincts). La propriété ainsi qualifiée depuis v, comprise comme une ligne de monde, pourra être suivie à travers différents contextes expérimentaux. Par exemple, dans le cas du pendule simple, et en l'occurrence du fil qui le constitue, un prédicat tel que « avoir une masse nulle » pourra être interprété, depuis une situation actuelle @, comme une ligne de propriété ℓ (dont l'ensemble-valeur dans cette situation actuelle, noté $\ell(@)$, est en l'occurrence l'ensemble vide), mais ce même prédicat pourra être interprété, depuis un certain système-modèle, comme une ligne de propriété ℓ^* (dont l'ensemble-valeur dans la situation actuelle en question, noté $\ell^*(@)$, pourra potentiellement ne pas être vide). La constitution d'un tel ensemble-valeur sera expliquée d'un point de vue épistémologique par la suite, dans le dernier chapitre notamment.

La section suivante définit précisément la sémantique que nous proposons, en présentant notamment la manière dont nous combinons les différentes options logiques que nous avons évoquées et la notion de ligne de monde, en toute cohérence avec les conceptions épistémologiques que nous soutenons. Les modèles de notre sémantique seront notamment constitués de deux ensembles de lignes de monde $\mathscr{L}_i$ et $\mathscr{L}_r$. Précisons que d'un point de vue conceptuel, tout comme il y a une bijection entre un ensemble de lignes de monde d'individus et un ensemble approprié de fonctions, il y en a une entre un ensemble de lignes de monde de relations et un ensemble approprié de multifonctions. Un individu est une ligne de monde correspondant à une fonction i de $\mathscr{L}_i$. La manifestation de cet individu dans un monde w est la valeur de la fonction i dans w. Une relation est une ligne de monde correspondant à une multifonction ℓ de $\mathscr{L}_r$. Les n-uplets exemplifiant cette relation n-aire dans w constituent l'ensemble-valeur de la multifonction ℓ dans w. Toutefois, dans le but de simplifier certaines formulations, nous assimilerons les individus aux fonctions de $\mathscr{L}_i$ et les relations aux multifonctions de $\mathscr{L}_r$. D'autre part, notons qu'afin de bien discerner la manière dont nous définirons une fonction d'interprétation, nous noterons cette dernière Int (et non I), les éléments non-logiques du vocabulaire étant interprétés par Int, depuis un contexte, comme des lignes de monde (et non directement, par exemple, comme des éléments locaux du domaine de ce contexte).

2.3   Modèles de logique modale augmentés

2.3.1   Définition des modèles augmentés

Nous définissons un modèle $M = \langle W, R, \mathscr{L}_i, \mathscr{L}_r, Int \rangle$, un modèle augmenté pour un langage $\mathcal{L}$ de la logique modale (dont la syntaxe, pour un vocabulaire donné, respecte les clauses définies en 2.1.1, p. 34), avec :

- Un ensemble non vide W composé de mondes possibles. Pour tout monde $w \in W$, l'ensemble D_w est le domaine des objets dits « locaux » de w, c'est-à-dire l'ensemble des éléments présents dans w. Les domaines de mondes distincts sont disjoints. Pour tout $w_1 \in W$ et tout $w_2 \in W$ tels que $w_1 \neq w_2 : D_{w_1} \cap D_{w_2} = \varnothing$.

- Une relation binaire R sur W. R est une relation dite « d'accessibilité » entre mondes possibles. Un monde $w' \in W$ est dit accessible par R depuis $w \in W$ si et seulement si wRw'.

  Lorsqu'il n'y a pas d'ambiguïté et qu'un seul modèle est concerné (avec notamment un ensemble W et une relation R), la formulation simplifiée « w' est accessible depuis w » peut être employée si wRw' (avec w et w' des mondes de W), sans nécessairement expliciter « accessible par R ».

- L'ensemble $\mathscr{L}_i$ est composé de lignes de monde d'individus (ou *fonctions hintikkiennes*).

  Toute fonction $i \in \mathscr{L}_i$ est définie sur un sous-ensemble de W. Une fonction $i \in \mathscr{L}_i$ définie sur $w \in W$ est telle que :

$$i : w \mapsto i(w), \text{ avec } i(w) \in D_w.$$

  L'élément $i(w)$ est appelé la manifestation de l'individu i dans w. La manifestation d'un individu dans w est un élément de D_w, c'est-à-dire un objet local de w.

  Dans un modèle augmenté, tout élément d'un domaine peut être individualisé, c'est-à-dire que, pour tout monde $w \in W$, tout élément $d \in D_w$ est la manifestation d'au moins un individu $i \in \mathscr{L}_i$, de sorte que $d = i(w)$. Cela étant, cette ligne de monde i peut n'être définie sur aucun autre monde que w.

- L'ensemble $\mathscr{L}_r$ est composé de lignes de monde de relations n-aires (ou *multifonctions hintikkiennes*), pour tout entier $n \geq 1$.

  L'ensemble $\mathscr{L}_r$ comporte différentes classes de lignes de relations, chaque classe $(\mathscr{L}_r)^n$ étant constituée des lignes de relations n-aires (pour un entier n fixé tel que $n \geq 1$). Autrement dit :

$$\mathscr{L}_r = \bigcup_{n \geq 1} (\mathscr{L}_r)^n .$$

Toute multifonction $\ell \in \mathscr{L}_r$ est définie sur W et est telle que :

$$\ell : w \mapsto \ell(w), \text{ avec } \ell(w) \subseteq (D_w)^n , \text{ pour un entier } n \geq 1.$$

L'ensemble $\ell(w)$ est le sous-ensemble de $(D_w)^n$ composé des n-uplets d'éléments de D_w qui exemplifient la relation ℓ dans w ; l'ensemble $\ell(w)$ est constitué de n-uplets d'objets locaux de w. En particulier, une ligne de monde de relation n-aire avec $n = 1$ est appelée une ligne de monde de propriété ; l'ensemble-valeur d'une ligne de monde de propriété dans un monde w est le sous-ensemble de D_w composé des objets locaux de w qui exemplifient cette propriété dans w.

- Une fonction d'interprétation Int à deux arguments qui assigne :

  - à une constante c du langage $\mathcal{L}$ et à un monde $v \in W$, une ligne de monde d'individu $i \in \mathscr{L}_i$.

    $Int(c, v)$ est la ligne de monde d'individu nommée par c depuis v. Avec la ligne de monde $i \in \mathscr{L}_i$ telle que $i = Int(c, v)$, pour un monde $w \in W$ sur lequel la fonction i est définie, l'élément $i(w)$ de D_w est la manifestation, dans w, de l'individu nommé par la constante c depuis v.

- à un prédicat n-aire P du langage $\mathcal{L}$ et à un monde $v \in W$, une ligne de monde de relation $\ell \in \mathscr{L}_r$.

$Int(P, v)$ est la ligne de monde de relation qualifiée par P depuis v. Avec la ligne de monde $\ell \in \mathscr{L}_r$ telle que $\ell = Int(P, v)$, pour un monde $w \in W$, le sous-ensemble $\ell(w)$ de $(D_w)^n$ contient les n-uplets d'objets locaux de w qui exemplifient la relation qualifiée par le prédicat P depuis v.

En particulier, un prédicat unaire est interprété depuis un monde v comme une ligne de propriété, c'est-à-dire comme une multifonction hintikkienne dont l'ensemble-valeur dans un monde w est le sous-ensemble de D_w, noté $Int(P, v)(w)$, constitué des objets locaux qui exemplifient, dans w, la propriété qualifiée par le prédicat P depuis v.

2.3.2 Analyse de la fonction d'interprétation

Détermination d'une interprétation

Tout d'abord, notons que la fonction Int détermine une unique ligne de monde pour une constante donnée (ou un prédicat donné) et un monde déterminé. Cela étant, les éventualités suivantes sont envisageables (sous réserve de définir un modèle augmenté de manière appropriée) :

1. Dans des contextes distincts, une constante peut nommer des lignes de monde d'individus différentes. Par exemple, le nom propre Lewis n'est pas interprété de la même manière dans le contexte de la philosophie américaine, que dans celui de la politique canadienne notamment. Si, dans un modèle approprié, la constante c vaut pour le nom Lewis, v pour le premier contexte et v' pour le second, alors $Int(c, v)$ et $Int(c, v')$ sont deux individus différents. Pour une éventuelle situation w dans laquelle ces deux individus se seraient manifestés, dans ce modèle approprié, $Int(c, v)(w)$ et $Int(c, v')(w)$ seraient en l'occurrence des éléments locaux distincts.

2. Différentes constantes peuvent nommer un même individu depuis un même contexte. Par exemple, dans le contexte, noté v, d'une étude des crues du Nil au niveau de la ville de Louxor, les noms Louxor, Thèbes ou Ouaset, pour lesquels valent respectivement les constantes c_1, c_2 et c_3, peuvent être interprétés, au sein d'un modèle approprié, comme la même zone géographique déterminée alors considérée comme une ligne de monde d'un type particulier. $Int(c_1, v)$, $Int(c_2, v)$ et $Int(c_3, v)$ sont la même ville au sens d'une ligne de monde. La configuration de cette ville peut par exemple évoluer au cours du temps ; pour deux instants distincts du temps t_1 et t_2, si la ligne $Int(c_1, v)$ est définie sur ces deux instants (si par exemple la ville existe en t_1 et t_2), alors $Int(c_1, v)(t_1)$ et $Int(c_1, v)(t_2)$ peuvent notamment exemplifier des propriétés différentes.

3. Différentes constantes peuvent nommer un même individu depuis différents contextes. Par exemple, les noms Phosphorus et Hesperus peuvent être interprétés comme la même planète Vénus. Dans un modèle approprié avec notamment un ensemble de mondes adapté, si les constantes c_1 et c_2 valent respectivement pour Phosphorus et Hesperus, et si v_1 et v_2 sont deux contextes distincts comme un lieu déterminé le matin et le même lieu le soir, $Int(c_1, v_1)$ et $Int(c_1, v_2)$ peuvent être la même planète Vénus (insistons sur l'importance du choix du modèle en indiquant qu'ici, avec de tels mondes, $Int(c_1, v_1)(w) = Int(c_1, v_2)(w)$ pour tout monde w).

La présentation de ces différentes éventualités n'est pas exhaustive et a pour simple but, à ce stade, d'illustrer les déterminations possibles des interprétations de constantes dans des modèles augmentés particuliers, et non celui de résoudre les questions logiques ou épistémologiques pouvant être liées à ces exemples.

Quant à l'interprétation des prédicats, les mêmes types d'éventualités peuvent se présenter :

1. Un prédicat peut qualifier des lignes de relations différentes depuis des contextes distincts (dans un certain modèle, $Int(P, v)$ et $Int(P, v')$ sont deux relations différentes). Par exemple, le prédicat « être un empereur » peut ne pas qualifier la même ligne de monde notamment depuis un contexte politique français ou un contexte politique japonais.

2. Différents prédicats peuvent qualifier la même relation au sein d'un même contexte (dans un certain modèle, $Int(P_1, v) = Int(P_2, v)$). Par exemple, les prédicats « être de l'eau » et « être un composé H_2O » peuvent qualifier la même propriété notamment dans un contexte scientifique actuel.

3. Différents prédicats peuvent qualifier la même relation depuis des contextes distincts (dans un certain modèle, $Int(P_1, v_1) = Int(P_2, v_2)$). Par exemple, les prédicats « être un triangle avec deux côtés égaux » et « être un triangle avec deux angles de même mesure » peuvent qualifier la même ligne de monde notamment dans un contexte de géométrie euclidienne.

Relations entre vocabulaire non-logique, lignes de monde et objets locaux

La fonction Int est définie pour toute constante du langage $\mathcal{L}$ sur tout monde $w \in W$, tout comme elle est définie pour tout prédicat du langage $\mathcal{L}$ sur tout monde $w \in W$. Toutefois, une constante individuelle peut, depuis un contexte $w \in W$, nommer une ligne de monde $i \in \mathscr{L}_i$ sans que cette fonction soit définie sur w ; l'individu $Int(c, w)$ peut ne pas être défini sur w. Parallèlement, un prédicat peut être interprété dans un contexte $w \in W$ comme une ligne de relation $\ell \in \mathscr{L}_r$ sans que cette multifonction ait un ensemble-valeur non vide dans w ; la relation $Int(P, w)$ peut ne pas être exemplifiée sur w.

Dans la sémantique que nous définissons, une constante est d'abord interprétée, relativement à un contexte v, comme un individu i. Cette constante désigne, dans un second temps, un objet local d'un monde w, en l'occurrence si l'interprétation de cette constante, déterminée depuis v, à savoir cet individu i, est définie sur w de sorte que cet objet local soit la manifestation de i dans w. De plus, un prédicat n-aire est d'abord interprété, relativement à un contexte v, comme une relation n-aire ℓ. Ce prédicat est, dans un second temps, satisfait par des n-uplets d'objets locaux d'un monde w, en l'occurrence si ces n-uplets constituent l'ensemble-valeur de ℓ dans w, c'est-à-dire l'ensemble-valeur, dans w, de l'interprétation de ce prédicat, déterminée depuis v.

Nous distinguons en effet l'*interprétation* de constantes (comme relation entre constantes et lignes d'individus) et la *désignation* de constantes (comme relation entre constantes et objets locaux par l'intermédiaire d'une interprétation), la *manifestation* étant une relation entre lignes d'individus et objets locaux.

De manière générale, une constante ne désigne un objet local que relativement à la manière dont elle est interprétée depuis un certain contexte. Au sein d'un modèle augmenté, la notion de désignation d'une constante est ainsi doublement relativisée : à une interprétation contextualisée dans un premier temps, et à un monde possible dans un second temps.

La constante c nomme depuis v l'individu $Int(c, v)$ qui lui-même se manifeste dans w (s'il y est défini) comme objet local $Int(c, v)(w)$. La constante c désigne cet objet de w selon l'interprétation de c déterminée depuis v.

Parallèlement, nous distinguons l'*interprétation* de prédicats (comme relation entre prédicats et lignes de relations) et la *satisfaction* de prédicats (comme relation entre des prédicats n-aires et des ensembles de n-uplets d'objets locaux par l'intermédiaire d'une interprétation), l'*exemplification* étant une relation entre lignes de relations n-aires et n-uplets d'objets locaux.

De manière générale, un prédicat n'est satisfait par un n-uplet d'objets locaux que relativement à la manière dont il est interprété depuis un certain contexte. Au sein d'un modèle augmenté, la notion de satisfaction d'un prédicat est ainsi doublement relativisée : à une interprétation contextualisée dans un premier temps, et à un monde possible dans un second temps.

Le prédicat n-aire P qualifie depuis v la relation n-aire $Int(P, v)$ pouvant être exemplifiée par les n-uplets d'objets locaux de w qui constituent l'ensemble $Int(P, v)(w)$. Le prédicat P est satisfait par chacun de ces n-uplets selon l'interprétation de P déterminée depuis v. En particulier, si P est un prédicat unaire, $Int(P, v)(w)$ est l'ensemble des objets locaux de w qui satisfont le prédicat P tel qu'il est interprété depuis v ; cet ensemble contient les objets locaux de w qui exemplifient la propriété qualifiée par le prédicat P depuis le monde v.

Exemples d'interprétations

« Napoléon est un empereur »   Il est envisageable d'évoquer une constante comme *Napoléon* dans un contexte w sans que le personnage historique appelé *Napoléon* soit présent dans w en tant qu'élément local de w. L'interprétation, dans un monde w, d'une constante c valant pour le nom propre *Napoléon*, est une ligne d'individu potentiellement non-définie sur w. Dans ce cas, la fonction hintikkienne $Int(c, w)$ n'est pas définie sur w.

De manière analogue, un prédicat comme « être un empereur » peut être interprété dans un contexte w sans qu'un objet local exemplifie, dans w, la propriété qualifiée depuis w par le prédicat « être un empereur ». L'interprétation, dans un monde w, du prédicat « être un empereur », est une ligne de propriété dont l'ensemble-valeur est potentiellement vide sur w. Dans ce cas, nous pouvons noter : $Int(P, w)(w) = \varnothing$.

De plus, l'intérêt de relativiser l'interprétation d'un prédicat à un contexte peut être expliqué de manière analogue à la justification de l'interprétation d'une constante relative à une situation. Tout comme une constante peut nommer un individu différent selon le contexte considéré, un prédicat n-aire peut être interprété comme une ligne de relation n-aire différente selon le contexte. Dans l'exemple évoqué p. 64, le prédicat « être un empereur » n'est pas interprété comme la même ligne de monde de propriété en France au XIXe siècle qu'au Japon au XXe siècle. Si P vaut pour le prédicat « être un empereur », w_1 pour le contexte historique français du XIXe siècle et w_2 pour celui du Japon au XXe siècle, dans un modèle augmenté approprié : $Int(P, w_1) \neq Int(P, w_2)$.

Définition de planète Le prédicat « être une planète » n'est pas interprété comme la même ligne de propriété selon tous les modèles scientifiques. Les propriétés définitionnelles de l'objet théorique de planète pouvant varier d'un modèle scientifique à un autre, le prédicat lié à cet objet théorique « être une planète » peut être interprété comme une ligne de monde de propriété différente selon le contexte. L'objet céleste Pluton ne satisfait pas les propriétés définitionnelles d'une planète fixées par l'Union Astronomique Internationale en 2006 (l'objet céleste Pluton est actuellement considéré comme une planète naine ou plutoïde). Le prédicat « être une planète » est interprété différemment relativement à un modèle scientifique conforme aux indications de l'Union Astronomique Internationale en 2006, et relativement à un modèle scientifique de la fin du XXe siècle par exemple. Avec v, un tel contexte scientifique ; w, un contexte scientifique actuel ; P le prédicat « être une planète » ; et c la constante nommant l'objet céleste Pluton ; nous pouvons noter que :

- $Int(c, v)$ et $Int(c, w)$ sont le même et unique objet céleste Pluton en tant qu'individu pouvant être identifié dans le cadre de différents mondes possibles ; $Int(c, v)$ et $Int(c, w)$ sont la même ligne de monde d'individu. En termes d'instants possibles du temps par exemple (notés t_1 ou t_2), $Int(c, w)(t_1)$ et $Int(c, w)(t_2)$ peuvent être, dans les deux cas, le corps céleste Pluton, mais à deux positions différentes dans l'espace, toutes deux le long de l'orbite de ce corps autour du Soleil ; $Int(c, w)(t_1)$ peut, par exemple, être une manifestation locale de Pluton située à 36 unités astronomiques du

Soleil, et $Int(c, w)(t_2)$, une manifestation locale de Pluton située à 40 unités astronomiques du Soleil.

- $Int(P, w)$ et $Int(P, v)$ ne sont pas la même ligne de monde de propriété. En l'occurrence, il est notamment le cas que, pour une situation actuelle @ : $Int(c, v)(@) \in Int(P, v)(@)$, la manifestation actuelle de Pluton étant une planète selon le contexte scientifique antérieur à 2006, mais $Int(c, v)(@) \notin Int(P, w)(@)$, car cette manifestation n'est pas une planète selon le contexte scientifique actuel. Remarquons par contre que la manifestation actuelle de la planète Terre notamment est à la fois dans $Int(P, v)(@)$ et dans $Int(P, w)(@)$.

Dans cet exemple, les manifestations de Pluton considérées conservent les mêmes propriétés entre les contextes w et @, tout au moins les propriétés qui entrent en jeu pour déterminer si un corps céleste est une planète. En effet, $Int(c, v)(w) \in Int(P, v)(w)$ pour toute situation w dans laquelle Pluton conserve les propriétés que nous lui connaissons actuellement. Mais si, dans une situation éventuelle w^*, Pluton ne satisfaisait plus l'une des propriétés définitionnelles de l'objet théorique de planète tel qu'il est défini dans le contexte scientifique v, alors nous aurions $Int(c, v)(w^*) \notin Int(P, v)(w^*)$.

Eau et Terre jumelle   Dans l'expérience de pensée de la Terre jumelle proposée par Hilary Putnam, une planète, la Terre jumelle, est exactement comme la Terre sauf que la composition chimique de l'élément appelé « eau » sur la Terre jumelle est XYZ, et non H_2O comme sur la Terre [Putnam, 1975b]. Comme ces deux substances ont cependant le même aspect et en imaginant que cette expérience de pensée se tienne par exemple en 1750 (avant que la structure moléculaire de l'eau soit découverte), des jumeaux tous deux prénommés Oscar, l'un sur la Terre et l'autre sur le Terre jumelle, ne connaissent pas cette différence de composition, même si ces jumeaux ont les mêmes propriétés (avec la précaution signalée ci-dessous).

Si le prédicat E vaut pour « être de l'eau », w_T pour la planète Terre, w_J pour la Terre jumelle, c_O pour le nom Oscar, nous pouvons noter que :

- $Int(c_O, w_T) \neq Int(c_O, w_J)$ notamment car les deux individus n'ont pas le même ensemble de définition ; $Int(c_O, w_T)$ est défini sur w_T mais pas sur w_J, alors que $Int(c_O, w_J)$ est défini sur w_J mais pas sur w_T. La constante c_O est interprétée différemment sur la Terre et sur la Terre jumelle ; l'individu nommé Oscar sur la Terre n'est pas le même individu que celui nommé Oscar sur la Terre jumelle. $Int(c_O, w_T)$ et $Int(c_O, w_J)$ sont des jumeaux exemplifiant les mêmes propriétés intrinsèques.

Il est important de préciser que certaines précautions doivent être prises dans l'analyse de l'hypothèse selon laquelle les jumeaux se manifestent avec les mêmes propriétés physiques intrinsèques (voir notamment [Rebuschi, 2017, p. 40]). Par exemple, si la propriété d'être composé à 65% de H_2O est exemplifiée par le corps des manifestations de $Int(c_O, w_T)$, alors celui des manifestations de $Int(c_O, w_J)$ doit exemplifier la propriété d'être composé à 65% de XYZ. Les relations (propriétés extrinsèques) dans lesquelles les jumeaux se manifestent peuvent, quant à elles, être différentes. Par exemple, $Int(c_O, w_T)(w_T)$ est en relation avec $Int(E, w_T)(w_T)$.

- $Int(E, w_T) \neq Int(E, w_J)$ car pour tout monde w d'un modèle approprié, $Int(E, w_T)(w)$ est l'ensemble des éléments de D_w dont la composition chimique est H_2O, tandis que $Int(E, w_J)(w)$ est l'ensemble des éléments de D_w dont la composition chimique est XYZ. Le prédicat lié à l'eau n'est pas interprété de la même manière sur w_T et sur w_J ; le prédicat E ne qualifie pas la même propriété sur w_T et sur w_J.

Les conclusions que Putnam tire de cette expérience de la Terre jumelle nourrissent essentiellement la thèse externaliste. À ce stade, notre propos vise ici à justifier le choix sémantique de contextualiser la fonction d'interprétation d'un modèle logique augmenté, d'une constante ou d'un prédicat, à un contexte dans lequel l'élément linguistique du vocabulaire non-logique est interprété comme une certaine ligne de monde, puis à un monde dans lequel cette ligne de monde prend sa valeur.

Différents modèles de domaines scientifiques divers peuvent avoir vocation à décrire, expliquer ou prédire le comportement d'un même type d'éléments désigné linguistiquement unanimement au sein d'une communauté. Pour cela, chaque modèle peut définir un objet théorique en prétendant qu'il « représente » le type d'élément étudié, tout en utilisant le mot du langage courant qui désigne ce type pour nommer son objet théorique.

Cette identité linguistique établie entre le modèle scientifique et le langage courant n'atténue pas la distinction ontologique et épistémologique entre un élément naturel et un objet théorique. Contrairement à un élément naturel (objet ou phénomène), un objet théorique est relatif au modèle scientifique au sein duquel il est défini.

La contextualisation de la fonction d'interprétation pour les constantes et les prédicats comme des lignes de monde reflète ce constat épistémologique. Non seulement les constantes et les prédicats peuvent être interprétés différemment selon le contexte, au sein d'une même communauté, mais la définition d'un objet théorique peut également varier d'un contexte à un autre, l'interprétation du prédicat caractéristique d'un tel objet théorique (comme « être un exemplaire de cet objet théorique ») devant être relativisée au contexte dans lequel l'évaluation concernée s'effectue.

Dans la section suivante, nous tirons profit du potentiel de cette définition de l'interprétation en présentant différents types d'évaluations de formules de la logique modale.

2.4   Évaluation revisitée

Une fois définies les notions d'assignation et de valeur d'un terme, nous présentons trois relations de satisfaction qui prennent en charge les assignations de la même manière, mais qui tiennent compte différemment des déterminations initiales des interprétations des éléments non-logiques du vocabulaire :

- La satisfaction sans prédétermination d'une formule est définie sans détermination initiale de l'interprétation des constantes et des prédicats. Dans le cas d'une formule contenant des opérateurs modaux, les interprétations des constantes et des prédicats sont déterminées seulement au moment de l'évaluation des atomes de cette formule.

- La satisfaction par prédétermination d'une formule est définie en tenant compte de la détermination de l'interprétation des constantes et des prédicats depuis le monde initial de l'évaluation. Les lignes de monde ainsi déterminées sont « suivies » à travers les mondes possibles.

- La satisfaction par prédétermination dissociée d'une formule est définie en tenant compte de la détermination de l'interprétation des constantes depuis le monde initial de l'évaluation et de celle des prédicats depuis un monde spécifique appelé « contexte de référence ». Les lignes de monde ainsi déterminées sont « suivies » à travers les mondes possibles.

La prédétermination dont il est question dans les formulations « satisfaction sans prédétermination », « satisfaction par prédétermination » ou « satisfaction par prédétermination dissociée », concerne ainsi les interprétations des éléments non-logiques du vocabulaire.

2.4.1   Assignation

Nous introduisons à présent la notion de fonction d'assignation g sur un modèle augmenté M qui assigne à une variable x une ligne de monde d'individu $i \in \mathscr{L}_i$. Avec Var l'ensemble des variables du langage considéré, une fonction d'assignation g sur un modèle augmenté M (dont l'ensemble de mondes est W) est définie de la manière suivante :

$$
\begin{array}{rccc}
g : & Var & \longrightarrow & \mathscr{L}_i \\
 & x & \longmapsto & g(x)
\end{array}
$$

La notation $g[x/i]$ signifie que la fonction g assigne à la variable x la ligne d'individu i. La fonction $g[x/i]$ coïncide avec la fonction g sauf pour la variable x à laquelle elle assigne une valeur potentiellement différente de celle que g lui assigne, à savoir la ligne d'individu i.

2.4.2   Valeur d'un terme

La valeur d'un terme t est relative à un modèle M (et donc à une fonction d'interprétation notamment), à un contexte w, et à une fonction d'assignation g. La valeur du terme t dans le modèle M, au monde w, sous l'assignation g est notée $[\![t]\!]_{M,g,w}$ et est définie de la manière suivante :

- Si t est une constante, $[\![t]\!]_{M,g,w} = Int(t,w)$, avec $Int(t,w)$ la ligne d'individu de $\mathscr{L}_i$ nommée par la constante t depuis w. Si cette ligne est définie sur un monde $v \in W$, alors $[\![t]\!]_{M,g,w}(v)$ est la manifestation de cet individu dans le monde v.

- Si t est une variable, $[\![t]\!]_{M,g,w} = g(t)$, avec $g(t)$ la ligne d'individu assignée à la variable t par la fonction g dans w. Si cette ligne est définie sur un monde $v \in W$, alors $[\![t]\!]_{M,g,w}(v)$ est la manifestation de cet individu dans le monde v.

Dans les deux cas, la valeur du terme t dans le modèle M, au monde w, sous l'assignation g, est une ligne de monde d'individu : $[\![t]\!]_{M,g,w} \in \mathscr{L}_i$. Toute valeur de terme est une ligne de monde d'individu. Si $[\![t]\!]_{M,g,w}$ est une ligne d'individu définie sur un monde $v \in W$, alors $[\![t]\!]_{M,g,w}(v)$ est un objet local de v : $[\![t]\!]_{M,g,w}(v) \in D_v$. Notons qu'une ligne de monde $[\![t]\!]_{M,g,w}$ peut ne pas être définie sur w.

2.4.3   Satisfaction sans prédétermination ⊩

Définition de la satisfaction sans prédétermination

La satisfaction sans prédétermination est définie comme une relation ⊩ entre des formules de $\mathcal{L}$ (comme φ, ψ...) et une combinaison entre un modèle augmenté M, une situation w, et une fonction d'assignation g. Nous notons $M, w, g \Vdash \varphi$ si la formule φ est satisfaite sans prédétermination dans le modèle M, au monde w, sous la fonction d'assignation g ; et $M, w, g \nVdash \varphi$ sinon. Nous définissons cette relation de satisfaction sans prédétermination en énonçant les conditions de satisfaction sans prédétermination des formules de la logique modale pour les quadruplets (M, w, g, φ) qui respectent les définitions données dans cette section (notamment celles liées à la stricte localité).

De manière générale, une formule est satisfaisable sans prédétermination si elle est potentiellement satisfaite, c'est-à-dire s'il existe une combinaison (M, w, g) vis-à-vis de laquelle elle est satisfaite.

La vérité sans prédétermination est une relation entre un énoncé (tel que nous l'avons défini dans la syntaxe de logique modale, p. 34) et une combinaison entre un modèle et un monde. La vérité sans prédétermination d'un énoncé ne dépend pas de l'assignation. Si φ est un énoncé, $M, w, g \Vdash \varphi$ pour toute fonction d'assignation g si et seulement si $M, w, g \Vdash \varphi$ pour au moins une fonction d'assignation g. Nous notons dans ce cas que $M, w \Vdash \varphi$ car $M, w, g \Vdash \varphi$ pour toute fonction d'assignation g.

Rappelons que dans un modèle augmenté M, un terme a toujours une valeur dans un monde donné w sous une assignation g, même si la ligne de monde d'individu, valeur de ce terme dans w sous g, peut ne pas être définie sur w.

Soit $Pt_1 \ldots t_n$ une formule atomique de $\mathcal{L}$.

- $\boldsymbol{M, w, g \Vdash Pt_1 \ldots t_n}$

  si et seulement si $[\![t_j]\!]_{M,g,w}$ (pour $1 \leq j \leq n$) est une ligne de monde d'individu $i_j \in \mathscr{L}_i$ définie sur w et $\langle i_1(w), \ldots, i_n(w) \rangle \in \ell(w)$, avec la ligne de relation n-aire $\ell \in \mathscr{L}_r$ telle que $\boldsymbol{\ell = Int(P, w)}$.

Soit $t_1 = t_2$ une formule atomique de $\mathcal{L}$.

- $\boldsymbol{M, w, g \Vdash t_1 = t_2}$

  si et seulement si $[\![t_1]\!]_{M,g,w}$ et $[\![t_2]\!]_{M,g,w}$ sont des lignes de monde d'individu, respectivement i_1 et i_2, définies sur w et $\boldsymbol{i_1(w) = i_2(w)}$.

Soient φ et ψ des formules de $\mathcal{L}$.

- $\boldsymbol{M, w, g} \Vdash \neg\varphi$

  si et seulement si $\boldsymbol{M, w, g} \nVdash \varphi$.

- $\boldsymbol{M, w, g} \Vdash (\varphi \wedge \psi)$

  si et seulement si $\boldsymbol{M, w, g} \Vdash \varphi$ et $\boldsymbol{M, w, g} \Vdash \psi$.

- $\boldsymbol{M, w, g} \Vdash (\varphi \vee \psi)$

  si et seulement si $\boldsymbol{M, w, g} \Vdash \varphi$ ou $\boldsymbol{M, w, g} \Vdash \psi$.

- $\boldsymbol{M, w, g} \Vdash (\varphi \rightarrow \psi)$

  si et seulement si $\boldsymbol{M, w, g} \nVdash \varphi$ ou $\boldsymbol{M, w, g} \Vdash \psi$.

- $\boldsymbol{M, w, g} \Vdash \forall x\varphi$

  si et seulement si pour toute ligne d'individu $i \in \mathscr{L}_i$ définie sur w : $\boldsymbol{M, w, g[x/i]} \Vdash \varphi$.

- $\boldsymbol{M, w, g} \Vdash \exists x\varphi$

  si et seulement si pour au moins une ligne d'individu $i \in \mathscr{L}_i$ définie sur w : $\boldsymbol{M, w, g[x/i]} \Vdash \varphi$.

- $\boldsymbol{M, w, g} \Vdash \Box\varphi$

  si et seulement si pour tout monde $w' \in W$ tel que wRw' : $\boldsymbol{M, w', g} \Vdash \varphi$.

- $\boldsymbol{M, w, g} \Vdash \Diamond\varphi$

  si et seulement si pour au moins un monde $w' \in W$ tel que wRw' : $\boldsymbol{M, w', g} \Vdash \varphi$.

Remarques sur la satisfaction sans prédétermination

L'évaluation de formules quantifiées fait appel au domaine de quantification dans un monde, qui, dans le cadre de notre approche, est différent du domaine des objets locaux de ce monde. Le domaine des objets locaux présents dans un monde w est l'ensemble noté D_w ; il est constitué de manifestations d'individus. Le domaine de quantification pour un monde w est le sous-ensemble de $\mathscr{L}_i$ composé des lignes de monde d'individus définies sur w.

Si le domaine de quantification dans w (qui, dans notre sémantique, est l'ensemble des lignes d'individus définies sur w) n'est pas D_w (l'ensemble des objets locaux de w), notons toutefois que ces deux ensembles sont conceptuellement liés, car tout individu i du domaine de quantification dans w possède une unique manifestation d de D_w, et tout élément de D_w est individualisé, en étant la manifestation d'au moins un individu du domaine de quantification dans w.

Cette définition du domaine de quantification pour un monde w ainsi que les clauses sémantiques de la satisfaction sans prédétermination de formules des types $\forall x \varphi$ et $\exists x \varphi$ sont la marque d'un traitement « actualiste » de la quantification : dans un monde w, les valeurs potentielles de la variable quantifiée se limitent aux individus qui se manifestent dans w, c'est-à-dire aux lignes de monde définies sur w.

En particulier, $\exists x$ est chargé d'un engagement ontologique. Une formule comme $\exists x \varphi$ par exemple, dans un monde w, fait appel à un individu comme valeur de x, qui se manifeste dans w. Cet aspect « actualiste » de notre sémantique, qui consiste à imposer que seuls des individus manifestés dans un monde w puissent éventuellement rendre vrai un énoncé comportant une quantification depuis w, peut être illustré de la manière suivante :

$M, w, g \Vdash \exists x \Diamond Px$ si et seulement si au moins un individu défini sur w, c'est-à-dire qui se manifeste dans w (de sorte que, par définition, $i(w) \in D_w$), possède, dans au moins un monde w' accessible depuis w, une manifestation qui exemplifie dans w' la propriété qualifiée par le prédicat P dans ce monde w'.

Autrement dit, $M, w, g \Vdash \exists x \Diamond P x$ si et seulement si au moins un individu i défini sur w est aussi défini sur au moins un monde w' accessible depuis w de sorte que $i(w') \in Int(P, w')(w')$.

La satisfaction sans prédétermination $\Vdash$ tient compte des assignations de lignes d'individus mais elle est relative aux interprétations des constantes et des prédicats déterminées seulement au moment de l'évaluation des atomes de la formule évaluée ; il n'y a pas de contrainte transmonde concernant les interprétations.

2.4.4   Satisfaction par prédétermination $\models$

Définition de la satisfaction par prédétermination

La satisfaction par prédétermination est définie comme une relation $\models$ entre des formules de $\mathcal{L}$ (comme φ, $\psi\dots$) et une combinaison entre un modèle M, une situation w, et une fonction d'assignation g. Nous notons $M, w, g \models \varphi$ si la formule φ est satisfaite par prédétermination dans le modèle M, au monde w, sous la fonction d'assignation g ; et $M, w, g \not\models \varphi$ sinon. Nous définissons cette relation de satisfaction par prédétermination en énonçant les conditions de satisfaction par prédétermination des formules de la logique modale pour les quadruplets (M, w, g, φ) qui respectent les définitions données dans cette section (notamment celles liées à la stricte localité).

De manière générale, une formule est satisfaisable par prédétermination si elle est potentiellement satisfaite par prédétermination, c'est-à-dire s'il existe une combinaison (M, w, g) vis-à-vis de laquelle elle est satisfaite par prédétermination.

La vérité par prédétermination est une relation entre un énoncé (tel que nous l'avons défini dans la syntaxe de logique modale p. 34) et une combinaison entre un modèle et un monde. La vérité par prédétermination d'un énoncé ne dépend pas de l'assignation. Si φ est un énoncé, $M, w, g \models \varphi$ pour toute fonction d'assignation g si et seulement si $M, w, g \models \varphi$ pour au moins une fonction d'assignation g. Nous notons dans ce cas que $M, w \models \varphi$ car $M, w, g \models \varphi$ pour toute fonction d'assignation g.

Rappelons que dans un modèle augmenté M, un terme a toujours une valeur dans un monde donné w sous une assignation g, même si la ligne de monde d'individu, valeur de ce terme dans w sous g, peut ne pas être définie sur w.

Les conditions de satisfaction par prédétermination des formules atomiques sont définies de manière analogue aux conditions de satisfaction sans prédétermination des formules atomiques, présentées p. 73 (en remplaçant simplement le symbole $\Vdash$ par $\models$). Toutefois, par souci de clarté, nous énonçons ces conditions de manière explicite.

Soit $Pt_1 \ldots t_n$ une formule atomique de $\mathcal{L}$.

- $\boldsymbol{M, w, g \models Pt_1 \ldots t_n}$

  si et seulement si $[\![t_j]\!]_{M,g,w}$ (pour $1 \leq j \leq n$) est une ligne de monde d'individu $i_j \in \mathscr{L}_i$ définie sur w et $\langle i_1(w), \ldots, i_n(w) \rangle \in \boldsymbol{\ell(w)}$, avec la ligne de relation n-aire $\ell \in \mathscr{L}_r$ telle que $\boldsymbol{\ell = Int(P, w)}$.

Soit $t_1 = t_2$ une formule atomique de $\mathcal{L}$.

- $\boldsymbol{M, w, g \models t_1 = t_2}$

  si et seulement si $[\![t_1]\!]_{M,g,w}$ et $[\![t_2]\!]_{M,g,w}$ sont des lignes de monde d'individus, respectivement i_1 et i_2, définies sur w et $\boldsymbol{i_1(w) = i_2(w)}$.

Soient φ et ψ des formules de $\mathcal{L}$.

Les conditions de satisfaction par prédétermination des formules $(\varphi \wedge \psi)$, $(\varphi \vee \psi)$, $(\varphi \rightarrow \psi)$, $\neg\varphi$, $\forall x\varphi$ et $\exists x\varphi$ sont définies de manière analogue aux conditions de satisfaction sans prédétermination de ces mêmes formules (en remplaçant simplement le symbole $\Vdash$ par $\models$). En ce qui concerne la négation notamment, nous notons $M, w, g \models \neg\varphi$ si et seulement si $M, w, g \not\models \varphi$. En revanche, les conditions de satisfaction par prédé-termination des formules comportant des opérateurs modaux sont :

- $\boldsymbol{M, w, g \models \Box\varphi}$

  si et seulement si pour tout monde $w' \in W$ tel que wRw' :

  $\boldsymbol{M^*, w', g \models \varphi}$ avec M^* un modèle augmenté similaire à M à l'ex-ception de sa fonction d'interprétation Int^* qui ne diffère de la fonction Int que sur w' de sorte que :

  $\boldsymbol{Int^*(c, w') = Int(c, w)}$ et $\boldsymbol{Int^*(P, w') = Int(P, w)}$

  pour toute constante c et tout prédicat P du langage $\mathcal{L}$.

- $\boldsymbol{M, w, g \models \Diamond\varphi}$

  si et seulement si pour au moins un monde $w' \in W$ tel que wRw' :

  $\boldsymbol{M^*, w', g \models \varphi}$ avec M^* un modèle augmenté similaire à M à l'ex-ception de sa fonction d'interprétation Int^* qui ne diffère de la fonction Int que sur w' de sorte que :

  $\boldsymbol{Int^*(c, w') = Int(c, w)}$ et $\boldsymbol{Int^*(P, w') = Int(P, w)}$

  pour toute constante c et tout prédicat P du langage $\mathcal{L}$.

Remarques sur la satisfaction par prédétermination

Le domaine des objets locaux présents dans un monde w est l'en-semble noté D_w ; il est constitué de manifestations d'individus. Le do-maine de quantification pour un monde w est le sous-ensemble de $\mathscr{L}_i$ composé des lignes de monde d'individus définies sur w.

Comme pour la relation de satisfaction sans prédétermination $\Vdash$, cette définition du domaine de quantification pour un monde w ainsi que les clauses sémantiques de la satisfaction par prédétermination de formules des types $\forall x\varphi$ et $\exists x\varphi$ sont la marque d'un traitement « actua-liste » de la quantification. Cet aspect de notre sémantique peut être illustré de la manière suivante :

$M, w, g \models \exists x \Diamond Px$ si et seulement si au moins un individu défini sur w possède une manifestation dans au moins un monde w' (accessible depuis w) qui exemplifie dans w' la propriété qualifiée par le prédicat P depuis w.

Autrement dit, $M, w, g \models \exists x \Diamond Px$ si et seulement si au moins un individu i défini sur w est aussi défini sur au moins un monde w' accessible depuis w de sorte que $i(w') \in Int(P, w)(w')$.

La satisfaction par prédétermination $\models$ tient compte des assignations de lignes d'individus et de la détermination des lignes de monde depuis le monde initial de l'évaluation. Cette satisfaction est notamment relative aux interprétations des constantes et des prédicats déterminées depuis le monde initial de l'évaluation ; il y a une contrainte transmonde concernant les interprétations.

2.4.5   Satisfaction par prédétermination dissociée $\models_{v}$

Définition de la satisfaction par prédétermination dissociée

Nous définissons la satisfaction par prédétermination dissociée depuis un monde de référence v comme une relation $\models_{v}$ entre des formules de $\mathcal{L}$ (comme φ, ψ...) et une combinaison entre un modèle M, une situation w, et une fonction d'assignation g. Nous notons $M, w, g \models_{v} \varphi$ si la formule φ est satisfaite dans le modèle M, au monde w, sous la fonction d'assignation g, par prédétermination des lignes d'individus depuis le monde initial de l'évaluation w et par celle des lignes de relations depuis le monde de référence v ; et $M, w, g \not\models_{w} \varphi$ sinon. Nous définissons cette relation de satisfaction par prédétermination dissociée en énonçant les conditions de satisfaction par prédétermination dissociée des formules de la logique modale pour les quadruplets (M, w, g, φ) qui respectent les définitions données dans cette section (notamment celles liées à la stricte localité) et dans lesquels le modèle M possède un ensemble de mondes W comprenant le monde v depuis lequel la prédétermination des lignes de relations s'effectue ($v \in W$).

La vérité par prédétermination dissociée depuis un contexte v est une relation entre un énoncé (tel que nous l'avons défini dans la syntaxe de logique modale p. 34) et une combinaison entre un modèle et un monde. La vérité par prédétermination dissociée d'un énoncé ne dépend pas de l'assignation. Si φ est un énoncé, $M, w, g \underset{v}{\models} \varphi$ pour toute fonction d'assignation g si et seulement si $M, w, g \underset{v}{\models} \varphi$ pour au moins une fonction d'assignation g. Nous notons dans ce cas que $M, w \underset{v}{\models} \varphi$ car $M, w, g \underset{v}{\models} \varphi$ pour toute fonction d'assignation g.

Nous avons défini $M, w, g \models \varphi$ si la formule φ est satisfaite dans un modèle M, au monde w, sous l'assignation g, relativement à la détermination des lignes de monde d'individus et de relations depuis le monde initial de l'évaluation w. Nous définissons $M, w, g \underset{v}{\models} \varphi$ si la formule φ est satisfaite par prédétermination dissociée depuis un contexte v, dans un modèle M, au monde w, sous l'assignation g, relativement à la détermination des lignes de monde d'individus depuis le monde initial de l'évaluation et à celle des lignes de monde de relations depuis le contexte de référence v.

Rappelons que dans un modèle augmenté M, un terme a toujours une valeur dans un monde donné w sous une assignation g, même si la ligne de monde d'individu, valeur de ce terme dans w sous g, peut ne pas être définie sur w.

Les conditions de satisfaction par prédétermination dissociée des formules atomiques sont définies, pour un contexte de référence v, de manière analogue aux conditions de satisfaction sans prédétermination des formules atomiques, présentées p. 73 (en remplaçant simplement le symbole $\Vdash$ par $\underset{v}{\models}$). Toutefois, de nouveau par souci de clarté, nous énonçons ces conditions de manière explicite.

Soit $Pt_1 \ldots t_n$ une formule atomique de $\mathcal{L}$.

- $\boldsymbol{M, w, g \underset{v}{\models} Pt_1 \ldots t_n}$

  si et seulement si $[\![t_j]\!]_{M,g,w}$ (pour $1 \leq j \leq n$) est une ligne de monde d'individu $i_j \in \mathscr{L}_i$ définie sur w et $\langle i_1(w), \ldots, i_n(w) \rangle \in \ell(w)$, avec la ligne de relation n-aire $\ell \in \mathscr{L}_r$ telle que $\boldsymbol{\ell = Int(P, v)}$.

Soit $t_1 = t_2$ une formule atomique de $\mathcal{L}$.

- $\boldsymbol{M, w, g \underset{v}{\models} t_1 = t_2}$

  si et seulement si $[\![t_1]\!]_{M,g,w}$ et $[\![t_2]\!]_{M,g,w}$ sont des lignes de monde d'individus, respectivement i_1 et i_2, définies sur w et $i_1(w) = i_2(w)$.

Soient φ et ψ des formules de $\mathcal{L}$.

Les conditions de satisfaction par prédétermination dissociée des formules $(\varphi \wedge \psi)$, $(\varphi \vee \psi)$, $(\varphi \rightarrow \psi)$, $\neg\varphi$, $\forall x\varphi$ et $\exists x\varphi$ sont définies, pour un contexte de référence v, de manière analogue aux conditions de satisfaction sans prédétermination de ces mêmes formules (en remplaçant simplement le symbole $\Vdash$ par $\underset{v}{\models}$). En ce qui concerne la négation notamment, nous notons $M, w, g \underset{v}{\models} \neg\varphi$ si et seulement si $M, w, g \underset{w}{\not\models} \varphi$. En revanche, les conditions de satisfaction par prédétermination dissociée depuis un monde de référence v, des formules comportant des opérateurs modaux, sont :

- $\boldsymbol{M, w, g \underset{v}{\models} \Box\varphi}$

  si et seulement si pour tout monde $w' \in W$ tel que wRw' :

  $\boldsymbol{M^*, w', g \underset{v}{\models} \varphi}$ avec M^* un modèle augmenté similaire à M à l'exception de sa fonction d'interprétation Int^* qui ne diffère de la fonction Int que sur w' de sorte que :

  $\boldsymbol{Int^*(c, w') = Int(c, w)}$ pour toute constante c du langage $\mathcal{L}$.

- $\boldsymbol{M, w, g \underset{v}{\models} \Diamond\varphi}$

  si et seulement si pour au moins un monde $w' \in W$ tel que wRw' :

  $\boldsymbol{M^*, w', g \underset{v}{\models} \varphi}$ avec M^* un modèle augmenté similaire à M à l'exception de sa fonction d'interprétation Int^* qui ne diffère de la fonction Int que sur w' de sorte que :

  $\boldsymbol{Int^*(c, w') = Int(c, w)}$ pour toute constante c du langage $\mathcal{L}$.

Remarques sur la satisfaction par prédétermination dissociée

Notons tout d'abord que la détermination de $Int^*(P, w')$ pour tout prédicat P du langage $\mathcal{L}$ n'a pas d'importance dans les deux dernières clauses. En effet, les définitions de la relation $\models_{\overline{v}}$ ne font appel qu'à la ligne de monde $Int(P, v)$ pour chaque prédicat P de $\mathcal{L}$.

Comme pour la satisfaction sans prédétermination et la satisfaction par prédétermination, les clauses sémantiques de la satisfaction par prédétermination dissociée de formules des types $\forall x\varphi$ et $\exists x\varphi$ sont la marque d'un traitement « actualiste » de la quantification. Cet aspect de notre sémantique peut être illustré de la manière suivante :

$M, w, g \models_{\overline{v}} \exists x \Diamond Px$ si et seulement si au moins un individu défini sur w possède une manifestation dans au moins un monde w' (accessible depuis w) qui exemplifie dans w' la propriété qualifiée par le prédicat P depuis v.

Autrement dit, $M, w, g \models_{\overline{v}} \exists x \Diamond Px$ si et seulement si au moins un individu i défini sur w est aussi défini sur au moins un monde w' accessible depuis w de sorte que $i(w') \in Int(P, v)(w')$.

La satisfaction par prédétermination dissociée $\models_{\overline{v}}$ tient compte des assignations de lignes d'individus, de la détermination des lignes d'individus depuis le monde initial de l'évaluation, et de celle des lignes de relations depuis le monde de référence v. Cette satisfaction est notamment relative aux interprétations des constantes déterminées depuis le monde initial de l'évaluation et à celles des prédicats déterminées depuis le contexte v; il y a, d'une part, une contrainte transmonde concernant l'interprétation des constantes et, d'autre part, une contrainte transmonde concernant l'interprétation des prédicats.

Le respect des lignes de monde d'individus dans les conditions de satisfaction par prédétermination dissociée est identique à celui qui définit les conditions de la satisfaction par prédétermination $\models$. La satisfaction par prédétermination dissociée permet de différencier, d'une part, le monde à partir duquel l'interprétation des prédicats est déterminée, et,

ÉVALUATION REVISITÉE   83

d'autre part, le monde initial de l'évaluation. En effet, avec $M, w, g \models \varphi$,
le monde de référence est le monde initial de l'évaluation, à savoir w.
Avec $M, w, g \models_{\overline{v}} \varphi$, le monde de référence est v et le monde initial de
l'évaluation est w.

Remarquons que le cas particulier $M, w, g \models_{\overline{v}} \varphi$ avec $w = v$ revient à
$M, w, g \models \varphi$. D'un point de vue conceptuel, la relation $\models$ reste toutefois
premiere vis-à-vis de la relation $\models_{\overline{v}}$ dans la mesure où elle est suffisante
pour évaluer une formule lorsqu'il n'est pas pertinent de dissocier le
monde initial de l'évaluation et le monde de référence.

Notons enfin que si nous voulions définir la satisfaction d'une formule
atomique de $\mathcal{L}$, dans un modèle M au monde $w \in W$ sous une assignation g, par prédétermination des lignes de relations depuis un contexte
$v_r \in W$ *et* par prédétermination des lignes d'individus depuis un con-
texte $v_i \in W$, il faudrait alors définir une relation de satisfaction $\models_{\overline{v_r}}^{\underline{v_i}}$
dont la définition serait similaire à celle de la satisfaction par prédéter-
mination dissociée depuis v_r sauf en ce qui concerne les clauses pour les
formules atomiques[1].

Comme nous n'exploiterons pas cette possibilité, nous pourrons simplement utiliser l'expression « satisfaction par prédétermination dissociée » pour parler de la satisfaction par prédétermination des lignes de
relations depuis un monde de référence spécifique (les lignes d'individus
étant, par $\models_{\overline{v}}$, déterminées depuis le monde initial de l'évaluation).

La prédétermination dissociée est en effet suffisante dans le cadre
de notre étude des modèles scientifiques, en nous permettant par exemple d'évaluer des formules dans un contexte actuel @, relativement à
l'interprétation des prédicats déterminée depuis un contexte v pouvant
correspondre à un système-modèle du modèle scientifique étudié.

---

1. D'une part, $M, w, g \models_{\overline{v_r}}^{\underline{v_i}} Pt_1 \ldots t_n$ si et seulement si $[\![t_j]\!]_{M,g,v_i}$ (pour $1 \leq j \leq n$)
est une ligne de monde d'individu $i_j \in \mathscr{L}_i$ définie sur w et $\langle i_1(w), \ldots, i_n(w)\rangle \in$
$\ell(w)$, avec la ligne de relation n-aire $\ell \in \mathscr{L}_r$ telle que $\ell = Int(P, v_r)$. D'autre part,
$M, w, g \models_{\overline{v_r}}^{\underline{v_i}} t_1 = t_2$ si et seulement si $[\![t_1]\!]_{M,g,v_i}$ et $[\![t_2]\!]_{M,g,v_i}$ sont des lignes de monde
d'individus, respectivement i_1 et i_2, définies sur w et $i_1(w) = i_2(w)$.

La prédétermination dissociée et l'expérience de la Terre jumelle

À ce stade, pour illustrer, d'une part, quelques intérêts de la relation de satisfaction par prédétermination dissociée et, d'autre part, les raisons pour lesquelles les lignes d'individus ne sont pas déterminées depuis le monde de référence considéré, nous pouvons revenir sur l'expérience de la Terre jumelle avec E le prédicat valant pour « être de l'eau », w_T le monde pour la planète Terre, w_J pour la Terre jumelle, c_O la constante pour le nom Oscar. Ajoutons un prédicat S avec la clé de traduction Sxy : « x voit y ».

- $M, w_J, g \models_{\overline{w_T}} \exists x E x$ si et seulement s'il existe un individu défini sur la Terre jumelle et qui s'y manifeste en exemplifiant la propriété qualifiée sur la Terre par le prédicat lié à l'eau. Évaluer cet énoncé de cette façon revient à se demander s'il y a un élément sur la Terre jumelle qui satisfait le prédicat « être de l'eau » tel qu'il est interprété sur la Terre, c'est-à-dire s'il y a un élément sur la Terre jumelle dont la composition chimique est H_2O. Autrement dit, $M, w_J, g \models_{\overline{w_T}} \exists x E x$ si et seulement si $Int(E, w_T)(w_J)$ n'est pas vide.

Remarquons que $M, w_J, g \models \exists x E x$ si et seulement s'il existe un élément sur la Terre jumelle dont la composition chimique est XYZ, puisque la formule $\exists x E x$ est satisfaite par prédétermination dans le contexte de la Terre jumelle si l'ensemble-valeur, dans w_J, de la propriété qualifiée par E depuis w_J, n'est pas vide, c'est-à-dire si $Int(E, w_J)(w_J)$ n'est pas vide. La même formule est d'ailleurs satisfaite sans prédétermination pour les mêmes raisons, étant donné qu'elle ne contient pas d'opérateur modal.

- $M, w_J, g \models_{\overline{w_T}} \exists x(Ex \land Sc_O x)$ si et seulement s'il existe un individu défini sur la Terre jumelle, qui s'y manifeste en exemplifiant la propriété qualifiée sur la Terre par le prédicat lié à l'eau, et dont la manifestation dans w_J est vue par $Int(c_O, w_J)(w_J)$, la manifestation de l'individu nommé Oscar sur la Terre jumelle. Évaluer cet énoncé de cette façon revient à se demander si le jumeau Oscar sur la Terre jumelle voit[2] un élément de la Terre jumelle dont la composition chimique est H_2O. Cela constitue un exemple illustrant les raisons pour lesquelles la satisfaction par prédétermination dissociée est définie en tenant compte de la détermination des lignes de relations depuis le contexte de référence et non de celle des lignes d'individus déterminées quant à elles depuis le monde initial de l'évaluation.

2.4.6 Illustration des distinctions entre relations de satisfaction

Pour expliciter la manière dont les différentes conditions de satisfaction de formules comportant par exemple des interactions entre quantificateurs et opérateurs modaux tiennent compte des lignes de monde, traitons les différentes satisfactions des formules : $\Box c_1 = c_2$; $(Pc \land \Diamond Pc)$; et $\exists x \Diamond Scx$.

Exemple $\Box c_1 = c_2$

$\boldsymbol{M, w, g \Vdash \Box c_1 = c_2}$

si et seulement si	pour tout monde $w' \in W$ tel que wRw' :
	$M, w', g \Vdash c_1 = c_2$
si et seulement si	pour tout monde $w' \in W$ tel que wRw',
	$Int(c_1, w')$ est un individu $i_1 \in \mathscr{L}_i$ défini sur w' et
	$Int(c_2, w')$ est un individu $i_2 \in \mathscr{L}_i$ défini sur w',
	tels que $\boldsymbol{i_1(w') = i_2(w')}$.

---

2. La satisfaction de la formule en question, dans w_J, par prédétermination depuis w_T, fait intervenir l'interprétation du prédicat S depuis w_T, c'est-à-dire la relation qualifiée par S sur la Terre w_T ; le jumeau Oscar « voit » quelque chose, selon ce qui est appelé « voir » sur w_T. Mais comme, selon l'expérience de Putnam, la Terre jumelle est exactement comme la Terre à l'exception de la composition chimique de l'élément appelé « eau », le prédicat S qualifie semble-t-il la même relation depuis la Terre w_T et depuis la Terre jumelle w_J.

Autrement dit, $M, w, g \Vdash \Box c_1 = c_2$ si les individus nommés par les constantes c_1 et c_2 depuis tout monde w' accessible depuis w sont définis sur w' et ont la même manifestation dans w'. L'individu nommé par la constante c_1 dans un monde accessible depuis w est potentiellement différent de celui nommé par c_1 dans un autre monde accessible depuis w (de même pour celui nommé par c_2), et ce sont bien sur les interprétations locales des constantes dans chaque monde accessible que repose la satisfaction de cette formule par $\Vdash$.

$M, w, g \models \Box c_1 = c_2$

si et seulement si   pour tout monde $w' \in W$ tel que wRw' :

$M^*, w', g \models c_1 = c_2$

avec M^* un modèle augmenté similaire à M à l'exception de sa fonction d'interprétation Int^* qui ne diffère de la fonction Int que sur w' de sorte que $Int^*(c, w') = Int(c, w)$ et $Int^*(P, w') = Int(P, w)$ pour toute constante c et tout prédicat P du langage $\mathcal{L}$

si et seulement si   pour tout monde $w' \in W$ tel que wRw',

$Int(c_1, w) = Int^*(c_1, w')$ et $Int(c_2, w) = Int^*(c_2, w')$ sont des individus définis sur w', tels que $Int^*(c_1, w')(w') = Int^*(c_2, w')(w')$, c'est-à-dire

$Int(c_1, w)(w') = Int(c_2, w)(w')$

Autrement dit, $M, w, g \models \Box c_1 = c_2$ si les individus nommés par les constantes c_1 et c_2 depuis le monde w sont définis sur tout monde w' accessible depuis w et ont la même manifestation dans w'. Remarquons que cette analyse vaut également pour $M, w, g \not\models_{\overline{v}} \Box c_1 = c_2$.

La satisfaction de cette formule par $\models$ est relative à la détermination des interprétations des constantes individuelles depuis le monde initial de l'évaluation uniquement ; le même individu (nommé par c_1 dans w) se manifeste dans tout monde accessible w' et cette manifestation est également celle de l'individu nommé par c_2 depuis w dans w'.

Les interprétations $Int(c_1, w)$ et $Int(c_1, w')$ sont potentiellement différentes (tout comme $Int(c_2, w)$ et $Int(c_2, w')$ peuvent être deux lignes d'individus distinctes), mais la satisfaction de cette formule par $\models$ ne dépend que des lignes d'individus $Int(c_1, w)$ et $Int(c_2, w)$.

Exemple ($Pc \wedge \Diamond Pc$)

$M, w, g \Vdash (Pc \wedge \Diamond Pc)$

si et seulement si	$M, w, g \Vdash Pc$ et $M, w, g \Vdash \Diamond Pc$
si et seulement si	$M, w, g \Vdash Pc$ et pour au moins un monde $w' \in W$ tel que wRw' : $M, w', g \Vdash Pc$
si et seulement si	pour au moins un monde $w' \in W$ tel que wRw', $Int(c, w)$ est un individu $i_1 \in \mathscr{L}_i$ défini sur w et $Int(c, w')$ est un individu $i_2 \in \mathscr{L}_i$ défini sur w', tels que $i_1(w) \in Int(P, w)(w)$ et $i_2(w') \in Int(P, w')(w')$.

Autrement dit, $M, w, g \Vdash (Pc \wedge \Diamond Pc)$ si l'individu nommé par la constante c depuis w (noté i_1) exemplifie la propriété qualifiée par le prédicat P dans w et si l'individu nommé par c depuis au moins un monde accessible w' (potentiellement différent de i_1) exemplifie la propriété qualifiée par le prédicat P dans w' (potentiellement différente de celle qualifiée par P depuis w).

La satisfaction de cette formule par $\Vdash$ est relative à toutes les interprétations locales des éléments de langage concernées ; d'une part, l'individu nommé par c dans w se manifeste dans w et y exemplifie la propriété qualifiée par P dans w, et d'autre part, l'individu nommé par c dans w' se manifeste dans w' et y exemplifie la propriété qualifiée par P dans w'.

Les interprétations peuvent changer d'un monde à l'autre (c peut nommer un individu différent dans w et dans w', et P peut qualifier une propriété différente dans w et dans w'), et ce sont bien sur les interprétations locales des constantes et des prédicats dans chaque monde accessible que repose la satisfaction de cette formule par $\Vdash$.

$M, w, g \models (Pc \wedge \Diamond Pc)$

si et seulement si $M, w, g \models Pc$ et $M, w, g \models \Diamond Pc$

si et seulement si $M, w, g \models Pc$ et pour au moins un monde $w' \in W$ tel que $wRw' : M^*, w', g \models Pc$

avec M^* un modèle augmenté similaire à M à l'exception de sa fonction d'interprétation Int^* qui ne diffère de la fonction Int que sur w' de sorte que $Int^*(c, w') = Int(c, w)$ et $Int^*(P, w') = Int(P, w)$ pour toute constante c et tout prédicat P du langage $\mathcal{L}$

si et seulement si   pour au moins un monde $w' \in W$ tel que wRw', $Int(c, w) = Int^*(c, w')$ est un individu $i \in \mathscr{L}_i$ défini sur w et sur w' tel que $i(w) \in Int(P, w)(w)$ et $i(w') \in Int^*(P, w')(w')$, c'est-à-dire $\boldsymbol{i(w) \in Int(P, w)(w)}$ et $\boldsymbol{i(w') \in Int(P, w)(w')}$

Autrement dit, $M, w, g \models (Pc \wedge \Diamond Pc)$ si l'individu nommé par la constante c depuis w exemplifie la propriété qualifiée par le prédicat P depuis w, à la fois dans w et dans au moins un monde accessible w'.

La satisfaction de cette formule par $\models$ est relative à la détermination des interprétations des éléments de langage depuis le monde initial de l'évaluation uniquement ; le même individu (nommé par c dans w) se manifeste à la fois dans w et dans un monde accessible w' et y exemplifie la même propriété (qualifiée par P depuis w).

Les interprétations $Int(c, w)$ et $Int(c, w')$ sont potentiellement différentes (tout comme $Int(P, w)$ et $Int(P, w')$ peuvent être deux lignes de propriétés distinctes), mais la satisfaction de cette formule par $\models$ ne dépend que de la ligne d'individu $Int(c, w)$ et de la ligne de propriété $Int(P, w)$.

$M, w, g \models_{\overline{v}} (Pc \land \Diamond Pc)$

si et seulement si $M, w, g \models_{\overline{v}} Pc$ et $M, w, g \models_{\overline{v}} \Diamond Pc$

si et seulement si $M, w, g \models_{\overline{v}} Pc$ et pour au moins un monde $w' \in W$
tel que $wRw' : M^*, w', g \models_{\overline{v}} Pc$
avec M^* un modèle augmenté similaire à M à l'exception de sa fonction d'interprétation Int^* qui ne diffère de la fonction Int que sur w' de sorte que $Int^*(c, w') = Int(c, w)$ pour toute constante c du langage $\mathcal{L}$

si et seulement si   pour au moins un monde $w' \in W$ tel que wRw', $Int(c, w) = Int^*(c, w')$ est un individu $i \in \mathscr{L}_i$ défini sur w et sur w' tel que $i(w) \in Int(P, v)(w)$ et $i(w') \in Int(P, v)(w')$.

Autrement dit, $M, w, g \models_{\overline{v}} (Pc \land \Diamond Pc)$ si l'individu nommé par la constante c depuis w exemplifie la propriété qualifiée par le prédicat P depuis v, à la fois dans w et dans au moins un monde accessible w'.

La satisfaction de cette formule par $\models_{\overline{v}}$ est relative à la détermination des interprétations de constantes depuis le monde initial de l'évaluation et à celle des interprétations de prédicats depuis le contexte de référence v; le même individu (nommé par c dans w) se manifeste à la fois dans w et dans un monde accessible w' et y exemplifie la même propriété (qualifiée par P depuis v).

Les interprétations $Int(c, w)$ et $Int(c, w')$ sont potentiellement différentes, mais la satisfaction de cette formule par $\models_{\overline{v}}$ ne dépend que de la ligne d'individu $Int(c, w)$ et de la ligne de propriété $Int(P, v)$.

Exemple $\exists x \Diamond Scx$

$M, w, g \Vdash \exists x \Diamond Scx$

si et seulement si   pour au moins un individu $i \in \mathscr{L}_i$ défini sur w :
$M, w, g[x/i] \Vdash \Diamond Scx$

si et seulement si	pour au moins un individu $i \in \mathscr{L}_i$ défini sur w,
	et pour au moins un monde $w' \in W$ tel que wRw' :
	$M, w', g[x/i] \Vdash Scx$
si et seulement si	pour au moins un individu $i \in \mathscr{L}_i$ défini sur w,
	et pour au moins un monde $w' \in W$ tel que wRw',
	les individus i et $Int(c, w')$ sont définis sur w' et
	$\langle i(w'), Int(c, w')(w') \rangle \in Int(S, w')(w')$.

Autrement dit, $M, w, g \Vdash \exists x \Diamond Scx$ s'il y a au moins un individu assigné à x depuis w, défini sur w, dont la manifestation dans un monde accessible w' est en relation (qualifiée par S depuis w') avec la manifestation, dans w', de l'individu nommé par c dans w'.

La satisfaction de cette formule par $\Vdash$ est soumise à l'assignation opérée depuis w, mais pas aux interprétations des éléments de langage depuis w. Il suffit que l'individu assigné à x soit défini sur w et sur un monde w' accessible depuis w, dans lequel sa manifestation et celle d'un individu nommé par c dans w' (potentiellement différent de l'individu nommé par c dans w) satisfont la relation qualifiée par S dans w' (potentiellement différente de la relation qualifiée par S dans w').

Les interprétations peuvent changer d'un monde à l'autre (c peut nommer un individu différent dans w et dans w' et S peut qualifier une relation différente dans w et dans w'), et ce sont bien sur les interprétations locales des constantes et des prédicats dans chaque monde accessible que repose la satisfaction de cette formule par $\Vdash$.

$M, w, g \models \exists x \Diamond Scx$

si et seulement si	pour au moins un individu $i \in \mathscr{L}_i$ défini sur w :
	$M, w, g[x/i] \models \Diamond Scx$
si et seulement si	pour au moins un individu $i \in \mathscr{L}_i$ défini sur w,
	et pour au moins un monde $w' \in W$ tel que wRw' :
	$M^*, w', g[x/i] \models Scx$

	avec M^* un modèle augmenté similaire à M à l'exception de sa fonction d'interprétation Int^* qui ne diffère de la fonction Int que sur w' de sorte que $Int^*(c, w') = Int(c, w)$ et $Int^*(P, w') = Int(P, w)$ pour toute constante c et tout prédicat P du langage $\mathcal{L}$
si et seulement si	pour au moins un individu $i \in \mathscr{L}_i$ défini sur w, et pour au moins un monde $w' \in W$ tel que wRw', les individus i et $Int^*(c, w')$ sont définis sur w' et $\langle i(w'), Int^*(c, w')(w') \rangle \in Int^*(S, w')(w')$, c'est-à-dire $\langle \boldsymbol{i(w')}, \boldsymbol{Int(c, w)(w')} \rangle \in \boldsymbol{Int(S, w)(w')}$.

Autrement dit, $M, w, g \models \exists x \Diamond Scx$ s'il y a au moins un individu assigné à x depuis w, défini sur w, dont la manifestation dans un monde w' accessible depuis w est en relation (qualifiée par S depuis le monde initial de l'évaluation w) avec la manifestation, dans w', de l'individu nommé par c dans le monde initial de l'évaluation w.

La satisfaction de cette formule par $\models$ est soumise à l'assignation opérée depuis w et à la détermination des interprétations des éléments de langage depuis le même monde w.

Les interprétations $Int(c, w)$ et $Int(c, w')$ sont potentiellement différentes (tout comme $Int(S, w)$ et $Int(S, w')$ peuvent être deux lignes de relations distinctes), mais la satisfaction de cette formule par $\models$ ne dépend, en termes d'interprétations, que de la ligne d'individu $Int(c, w)$ et de la ligne de relation $Int(S, w)$.

$\boldsymbol{M, w, g \models_{\overline{v}} \exists x \Diamond Scx}$

si et seulement si	pour au moins un individu $i \in \mathscr{L}_i$ défini sur w : $M, w, g[x/i] \models_{\overline{v}} \Diamond Scx$
si et seulement si	pour au moins un individu $i \in \mathscr{L}_i$ défini sur w, et pour au moins un monde $w' \in W$ tel que wRw' : $M^*, w', g[x/i] \models_{\overline{v}} Scx$

	avec M^* un modèle augmenté similaire à M à l'exception de sa fonction d'interprétation Int^* qui ne diffère de la fonction Int que sur w' de sorte que $Int^*(c, w') = Int(c, w)$ pour toute constante c du langage $\mathcal{L}$
si et seulement si	pour au moins un individu $i \in \mathscr{L}_i$ défini sur w, et pour au moins un monde $w' \in W$ tel que wRw', les individus i et $Int^*(c, w')$ sont définis sur w' et $\langle i(w'), Int^*(c, w')(w')\rangle \in Int(S, v)(w')$, c'est-à-dire $\boldsymbol{\langle i(w'), Int(c, w)(w')\rangle \in Int(S, v)(w')}$.

Autrement dit, $M, w, g \models_{v} \exists x \Diamond Scx$ s'il y a au moins un individu assigné à x depuis w, défini sur w, dont la manifestation dans un monde w' accessible depuis w est en relation (qualifiée par S depuis le monde initial de l'évaluation v) avec la manifestation, dans w', de l'individu nommé par c dans le monde initial de l'évaluation w.

La satisfaction de cette formule par $\models_{v}$ est soumise à l'assignation opérée depuis w ainsi qu'à la détermination des interprétations des constantes depuis le même monde w et de celles des prédicats depuis le contexte v.

Les interprétations $Int(c, w)$ et $Int(c, w')$ sont potentiellement différentes, mais la satisfaction de cette formule par $\models_{v}$ ne dépend, en termes d'interprétations, que de la ligne d'individu $Int(c, w)$ et de la ligne de relation $Int(S, v)$.

Conclusion du Chapitre 2

Dans ce chapitre, nous avons défini une sémantique logique cohérente avec les thèses épistémologiques que nous soutenons (nous en avons évoquées certaines dans ce chapitre, mais d'autres, comme le fictionnalisme, seront examinées dans les chapitres suivants). Nous expliquerons davantage les liens entre logique et épistémologie, comme entre lignes de monde et objets théoriques, en considérant que des mondes possibles d'un modèle logique puissent valoir notamment pour des systèmes-modèles ou des systèmes-cibles, puis en analysant la constitution d'un ensemble-valeur d'une propriété scientifique dans un contexte expérimental (générale-ment liée à certaines caractéristiques causales), et enfin en définissant les spécificités d'un modèle augmenté de logique modale *approprié* pour l'étude d'une application de modèle scientifique. Un tel modèle logique devra notamment pouvoir rendre compte de l'aspect fictionnaliste de notre conception, en l'occurrence de la classe des systèmes-modèles d'un modèle scientifique. En effet, la classe de mondes V d'un tel modèle M vaudra pour l'ensemble des systèmes-modèles générés par la description de M. De plus, comme nous l'expliquerons, les descriptions de modèles peuvent se présenter sous différentes formes, comme un texte rédigé en anglais, une série de formules mathématiques, ou même un objet phy-sique comme une maquette par exemple. Quelle que soit sa forme, dans une perspective fictionnaliste, une telle « description » sera considérée comme un support dans un jeu de faire-semblant, générant ainsi une classe de systèmes-modèles. De manière générale, les modèles logiques augmentés nous seront notamment utiles pour évaluer des déclarations au sujet de ces systèmes-modèles, ainsi qu'au sujet de systèmes-cibles (qu'ils soient ou non *compatibles* avec le modèle scientifique étudié). En effet, un modèle logique augmenté, pour un langage $\mathcal{L}$ de la logique modale, que nous dirons *approprié* pour l'étude d'une application d'un modèle scientifique $\mathcal{M}$, nous permettra notamment d'évaluer des décla-rations formulées dans le langage $\mathcal{L}$ dans le cadre de certains contextes possibles, comme des systèmes-modèles de $\mathcal{M}$ ou des systèmes-cibles. Pour reprendre un exemple de [Frigg, 2010c, p. 262], une déclaration telle que « le système solaire est stable » est-elle « vraie » dans un système-modèle du modèle newtonien du système solaire ? Nous suggé-rons qu'il est pertinent d'utiliser les relations de satisfaction que nous avons définies pour un modèle logique pour un langage $\mathcal{L}$, avec une clé permettant de *traduire* une telle déclaration dans le vocabulaire à partir duquel le langage $\mathcal{L}$ est constitué, de manière syntaxiquement conforme aux règles présentées dans la section 2.1.1 (p. 34).

Dans notre analyse modale des modèles scientifiques, un objet théorique n'est pas considéré comme un objet local d'un domaine de monde, mais il peut être compris, de manière préliminaire, comme une combinaison (ou un faisceau) de lignes de monde définies sur un ensemble de mondes possibles. Certains objets locaux peuvent par contre être des *exemplaires* d'un objet théorique. Nous expliquerons par la suite que la combinaison qui définit un objet théorique au sein d'un modèle scientifique, peut être le résultat complexe de différentes opérations entre des définitions et des lois de ce modèle, mais instinctivement, une telle combinaison peut par exemple consister à considérer l'ensemble des exemplaires d'un objet théorique dans une situation comme une intersection d'ensembles-valeurs de lignes de propriétés définitionnelles. Sur un plan logique, une telle combinaison (basique à ce stade, dans la mesure notamment où elle ne fait intervenir que des lignes de propriétés) pourrait être comprise comme une conjonction de prédicats unaires. Igor Hanzel suggère par exemple de noter Id_{1-k} (pour un certain entier k) [Hanzel, 1999, p. 8], le prédicat « correspondant » à la conjonction entre k prédicats qui qualifient, selon nos termes, les propriétés définitionnelles d'un objet théorique. Nous critiquerons ultérieurement cette idée, mais de manière préliminaire, en notant o un objet théorique défini dans un modèle scientifique, si un élément d'un système-modèle considéré comme un exemplaire de o satisfait la conjonction entre ces k prédicats, le prédicat « être un exemplaire de o » peut intuitivement être comparé au prédicat évoqué par Hanzel, Id_{1-k}. Pour illustrer une telle combinaison, considérons un modèle de physique au sein duquel un objet théorique de pendule simple, noté o, est défini de manière à ce qu'un objet local en soit considéré comme un exemplaire, si cet objet local exemplifie la propriété d'« avoir un fil de masse nulle » (prédicat noté P_1) et celle d'« avoir un mobile de masse ponctuelle » (prédicat noté P_2). Avec le prédicat « être un exemplaire de o », noté O, nous pourrions avoir, dans un modèle augmenté de logique *approprié*, pour tout monde w, $Int(O, w)(w) = Int(P_1, w)(w) \cap Int(P_2, w)(w)$. Notons toutefois qu'il s'agit d'une illustration rudimentaire ; nous expliquerons plus précisément par la suite la constitution d'un ensemble d'exemplaires d'objet théorique en termes de conformité à des *profils causaux* et *nomologiques* de certaines propriétés ou relations. De plus, dans un modèle logique M *approprié* pour l'étude d'une application de modèle scientifique $\mathcal{M}$ dont la description *entraîne* des propositions pouvant être exprimées notamment à l'aide d'un prédicat P, avec v un système-modèle $\mathcal{M}$, nous expliquerons la manière spécifique dont sont constitués les ensembles-valeurs de la ligne de relation qualifiée par P depuis v, c'est-à-dire $Int(P, v)$. Dans l'exemple précédent, le prédicat P_1 est interprété dans une situation actuelle @ comme une propriété dont l'ensemble-valeur dans @ est vide : $Int(P, @)(@) = \varnothing$. Mais le prédicat P_1 pourra être interprété, depuis un système-modèle v du modèle de physique au sein duquel il est employé, comme une propriété dont l'ensemble-valeur dans @ sera potentiellement non vide. En l'occurrence, dans un modèle logique *approprié* pour une application de ce modèle sous certaines conditions d'application, nous expliquerons que l'ensemble-valeur $Int(P, v)(@)$ contient des objets locaux de cette situation constitués d'un fil dont la masse est « négligeable » relativement à ces conditions spécifiques d'application, et non à proprement parler « nulle ».

Chapitre 3

Fictionnalisme

Comparer une argumentation scientifique à une œuvre de fiction a-t-il non seulement un sens, mais aussi un quelconque intérêt épistémologique ? La fiction semble relever de la pure imagination tandis qu'à première vue, la science porte de manière rationnelle sur des systèmes concrets. De plus, la réussite des applications de modèles semble contrecarrer d'emblée toute tentative d'analyse fictionnaliste des modèles scientifiques dont nous tirons avec succès des conclusions qui constituent notre connaissance notamment sur des phénomènes ayant cours dans des situations actuelles. Par ailleurs, les procédures même guidant les applications de modèles, tout comme leur réussite, semblent exclure la subjectivité paraissant au contraire essentielle dans la démarche consistant à imaginer à partir d'une fiction.

Dans un premier temps, nous devrons justifier le bien-fondé et la pertinence épistémologique d'une telle comparaison, en en indiquant les principaux points d'ancrage et en présentant les problématiques que le fictionnalisme prétend traiter de manière inédite et appropriée. Nous suggèrerons que le fictionnalisme scientifique recouvre différents points de vue pertinents tant sur la nature même des modèles scientifiques que sur leur mode de fonctionnement. Au-delà de la description des modèles en tant que telle, certaines approches (comme [Toon, 2010a] ou [Frigg, 2010c]) proposent également d'examiner les procédés liés à l'application d'un modèle dans une situation cible, à l'aide d'outils initialement développés pour étudier les œuvres de fiction ou la représentation en général (comme dans [Walton, 1990] ou [Currie, 1990]). Nous proposerons ensuite une analyse épistémologique prenant en considération les problématiques que nous avons traitées dans une perspective de logique modale, notamment le problème de l'identité des propriétés dans des contextes modaux, ainsi que les divers apports des conceptions fictionnalistes des modèles scientifiques. Notre proposition relèvera toutefois davantage de ce que nous pouvons appeler une *épistémologie modale* que d'une épistémologie purement fictionnaliste : les mondes fictionnels *compatibles* avec un modèle scientifique ne seront que des contextes possibles parmi d'autres traversés par des lignes de monde. Notre étude englobera ainsi un point de vue fictionnaliste en accordant un statut particulier à ces mondes fictionnels, mais le dépassera en suggérant que, par *extrapolation*, un modèle scientifique porte aussi sur des situations actuelles, et non simplement sur des cas idéaux.

3.1 Motivations d'un fictionnalisme scientifique

3.1.1 Terminologie

Un modèle scientifique peut se présenter sous la forme d'une description linguistiquement formulée (comme un texte explicatif rédigé dans une langue particulière), d'une série de formules mathématiques, d'un dispositif matériel (comme une maquette concrète), ou d'une modélisation informatique. Selon un certain type de fictionnalisme, nous expliquerons qu'une « description », quelle que soit sa forme, ne vise pas directement les situations cibles que le scientifique cherche à expliquer ou même à prédire, mais bien une fiction générée justement à partir de cette description considérée comme un *support* à partir duquel il nous est demandé d'*imaginer*. Mais tout d'abord, comme le remarque notamment Roman Frigg, les argumentations scientifiques fondées sur des modèles utilisent un vocabulaire qui sous-entend certaines actions d'ordre fictionnel, comme « supposons que », « considérons que », voire « imaginons que » [Frigg, 2010c, p. 260], invitant l'utilisateur à se figurer la proposition ainsi introduite. Par exemple, lorsqu'un modèle postule qu'une entité possède telle ou telle propriété (comme un pendule dont la tige serait de masse nulle), nous devons en quelque sorte accepter cette hypothèse comme une condition à la compréhension et à l'acceptation des conclusions du modèle. Et même lorsqu'un modèle semble n'être constitué que d'objets matériels (dans le cas de machines ou de montages), une démarche du même ordre s'effectue ; il faut imaginer que tel objet du modèle *représente* tel objet réel. Autrement dit, quelle que soit la nature d'une *description* de modèle, cette dernière est à la base d'une démarche consistant à imaginer soit qu'il existe une entité conforme à cette description, soit qu'il existe un lien direct entre cette description et les situations cibles.

D'autre part, lorsqu'une argumentation s'appuie sur un modèle scientifique, les déclarations tirées de ce modèle sont généralement retranscrites relativement à ce modèle, et cela peut être signalé par des expressions telles que « dans le cadre du modèle » ou « selon le modèle ». Au-delà du critère de scientificité que ce type de démarche peut apporter au discours (comme pour valoriser l'argument), cela peut également être considéré comme une sorte de précaution, comme si cette déclaration n'avait de sens ou n'était vraie que relativement à tel ou tel modèle. Nous étudierons l'intérêt de ces expressions d'un point de vue logique et fictionnaliste en les comparant à des opérateurs de fiction.

Une problématique plus générale concerne finalement la référence d'un terme ou d'une expression, qui ne semble pas « exister » dans le monde actuel ou dans les situations sur lesquelles le modèle est censé porter ; en particulier, aucun objet actuel ne semble pouvoir exemplifier les *mêmes* propriétés que celles exemplifiées par des objets fictionnels dans des mondes idéaux. Quelle valeur pouvons-nous accorder à une déclaration émise dans l'intention d'examiner un système actuel, mais qui comporte des termes qui n'ont pas de référence dans ce système, ou des expressions qui ne qualifient rien dans ce système ? Par exemple, comment des modèles portant sur un pendule simple idéal constitué d'une masse ponctuelle reliée à un fil de masse nulle, ou sur des planètes parfaitement sphériques dont la masse est uniformément répartie, peuvent-ils nous informer sur des phénomènes actuels et ainsi constituer un ensemble de connaissances réellement pertinentes ?

Avant de poursuivre, nous pouvons examiner un argument d'ordre pragmatique pouvant être avancé à l'encontre de la considération des modèles d'un point de vue fictionnaliste. Un tel argument consisterait à remarquer que la plupart des modèles ont vocation à établir des connaissances à propos de situations empiriquement possibles, et que nous pouvons *tester* ces connaissances, c'est-à-dire confronter les descriptions, explications, ou prédictions émises par un modèle, à l'observation expérimentale des faits survenant au sein d'un système visé. De ce point de vue, la réussite globale des modèles scientifiques ne contredit-elle pas d'emblée toute approche fictionnaliste, comme si une argumentation scientifique était par nature contraire à l'idée que nous nous faisons d'une œuvre de fiction comme source de pure imagination ? Toutefois, une œuvre de fiction n'est-elle jamais purement fictionnelle, que cela concerne ses inspirations ou les principes généraux qu'elle cherche à retranscrire, ou bien encore la réalité qu'elle a pour but de refléter ? Par exemple, les romans littéraires, même lorsqu'ils relèvent du fantastique ou de la science-fiction, comportent des références à des objets ou des propriétés que nous connaissons (la terminologie étant généralement constituée intégralement ou presque d'éléments du vocabulaire courant), même si la manière d'agencer conceptuellement de tels objets et propriétés peut ne pas correspondre à quoi que ce soit d'exemplifié et de connu dans un contexte actuel (par exemple un animal capable de parler anglais, comme dans la nouvelle de George Orwell, *Animal Farm. A Fairy Story*). De plus, les œuvres de fiction peuvent mettre en évidence certaines caractéristiques de situations ou comportements actuels (en mettant par exemple à l'épreuve, parfois de manière tragique, certains types de relations humaines), la fiction n'étant finalement qu'un prétexte ou un cadre conceptuel pour développer certains propos au sujet du monde actuel. En quoi se distingue d'une fiction un modèle qui nous invite par exemple à supposer qu'une balle puisse être parfaitement sphérique et à en analyser une mise à l'épreuve (comme son mouvement sans frottement sur un plan incliné) ?

Si la science semble se distinguer de la fiction par le caractère explicite de son objectif consistant à porter sur des systèmes cibles que nous sommes susceptibles de rencontrer, ainsi que par la méthode qu'elle emploie, modèles scientifiques et œuvres de fiction résultent tous deux d'activités humaines (et en constituent une partie de la culture) et présentent, dans leur élaboration et leur mise en œuvre, certaines similitudes qui sont justement liées, au-delà des indices terminologiques évoqués, à la méthodologie et à la mission même de ces activités. Nous commencerons par examiner l'objectif des modèles scientifiques consistant à émettre des déclarations générales pouvant s'appliquer à une multitude de cas possibles (en évoquant simplement les exemples de modèles destinés à l'étude d'un système-cible particulier et unique à un instant donné), puis nous analyserons trois procédés méthodologiques visant justement à atteindre un tel objectif.

3.1.2   Généralisation

La manière dont certains modèles scientifiques définissent leurs objets théoriques peut, à première vue, nous amener à considérer qu'ils portent sur de tels *objets* (comme « *l'*atome d'oxygène » ou « *le* pendule simple »), selon un certain point de vue fictionnaliste que nous qualifierons de *primaire* et que nous examinerons dans la section 3.2. En effet, de tels propos généraux peuvent éventuellement nous pousser à *réifier* injustement un tel objet théorique, le considérant ainsi abusivement comme un personnage sur lequel porterait une œuvre de fiction et qu'un lecteur serait susceptible d'imaginer. Cependant, de manière générale, les modèles ne portent pas sur un individu particulier dont le mode d'existence serait douteux (comme « *L'A*tome d'oxygène »), mais ils sont utilisés de manière à s'appliquer à toute une classe d'objets possibles (comme n'importe quel atome d'oxygène). Devons-nous considérer cette volonté de généralisation comme un point de divergence entre science et fiction ?

Ou bien, comme nous le suggérions, la fiction comporte-t-elle des sortes de généralisations cachées ? Par exemple, derrière la description pouvant sembler particulière des relations entre deux personnages fictifs comme Roméo et Juliette, ne se cache-t-il pas une volonté de la part de William Shakespeare de parler du sentiment amoureux en général ? Notre objectif n'est pas ici de traiter une telle problématique, mais simplement de remarquer que distinguer science et fiction sur la base de l'aspect *généralisé* des argumentations scientifiques n'est peut-être pas approprié, tout comme il ne nous semble pas pertinent de les distinguer en avançant que la science nous apprend certaines choses sur le monde, contrairement à la fiction ; comme nous l'insinuions, les œuvres fictionnelles sont susceptibles de porter sur notre monde et sur nous-mêmes de manière générale, et participent d'une manière ou d'une autre à enrichir nos connaissances. Quoi qu'il en soit, notre étude épistémologique cherche à expliquer cet effort de généralisation qui contribue à la scientificité d'une argumentation, en analysant notamment les processus permettant d'appliquer des modèles marqués par des généralisations, dans des contextes particuliers. L'identification des propriétés sur lesquelles portent de tels modèles sera cruciale dans cette analyse, mais examinons tout d'abord les différents procédés semblant relever de la fiction, et dont peuvent résulter les généralisations en science.

3.1.3   Abstraction

La formation d'une généralisation peut notamment être comprise comme un procédé visant à élaborer un propos qui concerne plusieurs phénomènes particuliers ou plusieurs objets locaux, indépendamment de certaines spécificités, comme des caractéristiques des situations dans lesquelles de tels objets se trouvent, ou celles des instants du temps auxquels de tels phénomènes se produisent. Cet aspect de la généralisation est appelé « abstraction », notamment par John Locke qui considère l'abstraction comme un procédé formant une idée générale à partir d'un ensemble de particuliers [Locke, 1690, Book II, Chap. XI, §9]. Une série d'abstractions consiste à écarter les propriétés des éléments particuliers qui ne sont pas utiles à la généralisation. Il en résulte par exemple une description comportant un nombre fini d'énoncés, ou plus généralement une définition d'objet théorique dont le nombre de propriétés définitionnelles est fini. Par exemple, la couleur du fil du pendule n'a pas d'importance pour un modèle de mécanique newtonienne, contrairement à sa masse qui sera donc une propriété prise en considération dans la description d'un tel modèle. L'abstraction participe à la définition d'un objet théorique au sein d'un modèle scientifique, dans la mesure où des objets locaux pourront en être considérés comme des exemplaires s'ils exemplifient ses quelques propriétés définitionnelles.

3.1.4 Idéalisation

L'aspect idéalisé d'un modèle scientifique révèle généralement un tout autre intérêt que celui de *représenter* un cas idéal unique. Une idéalisation concerne une propriété qui a été prise en compte par l'abstraction. Mais alors que l'abstraction aboutit à une sélection finie de propriétés de manière à couvrir le plus grand nombre possible d'objets particuliers, l'idéalisation permet d'obtenir une définition qui couvre diverses manières d'exemplifier ces propriétés. Par exemple, si un modèle procède à une idéalisation en supposant que la masse du fil de l'objet théorique de pendule simple est nulle, ce modèle pourra potentiellement s'appliquer à un pendule actuel dont le fil a une masse « négligeable », relativement à une *tolérance* donnée ; des objets locaux peuvent être considérés comme des exemplaires de cet objet théorique même s'ils sont constitués de fils de masses différentes (tant qu'un fil possède une masse acceptable relativement à un *critère d'approximation*). Comme nous l'étudierons en détail par la suite, une propriété idéalisée peut être exemplifiée de différentes manières par divers objets, sous certaines conditions d'application.

Remarquons par ailleurs que notre étude épistémologique opère elle-même une série d'abstractions en tentant de décrire les points communs entre les différentes abstractions qui s'opèrent au sein de divers domaines

scientifiques, dans le but de produire des déclarations valant pour les modèles scientifiques de manière générale. Mais les causes possibles de ces
simplifications (pour utiliser un terme regroupant abstraction et idéalisation) sont variées et certainement propres à chaque démarche scientifique
particulière. Par exemple, différentes raisons peuvent amener un scientifique à supposer qu'une planète a une masse uniformément répartie
ou que les forces de frottement agissant dans le mouvement d'un mobile
glissant sur un plan incliné sont constantes le long de ce plan (comme des
raisons liées à la complexité par exemple). Notre propos vise simplement
à souligner l'aspect fictionnel des simplifications opérées dans un souci
de généralisation, quelles qu'en soient les motivations initiales.

En résumé, par *abstraction* (qualifiée d'« abstraction aristotéli-
cienne » dans [Bäck, 2014, p. 19] notamment), un objet théorique est
défini par un nombre fini de propriétés. Un objet local pouvant potentiellement satisfaire une infinité de propriétés, le caractère fini de la définition d'un objet théorique rend concevable qu'un tel objet local puisse
en être considéré comme un exemplaire ; même si cette abstraction en
tant que telle semble relever de la fiction, elle joue un rôle essentiel dans
la généralisation d'un modèle scientifique. Puis, l'*idéalisation* (qualifiée
de « galiléenne » par [McMullin, 1985] notamment) peut être considérée
comme une sorte d'abstraction vis-à-vis des propriétés : un objet théorique est défini par des propriétés non seulement en nombre fini, mais
aussi de nature particulière dans la mesure où elles peuvent être exemplifiées localement de diverses manières, de manière idéalisée dans des
mondes fictionnels, ou dans des systèmes actuels relativement à certains
critères d'approximations. Toutefois, par cette double simplification, les
objets théoriques tels qu'ils sont définis au sein de modèles scientifiques,
considérés en amont des critères d'approximations qui rendent possibles
leurs exemplifications en dehors de contextes idéaux, peuvent être comparés sous certains aspects à des objets de fiction.

3.1.5 Isolation

À l'abstraction et à l'idéalisation peut s'ajouter une troisième simplification consistant à isoler l'objet théorique ou le système-cible étudié. Les raisons d'un tel procédé dépendent une nouvelle fois spécifiquement du modèle en question, mais une *isolation* s'opère en délimitant plus ou moins arbitrairement une zone cible, ou en supposant que les exemplaires des objets théoriques étudiés sont isolés vis-à-vis de leur environnement, au moins à certains égards. Par exemple, la force de Coriolis n'intervient pas dans de nombreux modèles de physique étudiant le déplacement d'un corps sur un plan incliné à petite échelle. Cette troisième simplification paraît relever de la fiction dans la mesure où ne sont retenues que certaines relations (si ce n'est aucune) entre un objet et ce qui l'entoure (ou entre un système-cible délimité et ce qui se trouve au-delà de ces limites, comme nous l'illustrerons dans la sous-section suivante).

En résumé, la généralisation recherchée dans l'élaboration d'un modèle scientifique peut être comprise comme le résultat de différentes simplifications, une abstraction concernant les particuliers locaux (en définissant, par un nombre fini de propriétés, un objet théorique pouvant être exemplifié par une multitude d'objets locaux), une abstraction concernant la manière d'exemplifier ces propriétés (en étudiant un cas idéal pouvant *représenter* diverses manières de les exemplifier, relativement à des critères d'approximations), et une abstraction concernant certaines relations entre les exemplaires d'un tel objet théorique et leur environnement (en occultant certaines connexions). Ces différents procédés peuvent constituer les motivations d'un point de vue fictionnaliste sur les modèles scientifiques. L'approche fictionnaliste que nous proposons ne consiste pas à réifier l'objet théorique obtenu suite à ces simplifications (comme ce qui peut être suggéré selon un point de vue fictionnaliste que nous qualifions de *primaire*), mais au contraire à rendre compte de l'intérêt premier de ces simplifications qui est de produire une argumentation générale valable dans différents contextes possibles.

3.1.6   Exemples de modèles scientifiques

Afin d'illustrer ce que nous avons suggéré jusqu'ici, nous évoquons dans cette sous-section quelques exemples de modèles scientifiques qui opèrent certaines des simplifications que nous avons présentées et qui peuvent ainsi, sous certains angles, être comparés à des fictions.

En physique, les modèles newtoniens du système solaire supposent des planètes parfaitement sphériques avec une masse uniformément répartie ; la Terre notamment possède une densité uniforme [Newton, 1687, Book III]. D'autre part, même dans des modèles keplériens, les trajectoires décrites par les planètes sont considérées comme des ellipses parfaites, alors qu'il y a en réalité des perturbations causées notamment par le fait que le système n'est pas isolé dans l'espace.

Le modèle atomique de Niels Bohr, notamment celui de l'atome de l'hydrogène, suppose que les électrons ont une orbite circulaire, stable et déterminée [Bohr, 1913]. Comme le souligne Roman Frigg par exemple, cette idée a été contredite par la physique quantique de Schrödinger ; les électrons ne se déplacent pas selon des trajectoires définies. Frigg précise d'ailleurs que « les orbites classiques d'électrons se sont avérées être des fictions, sans toutefois que cela les ait rendues inutiles » [Frigg, 2010b, p. 253].

De nombreuses idéalisations sont également opérées en physique statistique dans un souci de généralité, notamment dans les modèles que propose James Clerk Maxwell pour étudier les collisions entre deux molécules ou entre deux systèmes de molécules [Maxwell, 1867]. Anouk Barberousse explique par exemple qu'un ensemble de molécules n'a pas d'énergie de rotation-vibration selon ces modèles, car les molécules sont supposées parfaitement symétriques, ou bien encore que le temps de l'interaction entre deux systèmes de molécules peut être négligé [Barberousse, 2000, p. 112].

En mécanique classique, nous pouvons simplement mentionner, par exemple, les forces de frottements liées au mouvement d'un corps sur un plan, supposées uniformes, voire nulles ; la notion de masse ponctuelle consistant à considérer qu'une masse peut ne pas avoir d'étendue ; ou encore un champ de pesanteur uniforme ou un référentiel galiléen (dans lequel le principe d'inertie est strictement vérifié).

En physique quantique, même si certaines simplifications effectuées en physique classique sont évitées (notamment, comme l'explique Vladimir Aleksandrovitch Fock, l'indépendance supposée d'un phénomène vis-à-vis des conditions dans lesquelles il est observé [Fock, 1965, p. 225]), les modèles procèdent à des idéalisations. Stephan Hartmann explique par exemple que la théorie quantique des champs considère les entités fondamentales (telles que les électrons ou les quarks) comme des particules ponctuelles, ou bien encore que certains champs continuent d'être traités de manière classique (comme le champ de radiation dans les modèles de théorie du laser) [Hartmann, 1998]. Nancy Cartwright met d'ailleurs en évidence les idéalisations effectuées par William H. Louisell dans son étude du laser en termes d'interactions entre atomes et champs électromagnétiques quantiques [Louisell, 1973] ; selon le modèle que propose Louisell, les atomes sont supposés uniformément répartis (N par unité de volume) et sans qu'il y ait d'interaction entre eux [Cartwright, 1983, p. 146].

Dans d'autres domaines scientifiques, nous pouvons évoquer les modèles économiques postulant des agents strictement rationnels, des systèmes parfaitement isolés ou des coûts de transaction nuls [Mäki, 1994]. Par exemple, les courbes proposées par William Phillips dans le but d'analyser la relation entre le taux de croissance des salaires et celui du chômage ne prend en considération aucun autre facteur économique [Phillips, 1958]. En biogéochimie notamment, certains modèles climatiques supposent une division de l'atmosphère en un grand nombre fini de cubes [Jacobson *et al.*, 2000, p. 9]. En biologie, le modèle de la macromolécule d'ADN proposé par Francis Crick et James Watson suggère une structure en double hélice idéalisée par rapport à la réalité [Schindler, 2008]. En chimie, certains modèles considèrent les molécules comme des sphères parfaitement dures, d'autres supposent des cristaux dépourvus

de toute impureté ; James Ladyman explique que cela est par exemple le
cas de la loi concernant la chaleur spécifique d'un échantillon de cristal
de fluorure de lithium [Ladyman *et al.*, 2007, p. 24]. En informatique, des
modèles portent sur des réseaux de capteurs sans fil supposés être isolés
de toute interférence radio (par exemple [Goleva *et al.*, 2015, p. 319] ou
[Picco *et al.*, 2015, p. 246] avec ce qui est qualifié d'« expériences *in vi-
tro* ») ou supposent par ailleurs une trajectoire parfaitement linéaire d'un
nœud mobile [Gallais *et al.*, 2015, p. 213]. Or, « les simulateurs échouent
à reproduire les conditions environnementales actuelles des systèmes dé-
ployés » [Gallais *et al.*, 2016, p. 122].

Pour finir, même dans le cas de modèles n'étudiant qu'un système-
cible particulier dans un intervalle de temps donné, des simplifications
semblent nécessaires. Nous avons notamment évoqué le cas de la courbe
de Phillips (issue d'une analyse restreinte au Royaume-Uni entre 1861 et
1957). Pour prendre un autre exemple, en zoologie, l'étude de la population des mésanges charbonnières dans la forêt de Wytham près d'Oxford
nécessite, selon Andrew Gosler, de délimiter précisément le système-cible,
la forêt dans sa totalité représentant un système trop vaste et trop complexe en tant que tel [Webster, 2010].

Pour chacun de ces exemples de modèles scientifiques, la description
semble faire allusion aux simplifications que nous avons décrites (abstractions, idéalisations, isolations) et semble ainsi ne pas viser (tout au moins
directement) le système-cible vis-à-vis duquel le modèle en question est
censé produire des explications, voire des prédictions. « Par exemple,
dans la description d'un modèle dans lequel un électron est supposé être
une masse ponctuelle, le terme "électron" ne peut raisonnablement pas
être compris comme un terme qui réfère à des électrons réels » [Held,
2009, p. 140]. En effet, plus généralement, les propriétés définitionnelles
apparaissant dans de telles descriptions ne semblent pas pouvoir être
exemplifiées par des objets réels. Est-ce une fiction particulière et unique
qui est générée (comme selon le point de vue fictionnaliste *primaire* que
nous présentons dans la section suivante) ou est-ce un objet théorique

qui est désigné, mais compris, selon notre proposition, comme un faisceau de lignes de monde de propriétés, pouvant ainsi être exemplifié par des objets locaux de diverses situations possibles ?

3.2 Fictionnalisme primaire

Selon le point de vue que nous appelons *fictionnalisme primaire*, un objet théorique est considéré comme une fiction particulière, plutôt que comme une fiction générale et modale. Autrement dit, ce sur quoi les modèles portent serait une simple et unique fiction qui ne satisferait que les propriétés stipulées par le modèle, et aucune autre. Un terme général d'une description linguistique de modèle, un objet miniature d'une maquette, ou encore un diagramme coloré illustrant graphiquement un ensemble de formules, seraient interprétés comme désignant une entité fictionnelle. Ce fictionnalisme primaire ne dépasse pas ce qui semble être *particulier* ; il n'accorde pas une portée plus importante aux conclusions du modèle. De ce point de vue, par exemple, un terme général (reflétant la généralisation recherchée, voire un certain idéal d'universalité, dans l'élaboration d'un modèle) serait considéré comme un simple terme individuel. Un tel terme (comme « *l'*atome d'oxygène ») possède, selon ce point de vue primaire, une désignation unique. L'entité visée est toute particulière car il s'agit d'une entité fictionnelle incomplète, exemplifiant uniquement un nombre limité de propriétés, à savoir les propriétés communes à tous les objets qu'elle est censée représenter. De ce point de vue, un modèle prétendant par exemple parler du *Triangle* en général définit une telle entité abstraite comme le *Triangle* qui n'aurait ni longueurs de côtés, ni angles déterminés, sans couleur ni matière, sans être notamment ni rectangle ni isocèle... Mais cette entité ne serait qu'abstraitement définie comme une figure plane possédant trois côtés, et n'ayant donc aucune autre propriété. C'est pourquoi, selon ce point de vue, et pour reprendre la terminologie de Gregory Currie, les termes généraux peuvent être qualifiés de noms fictionnels [Currie, 1990, p. 128], au même titre notamment que les noms de personnages littéraires comme « Sherlock Holmes ».

Selon certains points de vue fictionnalistes, la relation entre un modèle et un système-cible n'est pas directe : de tels points de vue fictionnalistes se confrontent clairement à une ambition *réaliste* selon laquelle
un terme théorique ne vise pas une seule entité mais bien certains objets
réels. Pour reprendre les propos de Carsten Held : « l'intention est de
décrire des objets réels, mais la référence à ces objets passe par une entité
abstraite » [Held, 2009, p. 146], même si, comme le souligne Held, cette
entité n'appartient pas à la classe des objets qu'elle représente (tout
comme le *Triangle* n'est pas un objet de la classe des figures triangu-
laires).

3.2.1   Objets fictionnels incomplets

Ce type d'entité abstraite (comme le *Triangle*), ou plus précisément
d'objet fictionnel peut être considéré comme non entièrement déterminé.
Edward Zalta ou Terence Parsons notamment développent cette thèse
selon laquelle un objet généré à partir d'une fiction est *incomplet* (ce
terme est employé dans [Parsons, 1980, p. 231]), contrairement aux objets réels, car un tel objet n'exemplifie qu'un nombre fini de propriétés.
Autrement dit, selon Parsons, « il y a toujours une certaine propriété
dont ni elle ni sa négation ne peuvent être attribuées significativement
à un objet de cette catégorie » [ibid., p. 231]. La catégorie évoquée par
Parsons est celle des objets *incomplets*, mais pour formuler cette idée
autrement et expliciter l'expression de « négation » de propriété, il y a
toujours au moins une propriété dont nous ne pouvons pas dire qu'elle
est exemplifiée ou non par un objet incomplet. Si un objet fictionnel est
généré à partir d'une définition marquée par l'abstraction de certaines
propriétés, il est infondé, selon ce point de vue, d'affirmer que cet objet
exemplifie ou non l'une de ces propriétés puisqu'il est par définition *indéterminé* vis-à-vis de ces propriétés. Ainsi, comme le résume Zalta, un
tel objet ne possède strictement que les propriétés qui lui ont été attribuées dans le cadre de la fiction [Zalta, 1988, p. 126]. Un objet fictionnel
serait donc *indéterminé* vis-à-vis de toutes les propriétés qui ne lui sont

pas attribuées au sein de la fiction en question. Par exemple, Sherlock Holmes n'a pas d'autres propriétés que celles explicitement décrites par certains énoncés de l'œuvre de Arthur Conan Doyle. Ainsi, comme le souligne Mark Sainsbury : « il n'est pas le cas que, selon les histoires de Holmes, Holmes possédait un nombre impair de cheveux sur la tête lorsqu'il rencontra Watson pour la première fois » (ni qu'il en avait un nombre pair) [Sainsbury, 2010, p. 77].

3.2.2   Intérêts du fictionnalisme primaire

L'intérêt de ce type de fictionnalisme est à la fois de prendre en compte le problème posé par les simplifications effectuées dans le cadre de la modélisation et à la fois de présenter la puissance représentationnelle des descriptions de modèles ainsi considérées. En effet, l'entité fictionnelle créée satisfait rigoureusement, grâce à sa nature fictionnelle, les propriétés idéalisées, et permet, grâce à son incomplétude, de représenter un grand nombre d'objets réels. D'une part, l'abstraction conduite lors de la modélisation semble permettre qu'un objet soit potentiellement considéré comme un exemplaire de cette entité, quelle que soit la détermination de cet objet vis-à-vis d'une propriété écartée lors de cette abstraction. Les propriétés dont la modélisation a fait abstraction sont justement ces propriétés vis-à-vis desquelles nous ne sommes pas en mesure de dire si l'objet fictionnel généré les possède ou non. Qu'un objet possible exemplifie ou non des propriétés ainsi écartées ne devrait donc pas interférer dans la relation de représentation entre cette entité fictionnelle et cet objet possible. Par exemple, si un modèle de physique décrit son objet par deux propriétés, comme « être parfaitement sphérique » et « avoir une masse uniformément répartie », cette fiction (incomplète par nature), au sujet de laquelle portent littéralement les lois d'un modèle, est une médiation, un prisme, entre ce modèle et n'importe quelle balle satisfaisant les deux propriétés définitionnelles, ainsi que toute autre propriété (elle peut par exemple être de n'importe quelle couleur, puisque ce type de propriété n'est pas déterminée dans la description du modèle).

D'autre part, en ce qui concerne les propriétés qui n'ont pas été écartées par l'abstraction et qui constituent la description d'une telle fiction, l'idéalisation semble conceptuellement recouvrir différentes manières possibles d'exemplifier une propriété ainsi idéalisée, même si, à proprement parler, seuls des objets fictionnels semblent pouvoir l'exemplifier. Dans l'exemple ci-dessus, la manière dont une balle actuelle notamment (ou plus généralement non fictionnelle) peut satisfaire de telles propriétés idéalisées sera analysée par la suite.

De plus, un tel fictionnalisme peut également s'appliquer aux modèles considérant des relations. Il s'agit alors d'une fiction comprenant plusieurs objets entre lesquels se tiennent certaines relations qui est créée. Le même argument selon lequel un objet fictionnel est incomplet (au sens de non entièrement déterminé), car n'exemplifiant qu'un nombre fini de propriétés, peut être utilisé vis-à-vis d'un monde possible fictionnel ne mettant en jeu qu'un nombre fini de propriétés et de relations. Un tel *monde* compris comme média entre modèle et monde actuel ne devrait pas être considéré comme un monde au sens d'une situation entièrement déterminée, au sujet de laquelle toute déclaration est soit vraie soit fausse. Il devrait être qualifié de « petit monde » car il est incomplet ou non entièrement déterminé. Nous proposons que cette expression, empruntée à Jaakko Hintikka (voir par exemple [Hintikka, 2007, p. 62]), désigne un *monde* indéterminé à l'égard de certaines propriétés ou relations. Signalons que nous empruntons l'expression « petit monde » à Hintikka, mais que celui-ci l'utilise pour parler de situations limitées sur un plan spatio-temporel. Un petit monde est, selon lui, délimité mais non incomplet. L'usage que nous faisons de cette expression doit ainsi être considéré comme différent de celui de Hintikka ; même si une situation isolée peut également être incomplète, il s'agit bien de deux aspects distincts. De notre point de vue, un petit monde ne vérifie pas le principe du tiers-exclu ; il n'est pas le cas que pour toute proposition φ, dans un petit monde w, la disjonction $\varphi \vee \neg\varphi$ soit vraie dans w (potentiellement, $w \not\models \varphi \vee \neg\varphi$).

3.2.3 Limites du fictionnalisme primaire

Un objet fictionnel incomplet satisfait exactement les lois du modèle dans le cadre duquel il a été créé, mais les scientifiques cherchent à étudier des systèmes cibles actuels ou possibles dont les domaines sont constitués d'objets entièrement déterminés. Contre un fictionnalisme *primaire*, il peut être considéré qu'un terme général en science est *général*, non pas parce qu'il désigne une certaine entité incomplète, mais bien parce qu'il vise un ensemble d'objets complets. Kendall Walton considère un tel *objet* incomplet (notamment dans [Walton, 1990, p. 106]) comme une entité obtenue par une sorte de réification stricte d'une description limitée à un nombre fini de propositions (comme celle concernant le *Triangle*). Walton lui-même rejette d'ailleurs l'existence d'un tel objet. En ce qui concerne le point de vue de Walton vis-à-vis des petits mondes, il semble que les mondes fictionnels soient déjà formés (grâce, comme nous l'expliquerons, aux *props* et aux règles de génération) : « les mondes fictionnels, comme la réalité, sont "déjà là" ; il nous faut enquêter à leur sujet et les explorer dans la mesure du possible » [Walton, 1990, p. 42]. Cependant, il écrit plus loin : « les mondes fictionnels sont parfois impossibles et généralement incomplets, alors que les mondes possibles (tels qu'ils sont habituellement interprétés) sont nécessairement à la fois possibles et complets » [Walton, 1990, p. 64]. Nous préciserons plus loin (p. 120) que les mondes fictionnels évoqués ici par Walton sont les mondes d'une œuvre de fiction (« work worlds »), que nous comparerons avec des petits mondes, tandis que d'autres mondes fictionnels (les mondes du jeu) sont *complets*. Pour le moment, comme Walton rejette l'existence des objets qui seraient incomplets, nous pouvons nous interroger sur la pertinence épistémologique d'une telle fiction incomplète.

Tout d'abord, si cette notion de fiction incomplète se justifie par le nombre nécessairement fini de propriétés qu'elle exemplifie par définition, reste-t-elle indéterminée vis-à-vis des propriétés qui peuvent implicitement résulter de ces propriétés définitionnelles ? Par exemple, un objet fictionnel incomplet qui n'exemplifierait par définition que la propriété d'être célibataire, est-il indéterminé vis-à-vis de la propriété de ne pas être marié ? Il semble qu'une fiction déterminée par définition vis-à-vis d'un certain nombre de propriétés, puisse l'être vis-à-vis d'un certain nombre d'autres propriétés, même si cela n'est plus par définition. D'un point de vue logique, pour des prédicats P et Q, si la formule $\forall x(Px \rightarrow Qx)$ est valide, alors tout objet qui satisfait P satisfait également Q. En l'occurrence, si P est associé à une propriété à partir de laquelle un objet fictionnel est généré, alors il semblerait que cet objet exemplifie également la propriété associée au prédicat Q. Nous suggérons qu'une simple description de modèle (au sens large) ne génère donc pas une fiction (objet incomplet ou petit monde) purement abstraite ne satisfaisant que les propriétés qui lui sont explicitement attribuées par définition.

De plus, un modèle décrivant *son* objet comme, par exemple, une balle parfaitement sphérique, cherche en réalité à porter sur tout un ensemble de balles possibles. La fiction visée par un modèle (celle supposée par le fictionnalisme *primaire*) est une fiction parasite dans la mesure où elle ne permet pas d'avoir une vision pertinente des objets possibles complets qui sont pourtant ceux que le modèle cherche à viser ; il s'agit d'une fiction incomplète qui ne reflète pas la pratique scientifique. Elle est peut-être le résidu d'un certain type de platonisme selon lequel une entité comme *La Balle* existe et doit être la chose désignée par un terme scientifique. Mais, comme nous allons l'analyser, Walton propose davantage une certaine posture à adopter face à un travail de fiction qu'une réponse à la question de la dénotation des termes généraux. Par extension, dans le cadre d'une approche fictionnaliste fidèle à la théorie de la fiction développée par Walton, les modèles scientifiques notamment seront considérés comme des supports à des jeux de faire-semblant, au même titre que des fictions littéraires par exemple, sans qu'interviennent nécessairement les notions de vérité ou d'adéquation vis-à-vis d'un monde actuel. Il s'agira dans un premier temps d'*imaginer* à partir d'un modèle, puis seulement dans un second temps, d'éventuellement examiner les intérêts épistémologiques d'un tel modèle dans un système-cible.

La difficulté majeure rencontrée par le fictionnalisme primaire en particulier, mais également par la plupart des points de vue fictionnalistes, est d'expliquer la réussite des modèles scientifiques. L'analyse des descriptions de modèles en termes fictionnalistes est pertinente, mais n'élucide pas la manière dont de tels modèles permettent d'expliquer divers systèmes-cibles. Au contraire même, le fictionnalisme met en exergue l'opposition entre la nature des modèles scientifiques, de l'ordre de la fiction de ce point de vue, et l'objectif scientifique premier de porter sur le réel, rendant semble-t-il déconcertante toute analyse fictionnaliste du succès de la science.

Notre proposition consiste non seulement à justifier, d'un point de vue épistémologique, un certain type de fictionnalisme vis-à-vis des modèles scientifiques (en tenant compte des généralisations, abstractions, idéalisations ou encore isolations opérées), mais également à expliquer comment une argumentation scientifique peut reposer sur des modèles considérés dans une perspective fictionnaliste. Nous proposerons de dépasser le fictionnalisme afin d'adopter une approche modale consistant à rendre compte de l'objectif des modèles de porter sur un ensemble de situations possibles, à l'aide des lignes de monde de propriétés et de relations.

3.3 Théorie de la fiction

Dans le cadre d'une analogie entre jeux d'enfants et activités artistiques, Kendall Walton développe la notion de *faire-semblant* (« make-believe ») afin d'unifier les attitudes à adopter face à des travaux de fiction [Walton, 1990]. Qu'il s'agisse d'enfants jouant aux gendarmes et aux voleurs, ou d'adultes assistant à une pièce de théâtre, en passant par une fillette s'occupant d'une poupée, il leur est demandé d'*imaginer*. Les jeux de faire-semblant sont un type spécifique d'activité de l'imagination impliquant des *supports* (« props »). Un exemple proposé par Walton est celui d'un groupe d'enfants dont le jeu consiste à faire *comme si* les souches d'arbres étaient des ours : « Disons que toutes les souches d'arbres sont des ours » [ibid., p. 24]. Les enfants ne font pas qu'imaginer des ours : ils imaginent que les souches sont des ours. Entrer dans un jeu de faire-semblant, c'est en respecter les règles de génération en imaginant ce qui est prescrit. Par exemple, un roman, en tant que *support*, nous pousse à imaginer les choses qui y sont décrites, à générer des mondes possibles compatibles avec les vérités fictionnelles prescrites au sein du roman.

3.3.1   Vérités fictionnelles

Selon la distinction de Walton concernant l'imagination, les œuvres de fiction, les supports, prescrivent un nombre fini de propriétés, ainsi nous imaginons d'abord de manière « délibérée », rigoureusement à partir des propriétés définitionnelles uniquement, puis de manière « spontanée » [ibid., p. 14]. De ce point de vue, à partir d'un travail de fiction, un petit monde est généré *délibérément*, mais des mondes possibles plus vastes le sont *spontanément* (en mettant en jeu certaines autres propriétés que celles initialement prescrites). En effet, vis-à-vis de mondes fictionnels imaginés de manière spontanée, se tiennent des vérités autres que celles prescrites, ne serait-ce que dans le cas des propriétés co-extensives, comme nous le remarquions précédemment. Dans l'exemple des souches d'arbres imaginées comme des ours, le fait que ces ours aient la propriété d'avoir un cœur est fictionnel, mais il n'est pas essentiel au bon déroulement du jeu que les joueurs imaginent des ours dotés d'un cœur ; seul le respect des règles explicites de génération importe (en l'occurrence les propriétés définitionnelles en sciences, comme nous l'expliquerons). Toutefois, imaginer des propriétés *secondaires* peut être utile au sein du jeu : les ours ont un cœur et il faut le viser pour les tuer.

Dans une conception fictionnaliste des modèles scientifiques (distincte d'un fictionnalisme *primaire*), seuls des mondes fictionnels *spontanés* semblent présenter un intérêt épistémologique. En l'occurrence, selon Roman Frigg, « un système-modèle a des propriétés autres que celles mentionnées dans la description » [Frigg, 2010c, p. 258]. Les objets du domaine d'un système-modèle ont notamment d'autres propriétés que celles prescrites par la description de modèle à partir de laquelle un tel système-modèle a été généré. « Les systèmes-modèles sont intéressants justement parce qu'il y a plus de choses vraies à leur sujet que ce que la description initiale spécifie ; personne ne consacrerait du temps à étudier des systèmes-modèles si tout ce qu'il y avait à savoir à leur sujet était explicitement contenu dans la description initiale » [ibid., p. 258].

3.3.2 Jeux de faire-semblant et représentation

Si l'exemple de ce jeu d'enfants vis-à-vis des souches d'arbres permet de bien comprendre en quoi consiste un jeu de faire-semblant, il est impératif de remarquer qu'il ne s'agit pas d'un exemple pertinent de ce que Walton entend par le terme « représentation ». En effet, Walton distingue deux types de jeux : les jeux *autorisés* et les *non autorisés* (également appelés « non officiels » par Walton afin de ne pas sous-entendre quelque chose d'illicite) [Walton, 1990, p. 406]. Selon lui, la notion de représentation ne peut être abordée qu'au sein d'un jeu autorisé et il précise :

> « Les souches d'arbres et les formations de nuages en particulier semblent curieusement pouvoir être classées parmi les œuvres d'art représentationnelles. Je propose de comprendre "Représentation" de façon à les exclure de cette classe. Les souches d'arbres sont des supports *ad hoc*, mis en service dans le cadre d'un unique jeu de faire-semblant en une seule occasion. Les poupées et les camions miniatures sont, par contre, conçus pour être des supports ; ils sont fabriqués spécialement dans ce but. Il s'agit de leur fonction, de ce pourquoi ils sont faits, de la même manière que la fonction des chaises est que nous nous y asseyions, celle des vélos que nous les enfourchions pour pédaler. [...] J'appellerai les jeux de ce type, dans lesquels un support donné a la fonction d'être utilisé en tant que tel, des jeux autorisés. » [ibid., p. 51]

Autrement dit, qu'il s'agisse d'objets, de textes ou d'images, seules les choses qui ont été créées en vue de « prescrire à imaginer » [ibid., p. 40] ou qui ont tout au moins acquis ce statut au sein d'une communauté selon la tradition ou les conventions, sont qualifiées de *supports* dans un jeu *autorisé*.

De plus, un travail de fiction acquiert une fonction représentationnelle uniquement dans le cadre d'un jeu autorisé, et avec un support dont c'est la fonction de prescrire à imaginer (comme dans le cas de ces jeux de simulation ou d'imitation). Cette fonction peut être différente d'une société à une autre, mais si un support a la fonction de prescription dans un jeu autorisé, alors la stipulation des règles de génération n'est même plus nécessaire ; comme Walton le remarque : « c'est comme avoir un langage établi prêt à être utilisé pour une conversation, plutôt que d'avoir à établir un code *ad hoc* pour chaque discussion » [ibid., p. 53]. En résumé, selon Walton, nous ne pouvons parler de représentation que dans le cas de génération à partir de supports reconnus comme tels, dont la fonction est de servir de supports dans des jeux de faire-semblant : « les représentations sont des choses qui possèdent la fonction sociale de servir de supports dans des jeux de faire-semblant » [ibid., p. 69].

Cependant, les jeux non autorisés ou non officiels ne doivent pas pour autant être écartés, car ils se produisent bel et bien, même au-delà du seul domaine de l'art. Walton l'illustre d'ailleurs clairement à propos d'un usage inapproprié d'un tableau de Georges Seurat, *La Grande Jatte* (1886) qui dépeint des personnages de différentes classes sociales :

> « Ce n'est pas la fonction de *La Grande Jatte* d'être un support de jeux dans lesquels les hippopotames pataugent dans un bourbier, quel que soient les jeux auxquels les gens jouent réellement avec ce tableau. Un tel jeu impliquant des hippopotames est inapproprié vis-à-vis de cette peinture, il est non autorisé (au sens défini plus haut) ; y jouer est un usage impropre et abusif de ce travail. » [Walton, 1990, p. 60]

Le jeu ayant cette peinture comme support et consistant à imaginer deux hippopotames est un jeu non autorisé (Seurat n'a en effet clairement pas dépeint d'hippopotames sur cette toile). Comme nous l'expliquons dans la sous-section suivante, des mondes imaginés à partir de ce tableau et mettant notamment en scène deux hippopotames allongés sur l'herbe par exemple, ne semblent pas *compatibles* avec les prescriptions de ce tableau considéré comme support dans des jeux de faire-semblant. Selon Walton, de manière générale, les supports *ad hoc* (comme dans le cas des souches d'arbres par exemple) ne sont pas des représentations puisqu'ils ne sont pas utilisés « comme il se doit » ; ce n'est pas leur fonction de servir de support dans de tels jeux.

3.3.3   Mondes de l'œuvre et mondes du jeu

Walton distingue jeux autorisés et jeux non autorisés, mais aussi deux classes de *mondes* : les *mondes de l'œuvre* (« work worlds ») et les *mondes du jeu* (« game worlds ») [ibid., p. 59]. D'une part, les *mondes du jeu* sont les mondes générés par un jeu de faire-semblant. Si ce jeu respecte la fonction et les prescriptions du support, le jeu est autorisé ; un *monde de jeu* est dit *autorisé* s'il est généré par un jeu autorisé. Sinon (comme dans le cas des hippopotames), le jeu est non autorisé ; un *monde de jeu* est dit *non autorisé* s'il est généré par un jeu non autorisé, soit parce que ce jeu est basé sur un support dont ce n'est pas la fonction de servir de support, soit parce que ce jeu ne respecte pas les prescriptions du support. D'autre part, un *monde de l'œuvre* est un « monde » au sujet duquel *seules* les prescriptions du support se vérifient. Nous mettons en relief le terme de « monde » pour indiquer qu'il s'agit d'une entité *incomplète*, comme nous l'expliquons ci-après. Par exemple, dans le cas d'une œuvre littéraire, seuls les énoncés du texte sont satisfaits dans le monde de cette œuvre, tandis que d'autres énoncés peuvent être satisfaits dans des mondes générés dans le cadre d'un jeu de faire-semblant ayant cette œuvre pour support. Parmi ces *mondes du jeu*, certains peuvent être *autorisés* et d'autres *non autorisés*, selon qu'ils sont générés dans le cadre de jeux de faire-semblant qui respectent ou non les prescriptions de cette œuvre.

La distinction proposée par Walton entraîne que les *mondes du jeu* générés à partir d'un support ont davantage de propriétés (ou, plus précisément, mettent en jeu davantage de propriétés) qu'un *monde de l'œuvre* généré à partir de ce même support. Cela vaut en particulier pour les jeux autorisés, mais de plus, dans de tels jeux, ce qui est fictionnel dans un *monde d'une œuvre* l'est aussi dans les *mondes des jeux* autorisés. Pour reprendre l'exemple d'une œuvre littéraire, une proposition vraie dans le monde de cette œuvre est aussi vraie dans les mondes de jeu autorisés générés à partir de cette œuvre, mais cette proposition peut être fausse dans un monde de jeu non autorisé.

Nous pouvons concevoir les *mondes d'une œuvre* évoqués par Walton comme des *petits mondes* vis-à-vis desquels seules les prescriptions du travail de fiction se vérifient : « le monde de l'œuvre inclut uniquement les vérités fictionnelles générées par l'œuvre elle-même et elle seule » [ibid., p. 21]), alors que ces prescriptions ainsi que d'autres vérités compatibles sont vérifiées dans des *mondes de jeu*. Dans cette citation, nous pouvons d'ailleurs noter que Walton lui-même suggère l'unicité du monde d'une œuvre. Par ailleurs, Walton qualifie le monde d'une œuvre d'« indéterminé et incomplet » [ibid., p. 66]. Un *monde de l'œuvre* peut être considéré comme un petit monde incomplet, comme dans le cadre d'un fictionnalisme *primaire*, alors que des *mondes de jeu* peuvent être considérés comme des mondes complets. D'un point de vue logique, un monde de jeu est conceptuellement comparable à un monde possible, ce qui n'est pas le cas d'un « monde » de l'œuvre. Et dans le cadre d'un fictionnalisme scientifique, la notion de monde de jeu semble bien plus appropriée que celle de monde de l'œuvre pour analyser les modèles scientifiques, dans la mesure où, comme nous l'avons déjà évoqué, « un système-modèle a des propriétés autres que celles mentionnées dans la description » [Frigg, 2010c, p. 258]. Nous expliquerons cette caractéristique des systèmes-modèles de manière plus précise (p. 125) en analysant le fictionnalisme scientifique proposé par Frigg.

En résumé, Walton définit une *représentation* uniquement en termes de mondes générés par un jeu autorisé, à partir d'un support officiellement reconnu comme tel. Par exemple, les mondes générés par des jeux ayant comme supports des souches d'arbres ne sont pas autorisés, et nous ne pouvons pas parler de *représentation* au sens de Walton. Dans la plupart des cas, deux classes de mondes sont potentiellement générées à partir d'un même support : les *mondes du jeu* autorisés qui sont compatibles avec les prescriptions du support, et les *mondes du jeu* issus d'un usage non officiel de ce support. Walton parle donc de représentation lorsqu'un support est reconnu pour sa fonction par la communauté et que l'agent imagine à partir de ce support des prescriptions compatibles avec sa fonction. Par exemple, nous avons potentiellement affaire à des représentations dans le cas de jouets, mais pas nécessairement : des mondes peuvent être générés par des jeux autorisés compatibles avec les fonctions reconnues du support (faire comme si une poupée pleurait), mais à partir du même support, des mondes peuvent être générés par des jeux non autorisés (faire comme si la poupée crachait du feu).

3.3.4 Opérateur de fiction

Walton envisage « la fictionnalité comme une sorte de vérité » [Walton, 1990, p. 41], en distinguant par exemple un énoncé comme « un ours était caché dans la végétation » d'un autre comme « il est vrai que dans le cadre d'un jeu de faire-semblant, un ours était caché dans la végétation » [ibid., p. 41]. Dans un contexte actuel, l'énoncé « un ours était caché dans la végétation » peut être faux, mais vrai dans le contexte d'un jeu d'enfant. Autrement dit, un tel énoncé doit être considéré dans le cadre d'un certain contexte. Cette contextualisation peut être analysée en termes d'*opérateurs de fiction*, comme lorsqu'un énoncé se trouve dans la portée d'une expression telle que « selon la fiction ». Nous pouvons attribuer cette notion d'opérateur de fiction à John Woods qui avait introduit un opérateur *olim* (en référence à l'adverbe latin pouvant marquer une certaine rupture vis-à-vis du contexte d'énonciation considéré, comme « il était une fois » [Woods, 1974, p. 39]). Nous analyserons en détail la sémantique des opérateurs de fiction du point de vue de la logique modale, mais intuitivement, dans un premier temps, comme l'explique Shahid Rahman, une proposition φ est vraie dans le cadre d'une fiction, si φ est vraie dans tous les mondes compatibles avec la fiction [Rahman et Fontaine, 2010]. Notons par ailleurs que Walton refuse de définir un travail comme étant une fiction par la simple intention de l'auteur de ce travail, même si l'utilisation d'un opérateur de fiction comme « il était une fois » peut l'indiquer. En effet, le statut de fiction est relatif à une communauté sociale, plus qu'à la simple volonté de l'auteur. Par exemple, « les mythes de la Grèce antique pouvaient ne pas être de la fiction pour les Grecs, mais ils en sont pour nous » [Walton, 1990, p. 91].

Dans le cas du fictionnalisme scientifique, un modèle peut-il ou non servir de support dans des jeux de faire-semblant ? La fictionnalité d'un travail ne relève pas de sa vérité factuelle, mais bien de l'attitude à adopter face à lui. Or, dans le cas d'un modèle portant sur des propriétés idéalisées, il nous est demandé d'imaginer ce type de propriétés. Un tel modèle comporte des prescriptions à imaginer des vérités fictionnelles (vraies dans des mondes fictionnels), et c'est pourquoi l'analogie entre l'utilisation d'un tel modèle et un jeu de faire-semblant paraît fondée. Afin de mettre en exergue ces prescriptions, la notion d'opérateur de fiction peut justement être utilisée au sein d'une argumentation scientifique. Contextualiser une proposition par rapport au modèle à partir duquel elle est *entraînée* est primordial et nous pouvons le souligner explicitement à l'aide d'une expression telle que « selon le modèle » par exemple. Qu'il s'agisse de propositions portant sur les atomes ou sur les planètes, leur relativité vis-à-vis du modèle considéré doit en effet être stipulée. Par exemple, un énoncé tel que « le nombre de planètes dans notre système solaire est 9 » doit être placé dans le contexte d'un modèle scientifique en particulier. En effet, la valeur de vérité de cet énoncé dépend des propriétés définitionnelles que ce modèle attribue à l'objet théorique *planète*. En l'occurrence, cet énoncé sera faux relativement à un modèle récent considérant, comme nous l'avons expliqué dans le chapitre 2, que la planète Pluton ne satisfait pas les propriétés définitionnelles d'une planète fixées par l'Union Astronomique Internationale en 2006 (Pluton étant aujourd'hui considérée comme une planète naine ou plutoïde). Le nombre de planètes dans le système solaire varie selon la définition de *planète*. Ainsi, une expression semblant aussi générale que « le nombre de planètes de notre système solaire » est relative à un modèle scientifique donné.

Comme nous l'avons remarqué au début de ce chapitre, les modèles comportent des invitations à imaginer, explicitement lorsque des verbes comme « supposer » sont employés, ou de manière plus générale et implicite, lorsque des modèles prétendent porter sur une situation-cible mais qu'ils portent sur des propriétés non exemplifiées dans ce système. Nous pouvons analyser cet aspect des modèles en termes d'*opérateurs de fiction*. Par exemple, les énoncés se trouvant dans leur portée doivent être imaginés. Dans de tels cas, l'utilisation *de dicto* de ces « opérateurs » (utilisation spécifique que nous analyserons ci-après, p. 130) annonce des prescriptions de jeux autorisés. « Pour cette raison, il n'y a rien de mystérieux dans le fait d'attribuer des propriétés concrètes à des entités non existantes » [Frigg, 2010c, p. 261]. L'utilisateur, en respectant la signification première de ces opérateurs, imagine à partir de prescriptions, en suivant les règles d'un jeu autorisé. Dans une perspective fictionnaliste, un modèle étant considéré comme un *support*, nous appellerons le *monde fictionnel primaire* de ce modèle (pour rappeler ce que nous avons qualifié de *fictionnalisme primaire*) le *monde de l'œuvre* de ce modèle, et les systèmes-modèles seront considérés comme des *mondes de jeu*. D'un point de vue logique, Shahid Rahman propose notamment que « les énoncés dans la portée d'un opérateur de fiction seront considérés comme vrais s'ils expriment des propositions vraies dans tous les mondes qui sont compatibles avec la description du modèle » [Rahman,

2017, p. 25]. Dans la section suivante, nous examinerons la manière dont un fictionnalisme scientifique basé sur les travaux de Walton, peut définir la notion de représentation en science, et quels peuvent être les liens conceptuels entre systèmes-modèles et systèmes-cibles.

3.4   Fictionnalisme scientifique

Kendall Walton lui-même « suspecte la notion de faire-semblant d'intervenir [...] dans la postulation des entités théoriques en science » [Walton, 1990, p. 7]. Et à l'instar de Roman Frigg ou d'Adam Toon, cette combinaison conceptuelle entre modèles scientifiques et faire-semblant a en effet été étudiée, même si Walton semblait finalement opposé à l'idée de les comparer :

> « Ce n'est pas la fonction des biographies, des manuels scolaires et des articles de journaux, en tant que tels, de servir de support dans des jeux de faire-semblant. Ils sont utilisés pour établir la vérité de certaines propositions plutôt que pour produire des propositions fictionnelles. Plutôt que de créer des mondes fictionnels, ils prétendent décrire le monde réel. » [ibid., p. 70]

Si nous nous accordons sur cette idée que les modèles scientifiques ont pour finalité de décrire, d'expliquer ou même de prédire notre monde actuel, soit le fictionnalisme scientifique est inapproprié car utiliser de tels modèles comme support à des prescriptions de vérités fictionnelles ne génère que des mondes fictionnels, soit le fictionnalisme scientifique est défendable en soutenant que des mondes fictionnels sont effectivement générés, mais que de telles créations ont une certaine pertinence vis-à-vis de systèmes-cibles actuels notamment. Comme nous l'avons déjà illustré, de nombreux modèles sont construits sur la base de simplifications importantes. Même si celles-ci ne doivent pas nous amener à supposer l'existence de certaines entités fictionnelles incomplètes (comme selon un fictionnalisme primaire), il semble que ces simplifications nous poussent dans un premier temps à imaginer certaines situations fictionnelles, pour éventuellement, dans un second temps, envisager une comparaison entre ces situations fictionnelles et des situations-cibles. Différentes analyses des modèles scientifiques, et plus généralement de la représentation scientifique, ont été proposées à partir des travaux de Kendall Walton sur les fictions, notamment en termes de jeux de faire-semblant (notamment [Barberousse et Ludwig, 2009], [Frigg, 2010c] ou [Toon, 2010a]) ; ces différentes conceptions de la représentation scientifique peuvent être dites *directes* ou *indirectes* selon la manière de définir la relation entre modèles scientifiques et systèmes-cibles.

3.4.1   Conception indirecte de la représentation scientifique

Selon une conception indirecte, la représentation scientifique recourt à une notion de système fictionnel, et ne se tient pas directement entre modèles et systèmes-cibles visés. L'analyse de Frigg (notamment [Frigg, 2010c]) vise non seulement à prendre en considération les aspects fictionnels des modèles marqués par diverses simplifications, mais aussi à expliquer la pertinence d'une représentation scientifique sur la base de comparaisons entre propriétés d'objets fictionnels et d'objets actuels.

Systèmes-modèles et fictionnalisme

Frigg considère « les descriptions de modèles comme des supports dans des jeux de faire-semblant » [Frigg, 2010c, p. 260], et il analyse les systèmes générés à partir de ces supports, les « systèmes-modèles » (expression initialement proposée dans [Godfrey-Smith, 2006, p. 735]), en termes fictionnalistes, comme des systèmes « imaginés » [Frigg, 2010c, p.253]. Toutefois, Frigg signale que le sens du terme « imagination », dans le cadre de la théorie de Walton, est différent de son sens courant : « dans un jeu de faire-semblant autorisé, les imaginations sont contraintes par le support lui-même et les règles de génération, qui sont publics et partagés par la communauté concernée » [ibid., p. 264]. Ces contraintes

sur l'imagination assurent que les systèmes-modèles sont les mêmes pour
tous les membres de la communauté.

Ensuite, Frigg distingue les mondes possibles de la logique modale et
les mondes fictionnels (à l'instar de [Currie, 1990, p. 54] notamment), en
précisant que ces derniers sont *incomplets*, contrairement aux premiers
[Frigg, 2010c, p. 262]. Pour autant, Frigg ne semble pas assimiler les
systèmes-modèles à des *mondes de l'œuvre* (« work worlds »). Un monde
de l'œuvre est incomplet dans la mesure où il ne rend vraies que les
propositions *entraînées* par la description du modèle, alors que, comme
nous l'avons déjà évoqué, « un système-modèle a des propriétés autres
que celles mentionnées dans la description » [ibid., p. 258]. Cependant,
l'unicité d'un monde de l'œuvre d'une fiction semble s'imposer, alors que
se pose la question de l'unicité d'un système-modèle généré par un jeu
de faire-semblant. Frigg semble supposer qu'à partir d'une description
de modèle, un unique système-modèle est généré :

> « Comme en littérature, nous introduisons *un* système-
> modèle en donnant *une* description : les énoncés en spéci-
> fient les caractéristiques. Cependant, il est important de re-
> marquer que *le* système-modèle n'est pas la même chose que
> sa description ; en fait, nous pouvons décrire à nouveau *le*
> même système-modèle de différentes façons, possiblement en
> utilisant des langages différents. » [Frigg, 2010b, p. 258]

Signalons que nous avons choisi d'appliquer l'italique aux articles sin-
guliers précédents l'expression de « système-modèle ». Nous nous accordons sur le fait « de nombreuses descriptions différentes sont censées décrire le même système-modèle » [Frigg, 2010c, p. 256], mais nous
suggérons qu'une description génère, dans le cadre d'un jeu de faire-
semblant, un ensemble de systèmes-modèles. En effet, même en considérant les systèmes-modèles comme incomplets, ceux-ci sont, selon Frigg,
plus riches qu'un monde de l'œuvre « parce qu'il y a plus de choses vraies
à leur sujet que ce que la description initiale spécifie » [ibid., p. 258]. Il
semble alors plus approprié de nier l'unicité d'un système-modèle et de
considérer que différents systèmes-modèles sont générés à partir d'une

description, certains pouvant être plus *complets* que d'autres, certains pouvant notamment être *déterminés* à l'égard d'aspects vis-à-vis desquels d'autres restent *indéterminés*. Par exemple, si un support prescrit la proposition *A ou B* (sans prescrire spécifiquement ni *A* ni *B*), le monde de l'œuvre généré rendra vraie la proposition *A ou B*, mais ni *A* ni *B* ; la qualification de « monde » pouvant être discutée, et la notion de vérité dans un tel *monde* semblant purement syntaxique (une formule est vraie dans un tel *monde* si et seulement si cette formule fait partie de l'ensemble des formules constituant la description dont ce *monde* est le monde de l'œuvre). Mais dans le cadre de jeux de faire-semblant, les systèmes-modèles générés peuvent justement nous permettre d'explorer les éventuelles implications d'une telle prescription, certains systèmes-modèles pouvant spécifiquement rendre vraie la proposition *A*, et d'autres, la proposition *B*. De manière générale, il est alors envisageable que, selon la détermination de certains systèmes-modèles vis-à-vis d'un aspect en particulier, nous puissions émettre des vérités au sujet de ces systèmes-modèles, alors que nous ne le pourrions pas au sujet d'autres systèmes-modèles pourtant générés à partir des mêmes prescriptions.

Nous suggérons donc qu'une description de modèle génère une classe de systèmes-modèles, plutôt qu'un seul et unique système-modèle, non seulement, parce qu'il peut y avoir plusieurs manières, même fictionnelles, de satisfaire une description (trivialement, de multiples adaptations d'une même œuvre de fiction sont possibles), mais aussi parce que le modèle, dont la description définit un objet théorique, peut émettre à la fois une loi au sujet de cet objet théorique lorsqu'il instancie une certaine propriété p_1, et à la fois une tout autre loi au sujet de ce même objet théorique, mais lorsqu'il instancie une autre propriété p_2. Si ces deux propriétés p_1 et p_2 ne peuvent être exemplifiées simultanément, dans un même système, il est nécessaire de concevoir au moins deux systèmes-modèles, l'un satisfaisant la description de l'objet théorique exemplifiant p_1 et ainsi la première loi, l'autre satisfaisant la description de l'objet théorique exemplifiant p_2, et ainsi la seconde loi. Ou, pour reprendre un exemple de Frigg, la machine de Phillip-Newlyn est un modèle matériel pouvant être utilisé en économie, chaque valve de cette machine hydraulique étant associée à une caractéristique spécifique [Frigg et Nguyen, 2018]. Ce modèle *représente* notamment les conséquences d'une variation d'une donnée initiale sur l'état du système économique. Par exemple, la valve associée à l'exportation peut être ouverte ou fermée. Nous suggérons que chaque détermination de cette donnée initiale génère une classe de systèmes-modèles. En l'occurrence, certaines vérités valant dans des systèmes-modèles générés à partir d'une description initiale dans laquelle il n'y a pas d'exportation, peuvent ne pas valoir dans des systèmes-modèles générés à partir d'une description initiale dans laquelle il y a de l'exportation.

Dans notre système logique, un monde possible peut être associé à un système-modèle ou à un système-cible, même si dans la mesure du possible, nous tâchons de noter un système-modèle v, et un système-cible w ou @. L'ensemble des mondes W d'un modèle logique (que nous qualifierons par la suite d'*approprié* pour l'étude d'une application de modèle scientifique) pourra ainsi contenir certains mondes valant pour les systèmes-modèles d'un modèle scientifique (une classe de systèmes-modèles pouvant être notée V) et d'autres valant pour des systèmes-cibles.

Représentation et comparaison

Roman Frigg opère une distinction entre « P-représentation » et « T-représentation » [Frigg, 2010b, p. 258]. Selon lui, une description de modèle « P-représente » un système-modèle (la lettre « P » pour souligner qu'il s'agit d'un « prop », un *support* à un jeu de faire-semblant). Même si, une nouvelle fois, nous soutenons qu'une description de modèle P-représente toute une famille de systèmes modèles (et non un seul d'entre eux), nous consentons que l'utilisation de la notion de *représentation* est ici pertinente, tout en précisant que cette relation de P-représentation est la seule à être *autorisée* au sens de Walton. En l'occurrence, la T-représentation est définie par Frigg comme une relation de *représentation* entre *un* système-modèle, possiblement plusieurs selon nous, et des systèmes-cibles, également possiblement plusieurs comme Frigg le propose (la lettre « T » soulignant à présent que la *représentation* concerne un « target-system », un *système-cible*). Cependant, sur la base des travaux de Walton, nous considérons que cette relation entre mondes fictionnels et monde actuel n'est pas de nature représentationnelle. En effet, Walton soutient que même si un objet réel venait à satisfaire *complètement* une description, les vérités fictionnelles resteraient des propos concernant l'objet imaginé, et non cet objet réel :

> « Supposons que Tom Sawyer, le personnage du roman intitulé *The Adventures of Tom Sawyer*, ait un double dans le monde réel. Il est actuellement le cas qu'il y a un garçon portant ce nom qui a été ou a fait tout ce que le roman de Mark Twain décrit à propos du Tom Sawyer fictionnel — en d'autres termes, un garçon auquel le roman correspond. [...] Le roman intitulé *The Adventures of Tom Sawyer* ne porte pas sur ce garçon actuel. Il n'est pas l'un de ses objets. [...] Le roman de Mark Twain ne prescrit aucune chose imaginaire au sujet de la contrepartie de son personnage dans le monde actuel. » [Walton, 1990, p. 109]

Une telle relation entre une fiction et un objet actuel, que Walton qualifie de *correspondance* (« matching »), ne constitue pas selon lui une *représentation* [ibid., p. 108]. En effet, nous pourrions qualifier la conception de la *représentation* de Walton de « non relationnelle » ; comme l'explique Sainsbury notamment, le statut de *représentation* d'une *représentation non relationnelle* ne dépend pas du fait qu'il y ait ou non *quelque chose* de représenté [Sainsbury, 2012, p. 107]. Au contraire, une correspondance entre une fiction et un objet actuel est une procédure *relationnelle* puisque, pour être établie, *quelque chose* doit être représenté. Par conséquent, même si une *correspondance* entre une description de modèle scientifique et un objet actuel par exemple était envisageable (ce qui ne semble pas être le cas, comme nous l'avons expliqué, notamment à cause des simplifications), il ne s'agirait pas d'une *représentation* au sens de Walton. Nous conserverons donc la terminologie de Frigg concernant la P-représentation (considérée comme non relationnelle, au même titre que la représentation au sens de Walton), mais nous qualifierons la relation entre systèmes-modèles et systèmes-cibles de *comparaison* plutôt que de « T-représentation ».

Modalités *de re* ou *de dicto*

La conception de la représentation de Walton peut être analysée en termes de modalités d'utilisation d'un opérateur de fiction, en l'occurrence *de dicto* ou *de re*. Un travail de fiction prescrit des vérités fictionnelles selon la modalité *de dicto*, comme « selon la fiction, il y a des chevaux ailés qui... », mais dans le cadre de jeux autorisés (voir par exemple [Walton, 1990, p. 107]), ce travail de fiction ne prescrit pas de vérités fictionnelles selon la modalité *de re*, comme « il y a des chevaux ailés qui, selon la fiction, ... », ou comme « les souches d'arbres qui, selon la fiction, sont des ours ». Précisément, si nous notons $\mathcal{F}$ un opérateur de fiction, et les prédicats C et A pour, respectivement, « être un cheval » et « avoir des ailes », son utilisation selon la modalité *de dicto* revient à noter :

$$\mathcal{F}\exists x(Cx \wedge Ax)$$

Par exemple, « selon la mythologie grecque, il existe des chevaux ailés ». Par ailleurs, l'utilisation d'un opérateur de fiction selon la modalité *de re* se symbolise comme suit :

$$\exists x \mathcal{F}(Cx \wedge Ax)$$

Selon la modalité *de dicto*, les objets générés à partir de la fiction n'existent que dans le cadre de cette fiction : dans les mondes compatibles avec la mythologie grecque, il y a des chevaux ailés. Selon la modalité *de re*, il existe des objets qui, selon la fiction, sont des chevaux ailés.

Selon Walton, une *représentation* découle d'une modalité *de dicto*, consistant à imaginer des objets au sein d'un jeu autorisé [Walton, 1990, p. 107] ; en l'occurrence, $\exists x(Cx \wedge Ax)$ est vrai dans les mondes fictionnels *compatibles* avec la fiction considérée (les prescriptions de cette fiction sont vérifiées dans ces mondes). Une *correspondance* (telle que nous l'avons décrite p. 129) peut se produire si un objet actuel *correspond* à ce qui est prescrit par la fiction, en l'occurrence si $\exists x(Cx \wedge Ax)$ est vrai dans une situation actuelle. Mais selon la modalité *de re*, un travail de fiction prescrirait des vérités fictionnelles en dehors de la fiction. Des vérités fictionnelles pourraient par exemple être prescrites vis-à-vis d'objets actuels : il y aurait des objets actuels qui, dans les contextes compatibles avec la fiction, seraient des chevaux ailés. Dans ce cas, cela ne signifie pas que ces objets sont des chevaux ailés dans le monde actuel, mais bien qu'ils sont des chevaux ailés dans les mondes fictionnels *compatibles* avec la mythologie grecque. Nous analyserons précisément l'emploi des opérateurs de fiction selon la modalité *de re* en étudiant la conception indirecte de la représentation, mais signalons dès à présent qu'une telle utilisation requiert d'être en mesure de *suivre* un objet d'un contexte actuel jusque dans un monde fictionnel, et qu'une lecture selon la modalité *de re* ne constitue pas ce que Walton appelle un jeu autorisé. En effet, une telle utilisation est illustrée par Walton avec l'exemple des souches d'arbres qui, dans le cadre d'un jeu d'enfants, *sont* des ours : ces souches d'arbres, dans le contexte actuel, ne sont pas des ours, mais, dans d'autres contextes (en l'occurrence compatibles avec la fiction définie par ces enfants), ces souches d'arbres sont des ours. Or, la conception de *représentation* de Walton exclut ce type d'usage, comme nous l'avons expliqué dans la sous-section 3.3.2.

Étant données les simplifications opérées dans la conception de modèles scientifiques, il semble qu'une situation actuelle ne puisse pas être considérée comme *compatible* avec un tel modèle, au même titre qu'un monde fictionnel est *compatible* avec la fiction à partir de laquelle il est généré. Le lien entre systèmes-modèles et systèmes-cibles n'est même pas de nature représentationnelle au sens de Walton. C'est pourquoi, sur la

figure 3.1 ci-dessous, nous appelons « comparaison », la relation entre
de tels systèmes ; non seulement cette terminologie est cohérente avec
les travaux de Walton, mais elle l'est également avec la conception de
Frigg selon laquelle, comme nous l'expliquerons, la *comparaison* entre
systèmes-modèles et systèmes-cibles repose sur la *comparaison* des propriétés qui y sont exemplifiées, de manière à établir leur *similarité.*

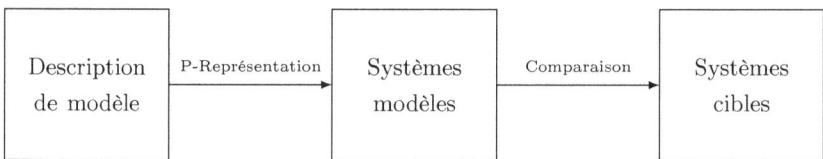

FIGURE 3.1 – Conception indirecte de la représentation scientifique

3.4.2   Conception directe de la représentation scientifique

Adam Toon propose une conception de la représentation qui se passe
notamment de la notion de système-modèle, en considérant un lien *direct* entre modèles scientifiques et systèmes-cibles : suite aux travaux de
Walton, Toon suggère que les prescriptions à imaginer visent *directement*
les systèmes-cibles ([Toon, 2010b, p. 307] ou [Toon, 2012b, p. 250] notamment). Cette conception épistémologique semble rendre compte de
l'objectif d'une argumentation scientifique reposant sur des modèles, de
porter sur des systèmes-cibles actuels (et non sur des mondes fictionnels).
Mais comment analyser l'impact des simplifications de ces modèles sur
cette volonté de décrire, d'expliquer ou de prédire des systèmes-cibles
qui, en raison de ces simplifications, ne sont pas strictement *compatibles*
avec ces modèles ? Par exemple, comment des prescriptions vis-à-vis d'un
pendule simple idéal (au sujet de sa période notamment) peuvent-elles
concerner *directement* un pendule d'un système actuel ?

Jeux non autorisés et représentation

Tout d'abord, conformément aux travaux de Walton, Toon considère que « ce qui est fictionnel dans *le* monde d'une représentation est ce qui serait fictionnel dans tout jeu autorisé » [Toon, 2010b, p. 309] (nous appliquons l'italique à l'article singulier), suggérant semble-t-il, à l'instar de Frigg, l'unicité d'un tel *monde*. Toutefois selon Toon, il n'y a pas deux relations de représentation (contrairement à la conception de Frigg), mais bien une seule [Toon, 2010a, p. 84] : une description de modèle scientifique nous prescrit d'imaginer certaines choses directement vis-à-vis des systèmes-cibles. Par exemple, dans le cas d'un modèle portant sur un ressort idéalisé, Toon explique :

> « Ma conception n'est pas qu'une description préparée et une équation du mouvement nous prescrivent d'imaginer un système de ressort idéalisé, qui représente par la suite un système actuel d'une certaine manière. Je prétends plutôt que notre description et notre équation nous prescrivent d'imaginer des choses au sujet du système actuel. » [Toon, 2010b, p. 309]

Cela constitue un jeu non autorisé, selon Toon lui-même, et conformément à la terminologie de Walton : « la prétention doit être considérée comme se produisant au sein d'un jeu de faire-semblant non officiel, plutôt que dans un jeu autorisé » [Toon, 2012a, p. 51]. Selon Toon, ce jeu non-officiel lie directement la description du modèle et les systèmes-cibles au sujet desquels nous devons imaginer certaines propriétés : « nous imaginons le pendule actuel comme étant une masse ponctuelle et le ressort actuel comme n'ayant pas de masse, etc. » [Toon, 2010a, p. 84].

Nous avons souligné les intérêts épistémologiques des systèmes-modèles qui, comme l'explique Frigg, mettent en jeu davantage de propriétés que celles initialement prescrites à partir des descriptions de modèles. Imaginer un monde fictionnel dans lequel le mobile d'un pendule simple est une masse ponctuelle, permet par exemple d'énoncer une loi au sujet de la période de ce pendule, indépendamment des frottements de l'air subis par ce mobile en déplacement ; une telle loi se vérifie strictement dans un tel monde. Nous pouvons questionner la conception de Toon sur le plan du développement d'un modèle scientifique et par exemple de l'élaboration des équations évoquées par Toon : comment étudier les conséquences pouvant être tirées d'une description initiale, au sein d'un système qui ne satisfait pas cette description ? Par ailleurs, sur le plan de l'application en elle-même, nous expliquerons que la conception de Toon n'est finalement pas aussi *directe* que ce que suggère son appellation : imaginer qu'un objet actuel exemplifie des propriétés qu'il n'exemplifie pas actuellement, nous informe peut-être *directement* sur des mondes fictionnels liés d'une certaine manière au système actuel, mais pas *directement* sur ce système actuel.

Toon utilise la terminologie introduite par Walton, en considérant les jeux entre descriptions de modèles et systèmes-cibles comme non autorisés (les prescriptions de cette description visant, selon Toon, directement ces systèmes-cibles, même dans des cas de simplifications), tout en soutenant qu'il s'agit d'une *représentation*. Après avoir cité un passage de l'œuvre *The War of the Worlds* dans lequel H. G. Wells imagine la destruction partielle de la cathédrale Saint-Paul, Toon explique un aspect de la conception de Walton :

> « Walton pense généralement que, lorsque nous lisons une œuvre littéraire de fiction qui utilise des noms propres, nous considérons que nous devons imaginer des choses à propos des référents normaux de ces noms. De ce point de vue, le passage cité plus haut représente l'actuelle cathédrale Saint-Paul, parce qu'il demande aux lecteurs d'imaginer certaines choses de la cathédrale Saint-Paul. » [Toon, 2010b, p. 306]

Or, cela ne semble pas correspondre aux propos de Walton :

> « Les auteurs modèlent parfois les personnages à partir de personnes avec lesquelles ils sont familiers, ou des événe-

ments fictionnels à partir de faits actuels. Mais cela ne fait pas de ces modèles des objets des travaux de l'auteur ; aucune vérité fictionnelle n'est générée à leur sujet. [...] *David Copperfield* est en un sens "autobiographique". Mais ce roman n'a pas besoin d'être considéré comme une œuvre générant des vérités fictionnelles à propos de Charles Dickens. » [Walton, 1990, p. 112]

Selon Walton, une description prescrit certaines choses à imaginer et cela génère des mondes fictionnels. Même si cette description comporte des noms communs (comme « pendule ») ou des noms propres (comme « Cathédrale Saint-Paul »), les propriétés prescrites le sont vis-à-vis des entités fictionnelles générées, non vis-à-vis des objets actuels qui peuvent éventuellement être « reconnus ». Entre une description et les mondes générés, il y a une *représentation* au sens de Walton, mais entre une description considérée comme support, et un contexte actuel, il y a au mieux une *correspondance* (qui ne constitue pas une *représentation* selon Walton) si ce système actuel correspond complètement aux prescriptions (si les objets actuels exemplifient rigoureusement les propriétés prescrites par exemple), et un *jeu non autorisé* sinon (si les objets actuels n'exemplifient pas les propriétés prescrites). Autrement dit, la conception de Toon pourrait être caricaturée en suggérant qu'un travail de fiction peut consister à attribuer un trait de caractère ou une propriété à un acteur qui joue un rôle, plutôt qu'au personnage fictionnel au sujet duquel porte ce travail de fiction, en considérant par exemple que tous les acteurs qui ont incarné à l'écran le personnage nommé « David Copperfield » ont réellement vécu à Londres suite à la mort de leur mère et ont connu une enfance difficile. Selon Walton, il s'agit d'un jeu non autorisé qui ne peut pas constituer une représentation, à l'instar du jeu non autorisé consistant à imaginer qu'une souche d'arbre est un ours et possède un cœur par exemple.

Comme nous l'avons déjà évoqué, Toon admet que le jeu consistant à attribuer des propriétés fictionnelles à un objet actuel ne peut se faire que selon un procédé imaginatif : « nous imaginons le pendule actuel comme étant une masse ponctuelle et le ressort actuel comme n'ayant pas de masse » [Toon, 2010a, p. 84]. En effet, notre imagination est mise à contribution lors de l'application d'un modèle scientifique qui émet des lois au sujet d'un ressort sans masse, à un ressort actuel qui a, de fait, une masse non nulle. Du point de vue de Walton, dans le cas du passage de Wells cité par Toon, il n'est pas question du monument réel de la cathédrale Saint-Paul, mais bien de ceux générés par la description littéraire : la cathédrale Saint-Paul n'est pas actuellement détruite, mais il y a des mondes dans lesquels des objets fictionnels générés à partir de cette description le sont. Du point de vue de Toon, il est question de la cathédrale Saint-Paul d'une certaine manière : nous imaginons des vérités fictionnelles au sujet de ce monument actuel. En l'occurrence, nous imaginons que la cathédrale Saint-Paul est partiellement détruite dans des mondes compatibles avec la fiction de Wells (c'est-à-dire dans des mondes générés à partir des prescriptions de *The War of the Worlds*) ; nous attribuons à un objet actuel, une propriété qu'il n'exemplifie pas actuellement. Autrement dit, dans le cadre d'une représentation au sens de Walton, il nous est demandé de générer des mondes possibles strictement compatibles avec la fiction, tandis que dans celui d'une représentation au sens de Toon, il nous est demandé d'imaginer des objets actuels dans des contextes strictement compatibles avec la fiction. Pour expliquer que même une telle approche fictionnaliste n'offre pas une conception « directe » de la représentation, nous revenons sur la notion d'opérateur de fiction, en distinguant le fait d'imaginer des objets fictionnels et de leur attribuer des propriétés (l'*existence* de tels objets n'étant supposée que dans le cadre de la fiction), et le fait d'attribuer des propriétés fictionnelles, idéalisées par exemple, à des objets existant en dehors du cadre de la fiction.

Opérateur de fiction et conception « directe » de la représentation

Selon Walton, un jeu autorisé à partir d'un travail de fiction comme support, consiste à générer des mondes compatibles avec les prescriptions de cette fiction. Comme nous l'avons expliqué, de tels jeux se traduisent sur un plan logique par l'utilisation d'un opérateur de fiction selon la modalité *de dicto*. Par exemple, avec un prédicat P et un opérateur de fiction $\mathcal{F}$, l'énoncé $\mathcal{F}\exists x P x$ (valant pour « selon la fiction, il existe... ») est vrai [1] si et seulement si ce prédicat est satisfait par au moins un objet local dans tout monde fictionnel w compatible avec la fiction considérée, en l'occurrence si $\exists x P x$ est vrai dans un monde w généré à partir des prescriptions de cette fiction. Par exemple, si $\mathcal{F}\exists x(Cx \wedge Ax)$ vaut pour « selon la mythologie grecque, il existe des chevaux ailés », l'énoncé $\mathcal{F}\exists x(Cx \wedge Ax)$ est vrai si et seulement s'il existe des chevaux ailés dans tous les mondes compatibles avec la mythologie grecque (c'est-à-dire tout monde rendant vraies toutes les prescriptions de la mythologie grecque). Un tel exemple peut sembler trivial dans la mesure où nous savons que, selon la mythologie grecque, il y a des chevaux ailés. Mais un opérateur de fiction permet aussi d'étudier des propositions dont la vérité au sein d'un monde généré à partir de la description initiale de cette fiction n'est pas établie par cette description. Par exemple, « selon l'œuvre de Conan Doyle, Sherlock Holmes a un nombre impair de cheveux », ou, dans le cadre d'un fictionnalisme scientifique, « selon le modèle scientifique $\mathcal{M}$ portant sur les pendules simples idéalisés, tout pendule a une période T égale à $2\pi\sqrt{\frac{L}{g}}$ » (avec L, la longueur du fil du pendule, et g, l'accélération due à la pesanteur à laquelle le pendule est soumis).

Signalons que l'ensemble des mondes générés à partir d'une fiction est potentiellement varié ; comme nous l'avons expliqué, une fiction génère

---

1. Dans cette sous-section, nous considérons la vérité sans prédétermination. Dans la section 3.5, après avoir souligné l'importance du concept d'identité et l'intérêt des lignes de monde dans le cadre d'une analyse fictionnaliste des modèles scientifiques, nous préciserons la manière dont nous exploitons les différentes relations de satisfaction définies dans le chapitre précédent.

une classe de systèmes-modèles (et non un unique système-modèle). Par exemple, il est envisageable que dans certains mondes fictionnels compatibles avec l'œuvre de Conan Doyle, Sherlock Holmes ait un nombre impair de cheveux, et dans certains autres mondes fictionnels compatibles avec cette œuvre, Sherlock Holmes ait un nombre pair de cheveux. Nous avions illustré cet aspect des ensembles de systèmes-modèles avec le cas d'un modèle scientifique qui émet, au sujet de l'objet théorique qu'il définit, à la fois une loi lorsque les exemplaires de cet objet théorique exemplifient une certaine propriété p_1, et à la fois une tout autre loi au sujet de ce même objet théorique, mais lorsque ses exemplaires exemplifient une autre propriété p_2. En effet, si ces deux propriétés p_1 et p_2 ne peuvent être exemplifiées simultanément, dans un même système, il est nécessaire de concevoir au moins deux systèmes-modèles, l'un satisfaisant la description de l'objet théorique exemplifiant p_1 et ainsi la première loi, l'autre satisfaisant la description de l'objet théorique exemplifiant p_2, et ainsi la seconde loi. Comme le suggère David Lewis :

> « "Selon la fiction f, φ" est vrai (ou nous pouvons aussi dire que φ est vraie dans la fiction f) si et seulement si φ est vraie dans tous les mondes d'un certain ensemble, cet ensemble étant déterminé par la fiction f d'une certaine manière » [Lewis, 1978, p. 39]

Au sein d'une même fiction, différents aspects peuvent générer différentes classes de mondes compatibles avec ces aspects de la fiction. Les propositions communes à tous les aspects de cette fiction seront vraies dans tous les mondes fictionnels générés, tandis que les propositions propres à certains aspects de la fiction ne seront vraies que dans les mondes compatibles avec ces aspects de la fiction. Précisons ainsi la définition selon laquelle l'énoncé $\mathcal{F}\exists x P x$ est vrai si et seulement si ce prédicat est satisfait par au moins un objet local dans tous les mondes *d'un certain ensemble* de mondes fictionnels compatibles avec la fiction considérée. Plus simplement, avec V l'ensemble des systèmes-modèles d'un modèle scientifique $\mathcal{M}$, l'énoncé $\mathcal{F}\exists x P x$ (valant pour « selon le modèle $\mathcal{M}$, il existe... ») est vrai si et seulement si ce prédicat est satisfait par au moins un objet local dans certains mondes fictionnels $v \in V$ compatibles avec le modèle $\mathcal{M}$; la *sélection* de ces mondes parmi l'ensemble des systèmes-modèles de $\mathcal{M}$ dépend des aspects du modèle mis en jeu. Dans l'exemple précédent d'un modèle émettant une loi différente selon les cas où les exemplaires de l'objet théorique considéré exemplifient la propriété p_1 ou la propriété p_2, les lois seront vérifiées dans certains systèmes-modèles, la première dans ceux générés à partir des aspects de la fiction portant sur les cas où p_1 est exemplifiée, et la seconde dans ceux générés à partir des aspects de la fiction portant sur les cas où p_2 est exemplifiée.

La conception directe de la représentation scientifique proposée par Toon ne consiste pas à envisager des systèmes-modèles générés à partir des prescriptions de descriptions de modèles. Elle ne revient pas non plus à considérer qu'une *correspondance*, au sens de Walton, se tient entre un modèle scientifique et un système actuel, puisque cela nécessiterait une exemplification stricte des propriétés prescrites par des objets actuels. Toon admet au contraire que nous devons *imaginer* que des objets actuels exemplifient de telles propriétés. La conception de Toon revient donc à considérer les descriptions de modèles comme des supports dans des jeux de faire-semblant consistant à émettre des attributions *de re* au sujet d'objets actuels. Nous devons imaginer des objets d'un contexte actuel dans d'autres contextes, en l'occurrence dans lesquels ils exemplifient les propriétés prescrites (au contraire, une attribution *de dicto* consiste à imaginer une entité fictionnelle et à lui attribuer les propriétés prescrites). Pour l'illustrer d'un point de vue logique, avec un prédicat P valant par exemple pour « être une masse ponctuelle », appliquer un modèle scientifique portant sur les pendules simples idéalisés dans une situation actuelle requiert notamment, selon Toon, que $\exists x \mathcal{F} Px$ soit vrai dans cette situation actuelle : il existe un objet actuel qui exemplifie la propriété d'être une masse ponctuelle dans des mondes compatibles avec la fiction prescrite. Comme Toon le reconnaît, une situation actuelle ne fait pas partie des mondes compatibles avec la fiction (nous devons « imaginer » que des objets actuels exemplifient les propriétés prescrites). En effet, Toon ne suggère pas que $\exists x P x$ est vrai *directement* dans cette situation actuelle ; il n'y a pas d'objet actuel exemplifiant strictement la propriété d'être une masse ponctuelle.

En résumé, selon Walton, une fiction comporte des prescriptions *de dicto* comme $\mathcal{F} \exists x P x$ à partir desquelles des mondes sont générés ; selon la conception fictionnaliste des modèles scientifiques de Frigg, comme nous l'expliquerons dans la section suivante, ces mondes, ou *systèmes-modèles*, sont ensuite *comparés* d'une certaine manière aux *systèmes-cibles*. Selon Toon, un modèle scientifique comporte des prescriptions *de re* comme $\exists x \mathcal{F} P x$. Par exemple, un pendule actuel peut être imaginé dans un monde fictionnel strictement compatible avec le modèle scientifique en question, avec une période T rigoureusement égale à $2\pi\sqrt{\frac{L}{g}}$. Remarquons que les situations dans lesquelles $\mathcal{F} \exists x P x$ est vrai n'ont pas d'influence sur les entités générées dans un monde fictionnel, qui satisfont le prédicat P dans ce monde fictionnel. Cependant, les situations dans lesquelles $\exists x \mathcal{F} P x$ est vrai ont une importance capitale : $\exists x \mathcal{F} P x$ est vrai dans un contexte si et seulement si au moins un objet local de ce contexte peut être imaginé dans un autre monde et y satisfaire le prédicat P. Ainsi, nous questionnons la conception des modèles scientifiques proposée par Toon, notamment vis-à-vis de la relation prétendument *directe* entre un modèle et un système-cible. Une attribution *de re* telle que $\exists x \mathcal{F} P x$ au sein d'un système-cible actuel vise directement les objets locaux de ce système, mais ne nous informe pas *directement* sur ces objets locaux. Quelle que soit la manière d'assurer l'identité trans-monde de ces objets, une telle conception de la représentation scientifique revient à considérer que les modèles scientifiques nous prescrivent d'imaginer des objets d'une situation actuelle dans des contextes fictionnels dans lesquels ils exemplifient des propriétés qu'ils n'exemplifient pas dans cette situation actuelle, et dans lesquels ils respectent des lois qu'ils ne respectent pas dans cette situation actuelle. C'est pourquoi, sur la figure 3.2, nous représentons cette conception « directe » de la représentation scientifique en signalant qu'elle requiert également l'étude d'autres contextes que les seuls systèmes-cibles.

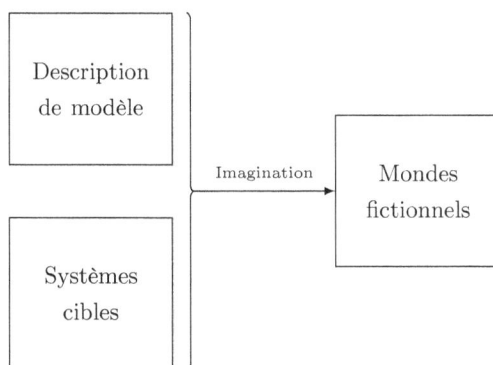

FIGURE 3.2 – Conception « directe » de la représentation scientifique

3.5   Lignes de monde et fictionnalisme

3.5.1   Fictionnalisme et application de modèles

Dans leurs travaux respectifs, Frigg et Toon cherchent à analyser l'application d'un modèle à un système-cible, en termes de *similarité*. Toon considère qu'un système peut être *similaire* à un modèle à certains égards et à certains degrés, en évoquant ce que Giere appelle des *hypothèses théoriques* (« theoretical hypotheses » [Giere, 2004]) pour spécifier les écarts tolérés entre ce que le modèle prescrit et ce qui est effectivement mesuré au sein du système-cible. Par exemple, « la période d'oscillation du pendule a une valeur T_0 et il est fictionnel selon notre modèle que le pendule oscille avec une période T_1, où T_1 est une valeur comprise dans les 10% autour de T_0 » [Toon, 2012a, p. 52]. Bien que la notion d'*hypothèse théorique* joue un rôle important dans notre propre proposition (comme nous l'exposerons en détail dans le chapitre 5 en étudiant l'application d'un modèle relativement à certaines conditions), nous expliquerons que de telles *hypothèses théoriques* ne modifient pas les propositions qu'un modèle scientifique *entraîne*, mais seulement la manière d'appliquer ce modèle. Selon la conception de Walton, notre idée consiste à souligner que les mondes fictionnels générés de manière autorisée à partir d'une œuvre de fiction, ne dépendent pas de la manière de comparer ces mondes avec des situations actuelles par exemple. La conception que nous proposons sera ainsi cohérente avec les travaux de Walton, en suggérant qu'une *même* propriété ou relation (dont l'identité est prise en compte à l'aide de la notion de ligne de monde) peut être exemplifiée dans des systèmes-modèles et dans des systèmes-cibles ; son exemplification stricte dans un système-modèle ne dépend pas de son éventuelle exemplification, sous certaines conditions, dans un système-cible.

Une part importante de la conception indirecte de la représentation scientifique de Frigg s'inscrit également dans le cadre conceptuel fictionnaliste de Walton ; en l'occurrence, la P-représentation se tient entre une description de modèle considérée comme un support dans un jeu de faire-semblant, et un système-modèle généré par un tel jeu. Selon Frigg, nous *comparons* ce système au système-cible visé, et cette *comparaison* s'appuie sur la notion de *propriété*. Nous expliquerons par la suite en quoi notre conception diffère de celle de Frigg, que ce soit vis-à-vis de la notion même de *propriété*, que de la manière de concevoir la relation entre un système-modèle et un système-cible. Selon Frigg, il ne s'agit pas de comparer des objets fictionnels appartenant à un système-modèle (ou plutôt, comme nous le suggérons, à une multitude de mondes possibles) avec des objets réels de certains systèmes cibles, puisque ce sont des objets de classes ontologiques différentes [Frigg, 2010c, p. 263]. Frigg suggère qu'un objet fictionnel et un objet réel « possèdent certaines propriétés pertinentes (...) et que ces propriétés sont similaires de manière pertinente » [Frigg, 2010b, p. 273]. De ce point de vue, les propriétés exemplifiées dans un système-modèle et dans un système-cible ne sont pas les *mêmes*, mais peuvent être « similaires de manière pertinente ». Cependant, à ce stade, nous restons face à cette notion de *propriétés similaires*, pourtant problématique car, en l'état, elle reste une forme de *correspondance*. Frigg considère que les objets abstraits ne peuvent pas avoir les mêmes propriétés que des systèmes physiques concrets [Frigg, 2010c, p. 256] et cite l'exemple proposé par Richard I. G. Hughes consistant à comparer un pendule idéal et un pendule actuel [Hughes, 1997, p. S330]. En effet, dans le cas d'une fiction, selon Frigg, nous devons imaginer qu'un objet fictionnel a des propriétés, tandis que dans un système-cible, nous avons affaire à des propriétés réelles.

> « Dire qu'une entité hypothétique possède certaines pro-priétés n'implique rien de plus que de dire que, dans le cadre d'un certain jeu de faire-semblant, il nous est demandé d'ima-giner que cette entité a ces propriétés. » [Frigg, 2010c, p. 261]

En d'autres termes, dans ses écrits de 2010, Frigg rejette les similarités entre objets ontologiquement différents, mais base sa proposition sur des similarités entre propriétés ontologiquement différentes (tout en souli-gnant que l'étude de la T-représentation qui se tient entre les systèmes-modèles et leurs systèmes-cibles respectifs, doit être approfondie). Nous étudierons en détail la manière dont Frigg analyse ultérieurement (no-tamment dans [Frigg et Nguyen, 2016]) cette *représentation*, ou *compa-raison*, entre systèmes-modèles et systèmes-cibles, en proposant la notion de *clé* spécifiant exactement comment des propriétés exemplifiées dans un système-modèle doivent être *converties* en d'autres propriétés pouvant être *imputées* aux systèmes-cibles. Autrement dit, dans les travaux de Frigg, que des propriétés soient dites *similaires* ou *converties*, il y a une distinction entre les propriétés exemplifiées au sein d'un système-modèle et celles exemplifiées au sein d'un système-cible.

Notre analyse établira quant à elle la notion de *compatibilité* entre un modèle scientifique et un système-cible sur le concept d'*identité* des propriétés et des relations exemplifiées dans des systèmes-modèles de ce modèle scientifique et dans un tel système-cible. Dans cette section, sur la base du chapitre précédent, nous expliquons la manière dont cette iden-tité est conceptuellement prise en compte, en termes de lignes de monde, dans le cadre d'une conception fictionnaliste, et nous exposerons dans le chapitre 5 comment les pouvoirs causaux interviennent dans la reconnaissance effective d'une *même* propriété, en orientant notamment notre système logique de manière cohérente avec notre thèse épistémologique.

3.5.2   Lignes de monde et faire-semblant

Les modèles scientifiques portent sur des propriétés et des relations ; non pas en ne considérant que des exemplifications particulières isolées, comme une exemplification stricte dans un monde fictionnel ou même une seule exemplification relative dans un système-cible, mais bien en prenant en compte un ensemble d'exemplifications possibles. Comme nous l'avons expliqué, les simplifications constitutives des modèles scientifiques permettent d'envisager une multitude de contextes dans lesquels des exemplaires d'un objet théorique peuvent être identifiés comme tels, et dans lesquels, en particulier, une propriété peut être exemplifiée. Ces simplifications et la multitude des contextes visés justifient la perspective modale de notre conception des modèles scientifiques.

Dans le cadre de l'application d'un modèle scientifique au sein duquel une propriété ou un objet théorique sont définis, il ne nous est pas demandé de prétendre qu'une nouvelle propriété ou qu'un nouvel objet théorique est prescrit dans chaque nouvelle situation où ce modèle s'applique ; il nous est au contraire demandé de prétendre qu'il s'agit de la même propriété ou du même objet théorique dans toutes les situations où ce modèle s'applique. L'individualité propre des objets locaux est admise (chaque objet local est *différent* d'un autre), mais dans le cadre d'une telle application de modèle, nous devons prétendre que ces objets locaux peuvent être identifiés comme des exemplifications d'une *même* propriété, ou comme des exemplaires d'un *même* objet théorique.

Les lignes de relations que nous avons définies dans le chapitre précédent, traversent différents mondes possibles, potentiellement, en l'occurrence, des systèmes-modèles et des systèmes-cibles. Nous utilisons ce concept de ligne de monde pour rendre compte de l'identité des propriétés et des objets théoriques définis au sein d'un modèle scientifique ; cette identité étant requise dans le cadre de l'application d'un tel modèle, puisqu'il nous est demandé d'identifier la *même* propriété ou le *même* objet théorique dans différents contextes. Comme nous l'avons défini dans le second chapitre, une ligne de monde d'individu i définie sur un monde w est telle que :

$$i : w \mapsto i(w), \text{ avec } i(w) \in D_w$$

L'élément $i(w)$ est la manifestation de l'individu i dans w. La manifestation d'un individu dans w est un élément de D_w, c'est-à-dire un objet local de w. Une ligne de monde de relation n-aire ℓ (pour un entier $n \geq 1$) est définie sur tout monde w de sorte que :

$$\ell : w \mapsto \ell(w), \text{ avec } \ell(w) \subseteq (D_w)^n$$

L'ensemble $\ell(w)$ est le sous-ensemble de $(D_w)^n$ composé des n-uplets d'éléments de D_w qui exemplifient la relation ℓ dans w; l'ensemble $\ell(w)$ est constitué de n-uplets d'objets locaux de w. En particulier, une ligne de monde de relation n-aire avec $n = 1$ est appelée une ligne de monde de propriété; l'ensemble-valeur d'une ligne de monde de propriété dans un monde w est le sous-ensemble de D_w composé des objets locaux de w qui exemplifient cette propriété dans w.

Considérons un modèle scientifique $\mathcal{M}$ qui définit notamment une propriété ℓ. Dans le cadre des travaux de Walton, à l'instar de Frigg, nous proposons que, par des jeux autorisés, des systèmes-modèles sont générés, c'est-à-dire des mondes rigoureusement compatibles avec le modèle scientifique $\mathcal{M}$. Dans ces systèmes-modèles, la propriété en question est exemplifiée strictement, les lois de ce modèle se tiennent, ainsi que, potentiellement, d'autres vérités fictionnelles. Nous proposons que la propriété exemplifiée strictement dans ces systèmes-modèles peut être *suivie* jusque dans des systèmes-cibles possibles pour y étudier ses ensembles-valeurs. Pour un système-modèle v, cette *même* propriété est exemplifiée strictement dans v ($\ell(v)$ est constitué des objets fictionnels qui exemplifient strictement cette propriété), et elle peut être identifiée dans des systèmes possibles w, relativement à certains critères d'approximation

$(\ell(w)$ est constitué des objets locaux de w reconnus comme des exemplifications de cette propriété, sous ces conditions d'application, comme nous l'expliquerons dans le chapitre 5).

Le statut spécifique que nous accordons aux systèmes-modèles d'un modèle scientifique dans notre analyse, peut être illustré en termes d'interprétations de prédicats. Dans le second chapitre, nous avons défini la fonction d'interprétation d'un modèle logique augmenté pour un langage $\mathcal{L}$, $M = \langle W, R, \mathcal{L}_i, \mathcal{L}_r, Int \rangle$, comme une fonction Int à deux arguments qui assigne à un prédicat n-aire P du langage $\mathcal{L}$ et à un monde $v \in W$, une ligne de monde de relation $\ell \in \mathcal{L}_r$. $Int(P, v)$ est la ligne de monde de relation qualifiée par P depuis v. Avec la ligne de monde $\ell \in \mathcal{L}_r$ telle que $\ell = Int(P, v)$, pour un monde $w \in W$, le sous-ensemble $\ell(w)$ de $(D_w)^n$ contient les n-uplets d'objets locaux de w qui exemplifient la relation qualifiée par le prédicat P depuis v. En particulier, un prédicat unaire est interprété depuis un monde v comme une ligne de propriété, c'est-à-dire comme une multifonction hintikkienne dont l'ensemble-valeur dans un monde w est le sous-ensemble de D_w, noté $Int(P, v)(w)$, constitué des objets locaux qui exemplifient, dans w, la propriété qualifiée par le prédicat P depuis v. Nous définirons les caractéristiques formelles d'un modèle logique M dit *approprié* pour l'étude d'une application de modèle scientifique $\mathcal{M}$ dans le chapitre 5. Intuitivement, considérons simplement à ce stade qu'il y a, dans l'ensemble de mondes W de M, des mondes valant pour les systèmes-modèles de $\mathcal{M}$, et d'autres pour des systèmes-cibles possibles.

Considérons un prédicat unaire qui, marqué par certaines idéalisations, ne peut pas être satisfait dans une situation actuelle, comme « être une masse ponctuelle » par exemple ; l'ensemble $Int(P, @)(@)$ est vide. L'interprétation d'un prédicat P, depuis un monde v valant pour un système-modèle de $\mathcal{M}$, est une ligne de propriété ℓ dont les ensembles-valeurs dans les mondes possibles w sont composés des n-uplets qui, potentiellement, n'exemplifient pas la propriété qualifiée par P depuis ces mondes w. Autrement dit, un objet local de w peut être dans $Int(P, v)(w)$, sans appartenir à $Int(P, w)(w)$. En l'occurrence, l'ensemble-valeur $Int(P, v)(@)$ est potentiellement non vide, contrairement à $Int(P, @)(@)$. La propriété qualifiée par le prédicat P depuis @ n'est pas exemplifiée dans @, mais la propriété qualifiée par P depuis un système-modèle v de $\mathcal{M}$ est potentiellement exemplifiée par des objets locaux de @. Cette propriété $Int(P, v)$ est celle sur laquelle porte véritablement le modèle scientifique $\mathcal{M}$; les ensembles d'exemplifications de cette propriété, dans des systèmes-modèles de $\mathcal{M}$, sont indépendants des conditions d'application particulières relativement auxquelles ces ensembles d'exemplifications dans des systèmes-cibles actuels sont construits.

En résumé, les prescriptions du modèle scientifique génèrent des systèmes-modèles de manière autorisée, la classe de ces systèmes-modèles est la même quelles que soient les conditions d'application sous lesquelles nous appliquons ce modèle scientifique dans des systèmes-cibles. Nous soulignerons la manière particulière de comprendre ces prescriptions relativement à de telles conditions d'application, mais intuitivement, la manière d'interpréter un prédicat (idéalisé notamment) depuis un système-modèle est différente de celle dont ce prédicat est interprété dans un sens courant, depuis un système-cible actuel par exemple. Nous pouvons parler d'*extrapolation relative* dans la mesure où les prescriptions d'un modèle scientifique sont *extrapolées* en dehors de ses systèmes-modèles, *relativement* à certaines conditions d'application.

3.5.3 Lignes de monde et opérateur de fiction

Modalité *de dicto*

Nous avons expliqué qu'à partir d'un modèle scientifique, la génération autorisée de systèmes-modèles est fondée sur des attributions *de dicto* (les entités de ces systèmes-modèles exemplifient les propriétés ainsi prescrites). Nous l'avons illustrée par une utilisation *de dicto* d'un opérateur de fiction, comme $\mathcal{F}\exists xPx$: dans un système-modèle généré à partir d'une telle prescription, il y a des objets fictionnels dans ce système qui satisfont le prédicat P. Autrement dit, pour la relation de satisfaction définie dans le second chapitre, avec un modèle augmenté *approprié* M, un monde v valant pour un tel système-modèle, et une fonction d'assignation g :

$M, v, g \Vdash \exists x P x$

si et seulement si   pour au moins une ligne d'individu i définie sur v :
$$M, v, g[x/i] \Vdash Px$$

si et seulement si   pour au moins une ligne d'individu i définie sur v :
$$i(v) \in Int(P, v)(v)$$

Notre proposition ne consiste pas à suivre un tel individu i jusque dans un système-cible, car les modèles scientifiques portent sur des propriétés et des relations. Comme nous l'avons d'ailleurs expliqué, selon Walton, un tel *jeu* consistant à imaginer qu'un objet local d'un monde fictionnel est la manifestation d'un individu qui se manifeste également dans une situation actuelle, est un jeu non autorisé. Nous proposons de suivre les propriétés exemplifiées dans un système-modèle et d'analyser la constitution de leurs ensembles-valeurs dans des situations possibles, relativement à certaines conditions d'application. Il ne s'agit pas d'un jeu non autorisé pouvant être illustré par une utilisation *de re* d'un opérateur de fiction, comme nous l'expliquons dans le paragraphe suivant ; nous parlons d'*extrapolation relative* dans la mesure où notre analyse concernant les *propriétés* et les *relations* ne peut pas être décrite convenablement exclusivement dans le cadre conceptuel du fictionnalisme de Walton, celui-ci se concentrant sur les « objets » d'une représentation (voir [Walton, 1990, p. 25] notamment), qu'il s'agisse de *supports* ou d'*objets* imaginés.

Modalité *de re*

Nous illustrons ici les critiques que nous avons formulées à l'égard d'une conception dite « directe » de la représentation scientifique, selon laquelle les prescriptions des modèles scientifiques doivent être comprises comme des attributions *de re*. Pour cela, nous revenons sur l'utilisation d'un opérateur de fiction selon la modalité *de re*, comme $\exists x \mathcal{F} Px$, qui constitue, selon Walton, un jeu non autorisé. Nous avons en effet expliqué que, selon Toon, une description de modèle vise *directement* les objets actuels. Cependant, comme il reconnaît qu'une propriété idéalisée ne peut pas être exemplifiée dans le monde actuel, il propose de conserver un tel opérateur de fiction, mais l'utilise selon la modalité *de re*. Nous avons toutefois signalé que la proposition de Toon requiert la prise en charge de l'identité des individus. À présent, en termes de lignes de monde, avec la relation de satisfaction définie dans le second chapitre, pour un modèle augmenté *approprié M*, un monde @ valant pour une situation actuelle, et une fonction d'assignation g, la proposition de Toon peut être reconstruite de la manière suivante :

$M, @, g \Vdash \exists x \mathcal{F} Px$

si et seulement si   pour au moins une ligne d'individu i définie sur @ :
$$M, @, g[x/i] \Vdash \mathcal{F} Px$$

Cette conception selon la modalité *de re* suppose simplement qu'il y a au moins un individu i, manifesté dans @, qui se manifeste également dans un monde w strictement compatible avec le modèle scientifique considéré, et qui y satisfait le prédicat P.

Selon cette conception de la représentation, un modèle scientifique ne nous informe pas *directement* sur l'objet local $i(@)$ de la situation actuelle visée, mais sur l'objet $i(w)$ du monde fictionnel w. Or, nous ne cherchons pas à analyser comment un *objet* actuel peut exemplifier une propriété dans un autre monde, mais comment une *propriété* définie au sein d'un modèle scientifique peut être exemplifiée dans un système ac- tuel. Pour cela, ni la modalité *de dicto* ni la modalité *de re* à elles seules ne suffisent, dans la mesure où les mondes fictionnels concernés doivent être ensuite analysés et *comparés* avec les systèmes-cibles effectivement visés. C'est pourquoi nous offrons une analyse épistémologique basée sur l'étude modale des propriétés et des relations déterminées à partir de systèmes-modèles. En particulier, la relation de satisfaction par prédétermination dissociée depuis un monde de référence, que nous avons définie dans le second chapitre, nous permettra d'expliquer l'extrapolation relative d'une interprétation de prédicat au sein d'un système-modèle (considéré comme un contexte de référence), jusque dans un système-cible. Pour un modèle logique augmenté M dit *approprié* (comme nous le définirons précisément par la suite) pour l'étude d'une application du modèle scientifique $\mathcal{M}$, avec un système-modèle v de $\mathcal{M}$ (généré selon la modalité *de dicto*), un système-cible actuel @, et une fonction d'assignation g, nous analyserons, d'un point de vue épistémologique, les conditions selon lesquelles une formule peut être satisfaite par prédétermination dissociée depuis un tel système-modèle, comme par exemple $M, @, g \models_{\overline{v}} \exists x P x$, en l'occurrence les critères d'appartenance d'une manifestation d'individu à l'ensemble-valeur $Int(P, v)(@)$ (conformément aux définitions données dans le second chapitre).

3.5.4   Objets théoriques et fictionnalisme

L'analyse formulée dans ce chapitre vis-à-vis des propriétés s'étend à l'égard des objets théoriques, tant en ce qui concerne la conception fictionnaliste que l'analyse modale en termes de satisfaction par prédétermination dissociée. Un objet théorique a des exemplaires dans les systèmes-modèles générés à partir du modèle scientifique dans lequel il est défini, mais il peut aussi avoir des exemplaires dans des systèmes-cibles, relativement à certaines conditions d'application (que nous étudierons dans le chapitre 5). Pour l'illustrer, considérons un objet théorique défini au sein d'un modèle scientifique à l'aide de seulement deux propriétés comprises dans notre analyse comme deux lignes de relations, notée p_1 et p_2, de manière à ce qu'un objet local soit identifié comme un exemplaire de cet objet théorique s'il exemplifie ces deux propriétés. Dans ce cas, nous pouvons envisager cet objet théorique comme la multifonction hintikkienne, notée $(p_1 \sqcap p_2)$, définie sur un ensemble de monde W, telle que pour tout monde $w \in W : (p_1 \sqcap p_2)(w) = p_1(w) \cap p_2(w)$. Une telle multifonction hintikkienne repose sur la notion d'*intersection de multifonctions* (no-

tée ⊓), définie en termes d'intersections usuelles entre des ensembles, en
l'occurrence, entre les ensembles-valeurs des lignes de relations considérées. Plus généralement, un objet théorique peut être défini au sein d'un
modèle de manière à ce qu'un objet local en soit reconnu comme un
exemplaire dans une situation s'il exemplifie conjointement m relations
n-aires dans cette situation (pour un entier $m \geq 1$). En considérant ces
lignes de relations n-aires ℓ_i (pour tout entier $1 \leq i \leq m$), l'ensemble des
exemplaires, dans un monde w, d'un tel objet théorique considéré comme
un *faisceau* de lignes de propriétés, noté o, serait l'ensemble-valeur :

$$o(w) = \left(\prod_{i=1}^{m} \ell_i \right)(w) = (\ell_1 \sqcap ... \sqcap \ell_m)(w) = \ell_1(w) \cap ... \cap \ell_m(w)$$

D'un point de vue logique, dans un modèle augmenté M dit *approprié*
pour l'étude du modèle scientifique $\mathcal{M}$ au sein duquel cet objet théorique o est défini, avec Ox le prédicat « être un exemplaire de l'objet
théorique o », nous étudierons, de manière cohérente avec les exigences
épistémologiques qui motivent et définissent notre étude, les critères
d'appartenance d'une manifestation d'individu à un ensemble-valeur tel
que $Int(O, v)(@)$, avec v un système-modèle de $\mathcal{M}$ et une situation actuelle @. Autrement dit, en termes de satisfaction par prédétermination
depuis un système-modèle de $\mathcal{M}$, nous expliquerons les critères épistémologiques requis pour que $M, @, g \underset{v}{\models} \exists x Ox$.

Signalons toutefois que cette illustration d'un objet théorique est
limitée dans la mesure où un objet théorique peut être défini autrement que par une *intersection de multifonctions*, comme par exemple si
l'identification d'un objet théorique dans certains contextes repose sur la
reconnaissance de certaines propriétés, alors qu'elle repose sur la reconnaissance d'autres propriétés dans certains autres contextes. De plus, des
relations de différentes arités peuvent être utilisées dans les définitions
d'objets théoriques. Enfin, nous expliquerons qu'un objet théorique est
défini au sein d'un modèle scientifique, non seulement par des propriétés définitionnelles, mais également par l'ensemble des lois qui peuvent

concerner ces propriétés. C'est pourquoi, dans le chapitre 5, nous introduirons le concept de *profil causal*, permettant de rendre compte de la reconnaissance des propriétés et des relations en termes de pouvoirs causaux, ainsi que le concept de *profil nomologique*, témoignant de l'ensemble des dépendances nomologiques des propriétés définitionnelles de l'objet théorique au sein du modèle en question. Nous expliquerons qu'il n'est pas suffisant qu'un objet local exemplifie les propriétés définitionnelles d'un objet théorique pour en être un exemplaire vis-à-vis du modèle scientifique concerné, mais que cet objet local doit également satisfaire les lois de ce modèle.

Conclusion du Chapitre 3

L'approche fictionnaliste nous permet de rendre compte des multiples simplifications pouvant intervenir lors de la conception d'un modèle scientifique, notamment concernant les définitions d'objets théoriques. La théorie de la fiction développée par Kendall Walton nous permet, à l'instar de Roman Frigg, d'analyser les contextes strictement compatibles avec un modèle scientifique, comme des mondes fictionnels dans lesquels, notamment, des exemplaires des objets théoriques définis au sein de ce modèle peuvent être reconnus comme tels strictement. D'un point de vue logique, dans le cadre de cette compréhension des modèles scientifiques, un système-modèle peut être considéré comme un *contexte de référence* tel que nous l'avions défini au sens purement logique dans le chapitre 2.

Dans notre étude d'épistémologie modale, le concept de ligne de relation nous permet quant à lui de rendre compte de l'identité des propriétés et des relations exemplifiées strictement dans de tels systèmes-modèles, jusque dans des systèmes-cibles où elles peuvent être exemplifiées sous certains critères d'approximation relatifs aux conditions d'application du modèle scientifique étudié.

Chapitre 4

Structuralisme scientifique

Dans ce chapitre, nous étudions la notion de compatibilité entre un modèle scientifique et un système-cible telle qu'elle est définie par le structuralisme scientifique. Selon le point de vue structuraliste sur les modèles scientifiques, soutenu notamment dans [French et Ladyman, 1999], cette notion de compatibilité est fondée sur la *similarité* entre la structure du modèle scientifique et celle du système-cible. Dans la perspective dite sémantique des théories, la liaison entre théories et systèmes-cibles se fait par les modèles. Selon le structuralisme scientifique, un lien entre modèles et systèmes-cibles est approprié d'un point de vue scientifique s'il en conserve les structures, complètement ou partiellement selon la version du structuralisme considérée.

En mathématiques, dont est tirée une part essentielle du structuralisme scientifique, une structure est une combinaison entre un univers ou un *domaine* (un ensemble d'éléments) et un *ensemble ordonné* de relations sur ce domaine. En ce sens, comme nous le suggérerons, les modèles scientifiques ne semblent pouvoir être réduits à cette seule notion de structure. Le structuralisme scientifique soutient néanmoins que la similarité de structure entre un modèle et un système-cible suffit à en garantir la compatibilité, ou, en termes de la théorie de la représentation, à justifier que ce modèle *représente* ce système-cible[1]. Pour

---

1. Rappelons qu'à la relation trop vague et générale de « représentation », nous préférons la notion de *compatibilité* qui recouvre divers usages : un système-cible est dit « compatible » avec un modèle scientifique si l'application de ce modèle dans ce système est réussie, c'est-à-dire, selon la nature des objectifs du modèle, si les descriptions, les explications ou les prédictions qu'il fournit sont justes, pertinentes ou fructueuses vis-à-vis du système-cible en question.

appliquer les conceptions mathématiques sur les structures en philosophie des sciences, comment le structuralisme scientifique peut-il définir
la notion de *structure* d'un modèle scientifique, notamment de manière
à assurer la compatibilité en termes de préservation structurelle ?

Une fois la notion de structure de modèle scientifique définie, nous
expliquerons que l'autre aspect important de la connaissance mathématique sur les structures, visant la relation entre deux systèmes, peut être
transféré dans le cadre de la conception structuraliste des modèles scientifiques de différentes manières plus ou moins exigeantes. En effet, selon
l'application formelle à partir de laquelle la notion de *similarité structurelle* est définie au sein d'une conception qualifiée de structuraliste, la
compatibilité entre un modèle scientifique et un système-cible, fondée sur
cette similarité, possèdera évidemment des caractéristiques particulières.
Par exemple, la notion de *similarité structurelle* pouvant être définie de
manière formelle sur la base d'un morphisme bijectif ou non, d'un isomorphisme partiel ou total, ou encore d'une application de plongement,
la définition de compatibilité qui, selon le structuralisme scientifique, est
fondée sur cette notion de similarité, variera de manière significative en
fonction de la caractérisation adoptée. Avant d'analyser en détails les
conséquences conceptuelles des différentes options, nous utiliserons simplement dans les premiers temps l'expression de *similarité structurelle*
pour évoquer la notion générale qui caractérise la compatibilité dans le
cadre du structuralisme scientifique, indépendamment de ses définitions
formelles possibles.

Après avoir présenté le structuralisme scientifique sous sa forme générale, nous en exprimerons les idées de manière appropriée à l'égard de
notre étude, en expliquant notamment qu'une telle conception est cohérente avec un point de vue fictionnaliste sur les modèles scientifiques
puisqu'elle consiste à supposer des similarités entre des structures, et non,
par exemple, des identités entre des systèmes ou des objets de natures
ontologiques différentes.

Nous évoquerons ensuite différentes applications mathématiques sur lesquelles la similarité structurelle peut se fonder, pour finalement soutenir que même la plus stricte d'entre elles ne permet pas d'établir de façon satisfaisante la compatibilité entre un modèle et un système-cible. Nous expliquerons en effet qu'une conception épistémologique purement structuraliste, selon laquelle le succès de l'application d'un modèle à un système-cible est exclusivement justifié par la similarité de leurs structures, sans que soit assurée l'identité, à proprement parler, des principales propriétés et relations concernées par une argumentation scientifique, ne peut ainsi aucunement garantir la pertinence de cette argumentation vis-à-vis d'une situation. Autrement dit, bien que la similarité structurelle permette d'établir de nombreux théorèmes dans divers domaines des mathématiques (comme l'algèbre ou la topologie), nous suggérerons qu'elle n'est pas suffisante pour constituer à elle seule l'intégralité d'une analyse épistémologique pertinente des relations entre modèles scientifiques et systèmes-cibles compatibles.

Nous proposerons enfin une définition de la notion de compatibilité en termes de similarité de structures *et* de lignes de monde de relations, tout en nuançant l'apport conceptuel du structuralisme à l'égard de notre étude, suite à une analyse concluant tantôt à la non-nécessité, tantôt à la non-suffisance de l'aspect structuraliste dans l'explication du succès de l'application d'un modèle scientifique dans une situation possible.

4.1 Structuralismes

4.1.1 De la notion mathématique de structure au structuralisme scientifique

En philosophie des mathématiques, la notion de structure peut être expliquée à partir de celle de système. Stewart Shapiro définit un système comme « une collection d'objets avec certaines relations », et une structure comme « la forme abstraite d'un système mettant en évidence les interrelations entre les objets » [Shapiro, 1997, p. 73]. Même si nous reviendrons sur l'utilisation de l'article défini pour désigner « la » structure d'un système qui sous-entend son unicité, l'abstraction requise par toute forme de structuralisme peut être mieux comprise en étudiant les relations éventuelles entre deux structures.

Structures en mathématiques

Une structure est une combinaison entre un domaine D et un ensemble ordonné de n relations $R_1, \ldots, R_n$ (avec un entier $n \geq 1$). L'*arité d'une structure* est ce nombre de relations, n. Avec ces notations, une structure d'arité n est un $(n+1)$-uplet noté $\langle D, R_1, \ldots, R_n \rangle$. Considérons deux structures A et B, dont les domaines respectifs sont notés $|A|$ et $|B|$, et équipées d'ensembles ordonnés comportant le même nombre de relations (c'est-à-dire avec la même arité), de sorte que $A = \langle |A|, R_1, \ldots, R_n \rangle$ et $B = \langle |B|, S_1, \ldots, S_n \rangle$. De plus, pour tout entier i tel que $1 \leq i \leq n$, les $i^{\text{èmes}}$ relations de chaque structure ont la même arité (l'*arité d'une relation* est le nombre de ses arguments) ; il y a des entiers positifs $m_1, \ldots, m_n$ tels que $A = \langle |A|, R_1, \ldots, R_n \rangle$ et $B = \langle |B|, S_1, \ldots, S_n \rangle$, où R_i et S_i ont l'arité m_i, pour tout $1 \leq i \leq n$. Une application f du domaine de A vers celui de B, soit $f : |A| \longrightarrow |B|$, est un isomorphisme si f est bijective et si, pour tout $1 \leq i \leq n$ et tous éléments $a_1, \ldots, a_{m_i}$ de $|A|$:

$$\langle a_1, \ldots, a_{m_i} \rangle \in R_i \text{ si et seulement si } \langle f(a_1), \ldots, f(a_{m_i}) \rangle \in S_i.$$

Les structures A et B sont dites *isomorphes* si un isomorphisme se tient entre leur domaine respectif. En mathématiques, tout comme les domaines respectifs de structures isomorphes peuvent contenir des éléments bien différents, les relations respectives de deux structures isomorphes, à la même « $i^{\text{ème}}$ place », ne sont pas nécessairement les mêmes. Par exemple, pour ne considérer que des structures munies d'une seule relation, le groupe multiplicatif des racines $n^{\text{ème}}$ (pour tout $n \in \mathbb{N}^*$) de l'unité du corps des complexes est isomorphe au groupe additif $\mathbb{Z}/n\mathbb{Z}$ (la multiplication et l'addition pouvant être considérées comme des relations à trois arguments). Le groupe $(U_n, \times)$, avec $U_n = \{z \in \mathbb{C}^* | z^n = 1\}$, est isomorphe au groupe $(\mathbb{Z}/n\mathbb{Z}, +)$, avec $\mathbb{Z}/n\mathbb{Z}$, l'ensemble quotient de $\mathbb{Z}$ pour la relation de congruence modulo n (tout groupe cyclique d'ordre n est isomorphe au groupe additif $\mathbb{Z}/n\mathbb{Z}$). En effet,

$$f : \begin{array}{rcl} \mathbb{Z}/n\mathbb{Z} & \longrightarrow & U_n \\ k & \longmapsto & e^{2i\pi k/n} \end{array}$$

est un isomorphisme de groupes de $\mathbb{Z}/n\mathbb{Z}$ dans U_n. En l'occurrence, les domaines en question sont constitués d'éléments bien distincts et les relations respectives mises en jeu sont différentes (l'addition dans l'une, la multiplication dans l'autre).

Cependant, cette différence entre les domaines et les relations de structures isomorphes (à la même $i^{\text{ème}}$ place) n'empêche pas de produire des théorèmes mathématiques à l'égard de structures isomorphes. L'existence d'un isomorphisme entre deux structures permet au contraire de simplifier et de généraliser certains raisonnements, en prouvant par exemple un résultat au sein d'une structure dont les relations peuvent simplifier la démonstration, et en généralisant ce résultat à toute structure isomorphe à celle-ci.

Structuralisme en logique

Comme en mathématiques, le structuralisme logique ne suppose pas l'identité des relations impliquées dans deux systèmes aux structures isomorphes. Mais le langage occupant une part essentielle des questionnements logiques, ce structuralisme suppose une correspondance linguistique consistant en l'utilisation d'un même élément de langage. En théorie des modèles notamment, si nous considérons deux structures A et B d'un même langage $\mathcal{L}$ et si nous nous focalisons sur la notion de prédicat (en écartant les clauses concernant les constantes et les fonctions), une application f de $|A|$ vers $|B|$ est un isomorphisme si f est bijective et si, pour tout prédicat n-aire P du langage $\mathcal{L}$ (pour tout entier $n \geq 1$) et tous éléments $a_1, \ldots, a_n$ de $|A|$:

$$\langle a_1, \ldots, a_n \rangle \in P^A \text{ si et seulement si } \langle f(a_1), \ldots, f(a_n) \rangle \in P^B$$

où P^A et P^B sont les interprétations du prédicat P respectivement dans les structures A et B. Notons que le critère permettant de définir si deux structures sont isomorphes ne consiste pas ici à requérir que les n-uplets $\langle a_1, \ldots, a_n \rangle$ et $\langle f(a_1), \ldots, f(a_n) \rangle$ instancient la *même* relation, mais qu'ils appartiennent à l'interprétation de la *même* entité linguistique, à savoir du *même* prédicat P, dans leur structure respective.

Structuralisme en philosophie des sciences

Le structuralisme scientifique explique le succès de l'application d'un modèle à un système-cible exclusivement par la notion de similarité structurelle. Mais que cette similarité soit définie en termes mathématiques ou en termes logiques, nous suggérons qu'elle n'est pas suffisante d'un point de vue épistémologique. Dans le premier cas, deux systèmes peuvent avoir des structures isomorphes tout en mettant en jeu des propriétés ou relations (autres que structurelles) complètement différentes d'un point de vue scientifique. Dans le second, et dans le même ordre d'idées, un même prédicat peut être lié à des significations bien distinctes (en qualifiant, selon nos termes, des lignes de relations différentes) dans des systèmes aux structures isomorphes.

Cette potentielle différence ne constitue pas une difficulté selon les partisans du structuralisme scientifique, et motive même cette conception épistémologique, comme nous l'expliquerons. De même qu'en mathématiques, l'existence d'un isomorphisme entre les structures de deux systèmes ne signifie pas leur identité, une similarité structurelle entre un modèle scientifique et un système-cible ne signifie pas que les entités ou les relations mises en jeu soient identiques. Écartant d'ailleurs généralement les particularités du langage dans l'explication des succès d'application de modèles scientifiques, le structuralisme scientifique prétend reposer sur les connaissances mathématiques concernant les structures, en ne requérant qu'une correspondance structurelle d'un point de vue abstrait, sans notion d'interprétation d'un même symbole linguistique.

Structure abstraite et structure concrète peuvent être distinguées, la première étant la forme abstraite de la structure concrète au sein de laquelle nous savons *quelles* relations se tiennent ; au sein d'une structure abstraite, nous savons simplement qu'*il y a* des relations. Pour reprendre l'exemple de [Frigg et Votsis, 2011, p. 229], la combinaison entre un domaine constitué de deux personnes, Philippe et Alexandre, et la relation « être le père de », constitue une structure concrète dans laquelle Philippe est le père d'Alexandre, tandis que la donnée d'un domaine $D = \{d_1, d_2\}$ et d'une relation R avec $R = \{\langle d_1, d_2 \rangle\}$ constitue une structure abstraite.

Selon le structuralisme scientifique, les isomorphismes peuvent simplement se tenir entre des structures abstraites, sans même que la notion de même prédicat intervienne, comme dans le cas du structuralisme logique par exemple. Soient les structures $A = \langle |A|, S_1 \rangle$ et $B = \langle |B|, S_2 \rangle$, avec par exemple le domaine $|A|$ constitué de deux personnes Philippe et Alexandre, la relation S_1 « être le père de », le domaine $|B|$ constitué d'1 m^3 de plomb et d'1 m^3 d'eau, puis la relation S_2 « être plus lourd que », de sorte que, dans A, Philippe est le père d'Alexandre, et, dans B, 1 m^3 de plomb est plus lourd qu'1 m^3 d'eau. Les structures concrètes A et B ont la même structure abstraite $\langle D, R \rangle$ avec $D = \{d_1, d_2\}$ et $R = \{\langle d_1, d_2 \rangle\}$.

De ce point de vue, deux structures A et B sont isomorphes si un isomorphisme f se tient du domaine de A vers celui de B, au sens purement mathématique, tel que nous l'avons défini, p. 156. Les relations à la même « $i^{\text{ème}}$ place » dans chaque structure, ainsi liées une à une par le biais de l'isomorphisme, doivent simplement avoir la même arité. Cela suffit en effet à assurer que A et B ont la même structure abstraite ; le « squelette » structurel de relations est identique, indépendamment de la nature de ces relations, de ce en quoi elles consistent. Dans le cadre du structuralisme scientifique, les critères déterminant le caractère isomorphe de deux structures sont liés, comme en mathématiques, à l'arité des structures et à l'arité des relations situées à la même $i^{\text{ème}}$ place, indépendamment de considérations concernant la manière dont ces relations sont qualifiées. Les relations « mises en correspondance », en étant liées une à une par le biais d'un isomorphisme entre deux structures, ont des extensions différentes dans chaque structure (les domaines de celles-ci pouvant être de natures distinctes), mais elles ont la même arité. Et contrairement au structuralisme en logique, les prédicats qui peuvent qualifier ces relations ne sont pas pris en considération par le structuralisme scientifique dont la conception ne concerne ainsi que les structures abstraites des systèmes étudiés.

Selon la terminologie de [Shapiro, 1997], un « système » serait une structure concrète, et une « structure » serait une structure abstraite. Par la suite, nous conservons cet usage en employant le terme de « système » pour désigner un ensemble d'éléments dont la nature de chacun est déterminée et entre lesquels des relations bien spécifiques sont établies. Nous employons le terme de « structure » pour désigner une structure abstraite, résultant de l'abstraction décrite ci-dessus.

Toujours d'un point de vue terminologique, au sein de la théorie logique des modèles, par analogie avec la conception mathématique dans laquelle elle trouve certaines de ses origines, les expressions de « structures » et de « modèles » sont généralement synonymes, les interprétations d'un élément d'un langage $\mathcal{L}$ dans différentes structures étant définies de manière purement extensionnelle. Mais en philosophie des sciences, les prédicats ne se réduisent pas aux ensembles de n-uplets qui les satisfont, ils ont une signification en vertu de laquelle leur extension se constitue. Il est ici pertinent de distinguer modèles logiques et scientifiques comme nous l'avons fait, des structures concrètes ainsi que des structures abstraites, notamment car la notion de structure abstraite peut concerner des entités de natures diverses. En logique modale par exemple, la structure d'un modèle $M = \langle W, R, Int \rangle$ est définie comme la combinaison $\langle W, R \rangle$ entre l'ensemble de mondes et l'ensemble des relations entre ces mondes. Mais la structure d'un monde possible w est la combinaison entre le domaine de ce monde, noté D_w, et l'ensemble des relations entre les éléments de ce domaine.

Quant au terme générique de système, remarquons que nous l'employons à la manière de Shapiro, mais que nous spécifions son utilisation pour désigner un monde de type particulier, généralement concerné par un modèle scientifique, comme un système-cible par exemple. En effet, au sens de Shapiro, un modèle logique par exemple pourrait être qualifié de système, comme un ensemble de mondes possibles entre lesquels se tient une certaine relation d'accessibilité. La notion de relation d'accessibilité apparaît dans l'aspect logique de notre étude, mais de notre point de vue conceptuel général, les relations se tiennent entre des objets, au sein d'un monde possible par exemple.

4.1.2   Réalisme structurel

En philosophie des sciences, le structuralisme peut désigner la position décrite plus précisément par l'expression « réalisme structurel ». La similarité structurelle est déterminée sur la base des structures abstraites selon le réalisme structurel pour lequel le succès scientifique dépasse notamment le langage dans lequel il a été formulé, le réalisme structurel émettant ainsi des analyses en termes de structures uniquement, dépourvues de toute considération linguistique.

Comme le rappelle d'ailleurs Mauricio Suárez notamment, d'un point de vue linguistique, une théorie est un ensemble d'axiomes formels, et un modèle est une structure qui interprète ces axiomes. Au contraire, d'un point de vue structuraliste, « il n'y a pas de distinction fondamentale entre théories et modèles : une théorie n'est en fait rien d'autre qu'une famille de structures » [Suárez, 1999, p. 75]. Suárez ajoute que ces structures, en elles-mêmes, ne fournissent aucune indication quant à leurs applications attendues. Mais dans cet extrait, l'auteur assimile les structuralistes et les partisans du point de vue sémantique des théories. Cette assimilation est fréquente en philosophie des sciences, mais Stathis Psillos en rend compte et distingue différentes thèses souvent désignées par l'expression « structuralisme » en philosophie des sciences : « le structuralisme peut aller d'une thèse méthodologique (qui concerne la nature des théories scientifiques et qui prétend qu'elles sont le mieux comprises en tant que familles de modèles), à une position ontologique (qui concerne "ce qu'il y a" et qui prétend que tout ce qu'il y a, ce sont des structures) » [Psillos, 2006, p. 560]. La thèse méthodologique ainsi décrite correspond au point de vue sémantique des théories que nous avons déjà exposé, tandis que la position ontologique correspond au *réalisme structurel ontique*. Psillos ajoute que le structuralisme peut aussi désigner « un point de vue épistémique selon lequel il y a plus dans le monde que des structures, sans que nous ne puissions rien en connaître d'autre que ces structures ». Il s'agit de la position appelée traditionnellement *réalisme structurel épistémique*.

Réalisme structurel ontique ou épistémique

Selon le réalisme structurel ontique (*OSR*), tout ce qu'il y a n'est que structure, tandis que d'après le réalisme structurel épistémique (*ESR*), il y a plus que des structures mais cette nature « non structurelle » ne nous est pas accessible d'un point de vue épistémique. Dans les deux cas, nous ne pouvons connaître que les structures, soit, d'après *ESR*, parce que nous n'avons pas accès à autre chose, soit, d'après *OSR*, parce qu'il n'y a tout simplement pas autre chose. Ainsi, si les causes des limitations de notre connaissance sont distinctes selon l'un ou l'autre de ces points de vue, les analyses épistémologiques de la réussite scientifique ne peuvent, dans les deux cas, concerner que les structures, en se basant par exemple sur des similarités structurelles.

Par ailleurs, Shapiro interroge la nature des structures en tant qu'abstractions, en distinguant le structuralisme *ante rem* et le structuralisme *in re* qui apportent une réponse différente à la question : « les structures existent-elles indépendamment des systèmes qui les exemplifient ? ». Selon le structuralisme *ante rem*, les structures sont des entités abstraites qui existent indépendamment des systèmes qui les exemplifient, tandis que selon le structuralisme *in re*, les systèmes sont ontologiquement premiers vis-à-vis des structures, les structures étant dans ce cas des abs-

tractions obtenues à partir de systèmes particuliers [Shapiro, 1997, p. 84].
Mais quelle que soit l'issue de ce questionnement, les analyses épistémologiques pertinentes selon ces deux conceptions expliquent toujours la
compatibilité entre modèles scientifiques et situations possibles en termes
de similarités entre leurs structures respectives.

Motivations du réalisme structurel

John Worrall présente l'impasse philosophique du débat sur le réalisme scientifique en énonçant, d'une part, l'argument principal en faveur
du réalisme scientifique : l'efficacité empirique des théories scientifiques
actuelles ne peut pas être due au hasard ; et d'autre part, l'argument
principal contre le réalisme scientifique : certaines théories scientifiques
passées efficaces, considérées autrefois comme vraies, ne le sont plus aujourd'hui [Worall, 1989]. L'argument en faveur du réalisme scientifique,
dont la formulation moderne est attribuée à Hilary Putnam, est connu
sous le nom de « No miracle argument » [Putnam, 1975a, p. 73], puisqu'il
consiste à soutenir que le succès de la science serait un miracle si les théories scientifiques n'étaient pas au moins « approximativement vraies »
(pour reprendre cette expression caractéristique du réalisme scientifique).
L'argument à l'encontre du réalisme scientifique est quant à lui exposé
par Henri Poincaré comme la marque d'une « induction pessimiste »
vis-à-vis de l'histoire des sciences, considérée de ce point de vue davantage comme une succession d'échecs que comme une suite progressive de
succès [Poincaré, 1902].

Selon Worall, reprenant la position de Poincaré, le réalisme structurel
constituerait le « meilleur des deux mondes » en reconnaissant à la fois la
pertinence de l'induction pessimiste et la valeur de l'argument du miracle.
Le réalisme structurel analyse par exemple le passage de la théorie de
Fresnel sur la lumière (qui, dans les années 1830, explique la propagation
des ondes lumineuses grâce à l'*éther* luminifère) à celle de Maxwell (qui,
dans les années 1870, associe ce phénomène aux oscillations de champs
électriques et magnétiques), en reconnaissant que Fresnel avait mal iden-

tifié la nature de la lumière mais en avait décelé la structure correcte, ce qui explique le succès des prédictions empiriques de sa théorie [Worall, 1989, p. 117]. Si les théories scientifiques sont « approximativement vraies » selon le réalisme scientifique, le réalisme structurel l'explique en termes de structures : une théorie est vraie si elle détermine la véritable structure du phénomène ou du système-cible qu'elle vise.

4.1.3 Structuralisme des modèles scientifiques

Selon le structuralisme scientifique dans son sens général, comme le résume Bas van Fraassen, « la science ne décrit que des structures ; les théories scientifiques ne nous donnent des informations que sur la structure des processus dans la nature » [van Fraassen, 1997, p. 511]. Nous adressons les remarques émises dans la suite de ce chapitre à cette conception dans sa globalité, notamment à ses différentes versions réalistes qu'elles supposent, qu'il y ait ou non autre chose dans la nature que des structures (*OSR* ou *ESR*), et qu'elles existent ou non en tant qu'entités abstraites indépendantes (*ante rem* ou *in re*).

Définition minimale d'un structuralisme des modèles

Comme le définit, sans y adhérer, Roman Frigg notamment, un structuralisme sur les modèles scientifiques est un point de vue selon lequel « un modèle scientifique S est une structure et il représente le système-cible T si et seulement si T est structurellement isomorphe à S » [Frigg, 2006, p. 53]. En termes de *compatibilité*, comme nous l'avons expliqué dans l'introduction de ce chapitre (p. 153), une version du structuralisme des modèles scientifiques consisterait à soutenir qu'un système-cible et un modèle scientifique sont compatibles si leurs structures respectives sont isomorphes. Nous avons déjà évoqué certains intérêts importants d'une telle conception à travers notamment la description du réalisme structurel avec lequel le structuralisme des modèles partage de nombreuses caractéristiques, mais nous pouvons ajouter que ce structuralisme apporte des réponses pouvant sembler pertinentes aux questions soulevées notamment par une conception fictionnaliste des modèles. En effet, la différence ontologique entre les entités fictionnelles des systèmes-modèles et les objets réels des systèmes-cibles est dépassée : deux systèmes dont les structures sont isomorphes peuvent ne pas partager la même collection d'objets ni le même ensemble de relations sur leur domaine. L'aspect structurel est, de ce point de vue, le seul fondement de la comparaison entre modèle et système-cible.

Pour mieux comprendre le structuralisme des modèles, considérons la figure 4.1 dans laquelle Peter Godfrey-Smith, reprenant un schéma initialement proposé par Ronald Giere pour représenter la notion de modèle [Giere, 1988, p. 83], qualifie la relation entre description de modèle et système-modèle comme une *spécification*, et celle entre système-modèle et système-cible comme une *ressemblance* [Godfrey-Smith, 2006, p. 733]. Le structuralisme des modèles explique la notion de ressemblance entre système-modèle et système-cible en termes de similarité de structures.

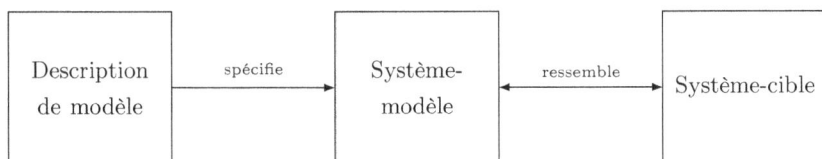

FIGURE 4.1 – Godfrey-Smith : Relations entre description de modèle, système-modèle et système-cible

La structure d'un modèle scientifique tel que nous l'avons caractérisé dans la lignée d'une conception indirecte de la représentation, supportée notamment par Godfrey-Smith et Frigg, ne semble pouvoir être ne serait-ce que « comparable » à celle d'un système-cible. Un structuralisme des modèles ne pourrait pas être défini en termes de similarité structurelle entre, d'une part, un tel modèle constitué notamment d'une relation conceptuelle de spécification entre une description et un système-modèle, et, d'autre part, un système-cible au sein duquel, par exemple, certaines relations physiques se tiennent entre des éléments actuels. Une relation entre une description linguistiquement formulée par

exemple, et un système-modèle dans lequel cette description est strictement vraie, n'est pas une relation du même ordre épistémologique qu'une
relation entre des objets composant le domaine d'un système-cible possible. Sur la figure 4.1, la première relation, représentée par une flèche, se
tient entre deux éléments de modèle scientifique (description et système-
modèle) et résulte d'une analyse philosophique. La seconde, non représentée sur cette figure, est une relation effective, naturelle ou physique
par exemple, se tenant au sein même d'un système-cible, entre des éléments de son domaine (comme la relation qualifiée par le prédicat « être
plus lourd que » par exemple). Un structuralisme des modèles scientifiques peut par contre reposer sur une comparaison entre la structure
d'un système spécifié par une description, c'est-à-dire la structure d'un
système-modèle, et celle d'un système-cible.

Selon la conception indirecte des modèles scientifiques que nous défendons, à l'instar de Godfrey-Smith et Frigg notamment, les descriptions
de modèles ne décrivent pas directement les systèmes-cibles visés, mais
des systèmes-modèles prétendument comparables à ces systèmes-cibles.
Nous définissons un point de vue structuraliste des modèles scientifiques,
cohérent avec la conception indirecte que nous en avons, comme une
analyse basée sur la notion de structure d'un système-modèle, pouvant
par exemple expliquer la compatibilité entre un modèle et un système-
cible par l'existence d'un isomorphisme entre la structure d'un système-
modèle de ce modèle scientifique et celle du système-cible considéré. La
figure 4.1 peut ainsi illustrer ce point de vue structuraliste si la ressemblance entre système-modèle et système-cible s'exprime en termes de similarité structurelle entre ces deux systèmes. En effet, un système-modèle
et un système-cible sont tous deux semblables à des mondes possibles au
sens large ; même si l'un, contrairement à l'autre, peut être considéré
comme un petit monde plus restreint (mettant en jeu un nombre moins
important de relations qu'un système-cible concret par exemple), nous
expliquerons que cette différence ne pose pas de difficulté d'un point de
vue structuraliste.

Il est toutefois d'ores et déjà remarquable que, selon l'analyse que nous avons développée dans le chapitre 3, une description de modèle ne spécifie pas un unique système-modèle, mais bien une classe de systèmes-modèles. Nous laissons d'ailleurs ouverte la possibilité que différents systèmes-modèles générés à partir de la même description de modèle puissent présenter des structures diverses éventuellement non isomorphes une à une. Une condition minimale d'un point de vue structuraliste tel que nous le définissons, pour qu'un système-cible @ soit compatible avec un modèle scientifique $\mathcal{M}$, est que la structure de @ soit similaire à celle d'au moins un système-modèle v du modèle $\mathcal{M}$ (cette similarité structurelle pouvant être assurée par différents types d'applications selon la version du structuralisme considérée, comme nous l'envisagerons dans la sous-section 4.1.4, p. 169).

Fictionnalisme et structuralisme

Le structuralisme des modèles scientifiques ainsi défini, justifie la compatibilité entre un modèle scientifique et un système-cible par une similarité entre la structure d'un système-modèle de ce modèle scientifique et celle de ce système-cible. Le structuralisme des modèles scientifiques est non seulement cohérent avec une conception indirecte de la représentation, mais peut également l'être avec un point de vue fictionnaliste, puisqu'il permet notamment de lier deux systèmes classés différemment d'un point de vue ontologique. Cette différence de niveau ontologique motive justement la définition de compatibilité en termes de similarité de structures abstraites, telle que la propose le structuralisme en reconnaissant l'aspect fictionnel d'un modèle scientifique et de ses systèmes modèles. En effet, comme il ne peut pas s'agir des *mêmes* propriétés ou relations dans un système-modèle d'une part et dans un système-cible d'autre part, les notions mathématiques de structure et de similarité structurelle semblent être utilisées par le structuralisme des modèles scientifiques comme si elles transcendaient ces différences de niveaux ontologiques, le concept de structure abstraite écartant les spécificités qui

nous poussent à qualifier un système d'actuel ou de fictionnel. C'est pourquoi la notion de structure abstraite occupe une place essentielle dans la
définition du structuralisme scientifique en général, et en particulier dans
celle du structuralisme des modèles. Ce structuralisme prend ainsi acte
de la différence ontologique entre systèmes-modèles et systèmes-cibles,
en expliquant la notion de compatibilité en termes de similarité entre
structures abstraites.

Cette association conceptuelle semble contredire de nombreux réalistes à l'instar de Steven French qui, pour les raisons que nous avons
déjà évoquées, estime que « le structuralisme est l'une des armes les plus
tranchantes que nous ayons pour nous défendre contre l'anti-réalisme »
[French, 2006, p. 186]. Mais est-il contradictoire de considérer que les modèles scientifiques sont comparables à des fictions et de suggérer qu'ils
peuvent avoir une certaine structure ? Une description, fictionnelle ou
non, génère une classe de systèmes-modèles, différentes structures pouvant y être reconnues. De ce point de vue, fictionnalisme et structuralisme
ne semblent pas contradictoires : selon le fictionnalisme, un modèle scientifique ne représente pas une partie du monde, mais décrit une fiction ;
et selon le structuralisme, les structures exhibées par cette fiction (précisément par les systèmes-modèles générés) peuvent être similaires à celle
de certaines parties du monde (précisément celle de certains systèmes-
cibles). En effet, une fiction considérée comme une description est exemplifiée par une structure, elle-même possiblement isomorphe par exemple
avec la structure d'un système-cible.

L'aspect réaliste d'une telle conception pourrait être que les modèles scientifiques parviennent à déceler correctement certaines structures réelles ; ce qui est vrai ou « approximativement vrai » des modèles
serait les structures des systèmes-modèles qu'ils génèrent. Mais cet aspect dit *réaliste* est limité par le caractère indirect de cette conception,
un modèle ne décrivant pas directement les structures de ses systèmes-
cibles, mais celles de ses systèmes-modèles qui sont elles-mêmes potentiellement similaires (isomorphes par exemple) à celles des systèmes-cibles
possibles. Le fictionnalisme analyse les relations entre les modèles scien-

tifiques et les parties du monde qu'ils ont pour but de *représenter*, en critiquant notamment les conceptions selon lesquelles les termes de ces modèles désigneraient directement des entités réelles. Le fictionnalisme ne niant aucunement le succès (prédictif par exemple) de nombreux modèles scientifiques, il peut être cohérent de tenter de l'expliquer en termes structuralistes : déclarer que les modèles décrivent à proprement parler des fictions et expliquer leur succès en termes de similarités structurelles peuvent être deux aspects d'une même conception comme celle du structuralisme des modèles cohérent avec le fictionnalisme.

Si le structuralisme ne semble pas incompatible avec le fictionnalisme, cette association conceptuelle présente même des intérêts philosophiques importants. Par exemple, la différence ontologique entre les objets des systèmes-modèles et ceux des systèmes-cibles ne constitue pas une difficulté d'un point de vue structuraliste pour lequel la nature des éléments des domaines n'a pas d'importance, les domaines pouvant ainsi être considérés comme des collections de « places » plutôt que comme des ensembles d'objets à part entière. De même, la nature des relations (définies extensionnellement) n'entrant pas en ligne de compte, une relation (comme une propriété) fictionnelle peut être liée à une relation réelle sans problème de correspondance. Autrement dit, il y a une différence ontologique entre les entités fictionnelles décrites au sein des modèles et les objets réels des systèmes-cibles, c'est pourquoi l'analyse de leurs structures peut être le fondement de la comparaison entre modèles et systèmes-cibles.

1.1.1   Diverses similarités structurelles

Appliquant aux structures considérées comme entités à part entière le slogan de Quine « no entity without identity » (énoncé dans [Quine, 1969, p. 23] entre autres), Shapiro signale, notamment à ceux qui soutiennent que les structures font partie intégrante de l'ontologie, qu'une relation d'identité pour les structures elles-mêmes est requise [Shapiro, 1997, p. 92]. Notons cependant que l'expression de « relation d'identité pour les structures », employée par Shapiro, peut engendrer une confusion. En mathématiques, des structures peuvent être à proprement parler identiques (s'il s'agit du même domaine muni du même n-uplet de relations identiques), et deux structures peuvent être isomorphes sans mettre en jeu les *mêmes* relations notamment. Nous définissons donc à présent précisément ce que l'expression « structures similaires » peut signifier selon différents points de vue structuralistes.

Isomorphisme

Parmi les diverses manières de définir la relation de similarité entre structures dans le cadre du structuralisme des modèles scientifiques, celle faisant intervenir la notion d'isomorphisme est certainement la plus stricte. L'existence d'un isomorphisme entre la structure d'un système-modèle et celle d'un système-cible ne signifie pas l'identité de ces systèmes (permettant même ainsi de les considérer comme des systèmes de natures ontologiques différentes), mais justifie, selon un structuralisme scientifique reposant sur la notion d'isomorphisme, la compatibilité entre le modèle et le système-cible considérés.

Shapiro illustre la notion de structures isomorphes de deux systèmes à l'aide d'une correspondance g : si R est une relation binaire du premier système, $g(R)$ est une relation binaire du second système, et, pour tous objets m et n du premier système avec R se tenant entre m et n, $g(R)$ se tient entre les objets $g(m)$ et $g(n)$ du second système (et inversement) [Shapiro, 1997, p. 91]. Cette illustration doit cependant rester relativement informelle dans la mesure où cette correspondance g n'est pas clairement définie, contrairement notamment à un isomorphisme dont les ensembles de départ et d'arrivée sont bien définis (comme les domaines respectifs des deux systèmes). Cette notion de correspondance une à une entre les objets et les relations du premier système, et les objets et relations du second, vise à montrer que les isomorphismes entre des systèmes préservent les structures abstraites ; à toute relation d'un système « correspond » exactement une relation dans un système isomorphe à celui-ci. Pour reprendre la définition mathématique d'isomorphisme exposée p. 156, l'illustration de Shapiro explicite le lien de « correspondance » entre les relations R_i et S_i (apparaissant dans l'énoncé biconditionnel de la définition). Cependant, nous critiquerons plus loin cette expression de « correspondance » en la jugeant inappropriée d'un point de vue épistémologique.

Avec un isomorphisme entre deux systèmes, de sorte que l'ensemble de départ de cet isomorphisme soit le domaine d'un système, et son ensemble d'arrivée, le domaine de l'autre système, les structures sont préservées dans leur intégralité. Le nombre d'éléments dans le domaine de chaque système est le même, tout comme le nombre, l'ordre et l'arité des relations.

Plongement

Les systèmes-modèles résultant, comme nous l'avons vu dans le chapitre 3, d'un certain nombre de simplifications (comme des abstractions, des idéalisations ou des isolations), leur étendue et leur complexité peuvent être bien plus restreintes que celles de systèmes-cibles potentiels. Leurs structures sont donc *a priori* plus sommaires que celles de ces systèmes-cibles. Dès lors, un isomorphisme tel que nous l'avons défini dans le paragraphe précédent ne pourrait pas se tenir entre un système-modèle constitué d'un nombre fini et limité de relations sur un domaine d'objets au cardinal restreint, et un système-cible complet par nature, c'est-à-dire entièrement déterminé. La structure d'un système-cible possible est bien plus large et plus dense que celle d'un système-modèle.

La notion mathématique de plongement (« embedding ») apporte aux structuralistes un élément de réponse face à cette difficulté. Une application g est un plongement du domaine D_v d'un système-modèle v vers le domaine $D_@$ d'un système-cible actuel @ par exemple, si cette application est un isomorphisme entre D_v et son image par g dans $D_@$, notée $g(D_v)$. Cette image $g(D_v)$ n'étant pas nécessairement l'ensemble $D_@$ tout entier. La structure du système-modèle v est « plongée » dans celle du système-cible @ ; la structure de v est isomorphe à une sous-structure de celle de @.

Un structuralisme des modèles scientifiques reposant sur la notion de plongement entre système-modèle et système-cible, plutôt que sur celle d'isomorphisme entre système-modèle et système-cible, n'est pas confronté au problème de la cardinalité des domaines des systèmes impliqués, comme Suárez notamment a pu le justifier en expliquant que « l'ensemble des objets qu'une théorie met en avant pour représenter un phénomène doit avoir le même cardinal que le domaine d'objets de la structure phénoménologique de ce phénomène » [Suárez, 1999, p. 76]. La notion de plongement entre système-modèle et système-cible répond également à la question de l'arité de leur structure ; le nombre de relations mises en jeu dans la structure du système-modèle peut être inférieur au nombre de relations mises en jeu dans celle du système-cible. Autrement dit, le critère de la cardinalité des domaines pour un isomorphisme imposait que les domaines des systèmes liés possèdent le même nombre d'éléments, tandis que pour un plongement, le cardinal de l'ensemble de départ doit seulement être inférieur ou égal à celui de l'ensemble d'arrivée. Dans le même ordre d'idées, le critère de l'arité des structures pour un isomorphisme requérait notamment que les structures des systèmes liés mettent en jeu le même nombre de relations, tandis que pour un plongement, l'arité de la structure dont le domaine est l'ensemble de départ du plongement doit seulement être inférieure ou égale à celle de la structure dont le domaine est l'ensemble d'arrivée de ce plongement. Ainsi, la compatibilité entre modèles scientifiques et systèmes-cibles, définie sur la base d'un plongement entre un système-modèle et un système-cible, requiert que la structure du système-modèle soit isomorphe à une sous-structure du système-cible.

La notion mathématique de sous-structure a été utilisée différemment par Bas van Fraassen dans le cadre d'un développement structuraliste en philosophie des sciences. Comme l'analysent Katherine Brading

et Elaine Landry, Bas van Fraassen s'appuie sur la notion de plongement d'une manière particulière, en proposant une conception qualifiée
de *structuraliste empirique* [Brading et Landry, 2006, p. 578]. En effet,
van Fraassen utilise la notion de *sous-structure empirique* de la manière
suivante : « certaines parties des modèles sont identifiées comme des sous-
structures empiriques, et elles sont les candidates d'une représentation
des phénomènes observables que la science peut confronter avec notre expérience » [van Fraassen, 1989, p. 227]. Le plongement est ici défini dans
le sens « inverse » de celui que nous avons évoqué : une sous-structure
du modèle est isomorphe avec la structure du système-cible.

Toutefois, comme nous l'avons expliqué, il semble que la structure
d'un système-modèle soit plus large et plus dense que celle d'un système-
cible. Pour reprendre la distinction élaborée par Anjan Chakravartty
entre *propriétés détectées* et *propriétés auxiliaires* [Chakravartty, 2007,
p. 47], à l'aide de dispositifs de mesure, certaines propriétés du système-
cible sont mesurées (il s'agit des *propriétés détectées*), tandis que les
propriétés de ce système-cible qui ne jouent pas de rôle dans ce type
d'observation sont des *propriétés auxiliaires*. En utilisant les dispositifs
de mesure appropriés à l'application d'un modèle scientifique en particulier, l'objectif est de reconnaître les propriétés théoriques définies au
sein du modèle dans les *propriétés détectées* du système-cible étudié, sans
prêter un intérêt aux autres propriétés du système-cible, qui ne sont pas
pertinentes vis-à-vis du modèle scientifique en question (puisqu'elles ne
sont même pas prises en considération par ce modèle) et qui sont ainsi
jugées comme des *propriétés auxiliaires*. Une propriété est donc jugée
auxiliaire relativement à un modèle scientifique particulier. Par exemple,
la force de Coriolis sera une *propriété détectée* au sein d'un système-cible,
dans le cadre d'une application de modèle dans lequel cette force est prise
en compte, mais elle pourra être jugée comme *auxiliaire* dans le cadre
de l'application d'un autre modèle selon lequel, par exemple, l'influence
de cette force sur les lois scientifiques proposées par ce modèle, est jugée
négligeable (légitimement ou non). Or, la description d'un modèle ne fait
allusion qu'aux propriétés utiles aux objectifs de ce modèle, pour définir

ses systèmes-modèles, et l'objectif est ensuite d'identifier ces propriétés parmi toutes les propriétés d'un système-cible. C'est pourquoi, si la notion de plongement devait être adoptée dans le cadre d'un point de vue structuraliste, nous la définirions avec un domaine de système-modèle comme ensemble de départ, et un domaine de système-cible comme ensemble d'arrivée. Autrement dit, un critère structuraliste minimal de la compatibilité entre un modèle et un système-cible requerrait que la structure d'un de ses systèmes-modèles soit isomorphe à une sous-structure de ce système-cible.

Isomorphisme partiel

Une conception structuraliste des modèles scientifiques peut reposer sur la notion d'isomorphisme partiel et ainsi ne pas suggérer un sens unique de plongement (d'un système-modèle vers un système-cible, ou dans le sens inverse) de manière générale. Utiliser un isomorphisme partiel généralise en quelque sorte le concept de plongement à l'égard de l'ensemble de départ de ce type d'application. De ce point de vue, un modèle et un système-cible sont compatibles si un système-modèle et ce système-cible partagent une sous-structure, autrement dit s'il y a un isomorphisme partiel entre leur domaine, c'est-à-dire s'il y a un isomorphisme entre une sous-structure de l'un et une sous-structure de l'autre. Steven French et James Ladyman suggèrent par exemple qu'« un modèle de boules de billard est représentatif d'un gaz réel dans la mesure où il y a un isomorphisme partiel entre des structures partielles respectives » [French et Ladyman, 1999, p. 108].

Une telle version du structuralisme des modèles peut cependant être critiquée à l'égard de son apport conceptuel potentiellement négligeable. En effet, les systèmes considérés de part et d'autre d'un isomorphisme partiel peuvent présenter une structure très développée, il suffit qu'une sous-structure d'un système soit isomorphe à une sous-structure de l'autre système pour, de ce point de vue, parler de compatibilité. Mais aucun critère n'est défini vis-à-vis, par exemple, de la taille minimale de la sous-structure considérée ou de sa pertinence relativement aux objectifs de la représentation scientifique. Entre deux systèmes dont les domaines respectifs contiennent un grand nombre d'objets et dont les ensembles des relations sur ces domaines comptent un nombre encore plus important de relations (ces nombres pouvant être différents), un isomorphisme partiel peut être défini entre deux sous-structures des deux systèmes simplement constituées de deux objets et d'une relation par exemple. Requérir un isomorphisme partiel entre deux structures semble ainsi dérisoire pour fonder la notion de compatibilité, une condition si faible étant bien trop simplement remplie sans critère supplémentaire. La caractéristique de *sous-structure empirique* suggérée par van Fraassen peut constituer un exemple de critère supplémentaire : quelles que soient l'ampleur et la densité des structures des systèmes considérés, la compatibilité serait assurée si la *sous-structure empirique* du système-modèle était isomorphe à une sous-structure du système-cible.

En conclusion, avant d'émettre de plus importantes critiques à l'égard du structuralisme scientifique, quel que soit le type de morphisme envisagé pour fonder la notion de compatibilité (ou celle de représentation), une telle relation entre deux systèmes consiste indirectement à lier une à une certaines relations de chaque système (ou *toutes* les relations de chaque système dans le cas d'un isomorphisme) à l'aide d'une certaine correspondance. En généralisant l'analyse de Shapiro (p. 170) aux isomorphismes partiels, si deux sous-structures sont isomorphes, toute relation mise en jeu dans l'une de ces sous-structures « correspond », sous l'isomorphisme considéré, à une relation dans l'autre de ces sous-structures. La suite de ce chapitre vise à analyser les fondements de cette « correspondance » (commune aux différentes définitions de similarité structurelle), en interrogeant leur pertinence épistémologique dans les études visant à expliquer les relations entre modèles scientifiques et systèmes-cibles dits *compatibles*.

4.2 Difficultés épistémologiques du structuralisme

Dans cette section, nous analysons certaines difficultés rencontrées par le structuralisme scientifique pouvant nous amener à qualifier tout point de vue « purement » structuraliste (ne faisant intervenir que des notions présentées précédemment) de conceptuellement inapproprié dans une perspective épistémologique, de non nécessaire ou d'insuffisant selon les cas. Ces critiques visent ainsi à déterminer si les caractéristiques formelles des notions de structures et d'isomorphismes sont adaptées au structuralisme des modèles scientifiques. Notons que nous employons le terme d'« isomorphisme » en général, les différentes versions du structuralisme scientifique étant fondées sur une définition de similarité structurelle reposant sur un isomorphisme, que ce soit entre les structures intégrales de deux systèmes ou entre certaines de leurs sous-structures.

4.2.1 Unicité de la structure d'un système

Tout d'abord, avant même d'envisager une quelconque relation entre différents systèmes, considérer, comme point de départ d'une réflexion épistémologique, « la » structure d'un système, modèle ou cible d'ailleurs, constitue un présupposé important ou tout au moins une abstraction considérable. Mises à part quelques précautions occasionnelles, nous avons fait allusion à *la* structure d'un système, comme un grand nombre de versions du structuralisme. En particulier, selon le réalisme structurel, si les modèles scientifiques sont *vrais*, c'est parce qu'ils mettent en évidence *la* structure du système-cible considéré (indépendamment du langage utilisé notamment) ; expliquer la compatibilité entre un modèle scientifique et un système-cible par le fait que *la* structure d'un modèle-système soit isomorphe à *la* structure de ce système-cible est caractéristique de ce type de réalisme scientifique. Or, faire allusion à *la* structure d'un système, en affirmant ainsi implicitement son unicité, peut être comparable à une pratique d'abstraction ou de réification, en un concept unique, d'une plu-

ralité de structures envisageables, toutes relatives à des considérations
sous-jacentes d'ordre non structurel, qui ne relèvent pas du domaine de
réflexion d'une conception purement structuraliste.

Nous pouvons en effet aller à l'encontre de ces idées d'unicité et d'indépendance de *la* structure d'un système quelconque, notamment prô-
nées par le réalisme structurel, en évoquant l'exemple de Hilary Putnam
lorsqu'il considère un monde contenant simplement « trois individus »
et qu'il pose la question du nombre d'objets dans ce monde miniature
[Putnam, 1990, p. 96]. Putnam met en évidence plusieurs manières de
les comptabiliser. Selon la notion d'objet envisagée, il peut en effet y
en avoir un seul (composé par la totalité des individus), ou trois (coïn-
cidant avec les individus), ou bien encore sept (chaque classe non vide
d'individus étant considérée comme un objet à part entière). La réponse
dépend des concepts de nombres ou d'objets, eux-mêmes définis au sein
d'un schème conceptuel particulier. Selon une certaine notion d'objet (la
plus familière étant donné l'énoncé du problème faisant allusion à « trois
individus »), il y a trois objets dans ce monde, mais si nous supposons,
à l'instar par exemple de logiciens polonais influencés par la méréologie
de Leśniewski, que pour chaque groupe de particuliers, il y a un objet,
ce monde contient sept objets. Selon Putnam, il n'y a donc pas de fait
objectif quant au nombre d'objets qu'il y a dans ce monde, et la façon dont sont les choses dépend donc du schème conceptuel choisi.

Pour Paul Boghossian notamment, cet exemple de Putnam plaide
en faveur de la dépendance des faits à l'égard de leur description, et
donc en particulier, en ce qui nous concerne, de la dépendance des structures à l'égard de leur description. Toutefois, selon Boghossian, « tout
ce que montre l'exemple de Putnam, c'est qu'il peut y avoir plusieurs
descriptions également vraies du monde ou d'une certaine de ses parties » [Boghossian, 2006, p. 37], et non pas la dépendance à la description. Mais, cette remarque revêt une dimension particulière à l'égard du
structuralisme scientifique : une conception structuraliste prétend justifier le succès de l'application d'un modèle scientifique à un système-cible
en montrant que *la* structure d'un modèle-système est isomorphe (au

moins partiellement) à *la* structure de ce système-cible. Or, la manière
de définir *la* structure d'un système peut varier relativement à un schème
conceptuel particulier, au point qu'un système peut exhiber des structures non isomorphes entre elles. Le fait que la structure « retenue »
du système-modèle et la structure « retenue » du système-cible compatible avec le modèle considéré soient isomorphes est donc dépendant
d'un schème conceptuel particulier, et relatif au choix de retenir telle ou
telle structure d'un système. La notion de compatibilité d'une conception
structuraliste serait ainsi tributaire d'éléments non structurels.

Dans le cas d'un structuralisme des modèles cohérent avec un point de
vue fictionnaliste notamment, la portée d'une telle attaque serait amoin-
drie si le schème conceptuel (qui dépasse le structuralisme et est bien
plus large que la simple notion de structure) était assurément préservé
entre la détermination d'une structure d'un système-modèle et celle d'une
structure d'un système-cible. Cela nécessiterait en particulier des notions
d'objets et de relations uniformément définies pour toute détermination
de structure de n'importe quel système. Or, ce ne sont littéralement pas
les *mêmes* objets dans un système-modèle fictionnel et dans un système-
cible réel ; ils ne sont pas du même ordre ontologique et ne partagent pas
intégralement les mêmes propriétés. Rien n'assure que la notion d'objet
soit préservée d'un système à l'autre, notamment parce que les objets
du système-modèle sont le résultat d'un certain nombre d'abstractions :
de nombreuses propriétés actuelles de l'objet visé par le modèle n'ont
pas été prises en compte. De nombreux modèles scientifiques définissent
un objet théorique en limitant l'analyse de sa composition, voire en le
considérant comme une entité sans partie, alors que l'objet actuel visé
par cette modélisation en possède une multitude. En chimie par exemple, nous avons évoqué des modèles pour lesquels les molécules sont des
sphères parfaitement dures (voir 3.1.6, p. 108). Ainsi, si la notion d'objet est par exemple définie sur la base de la non-divisibilité de l'individu
(il n'y a pas de relation entre d'éventuelles parties de cet individu) au
sein d'un système-modèle, le schème conceptuel n'est certainement pas

préservé entre un tel système fictionnel d'une part et un système-cible actuel d'autre part.

Ces considérations concernant la notion d'objet impliquent des questionnements du même type à l'égard de la notion de relation. Dans l'exemple de Putnam, une relation entre deux objets (avec un objet compris comme un point) peut être une propriété d'un objet (avec *objet* compris comme un composé de deux points). Pour étudier un autre exemple, nous estimons que Roman Frigg semble indiquer que les descriptions d'un système peuvent en quelque sorte être l'expression de schèmes conceptuels distincts. Un système-cible n'a pas une unique structure ; cela dépend de la description fournie, de la façon dont le système est décrit, qui peut donc exposer différentes structures non isomorphes entre elles. Exhiber une structure ne signifie pas ne pas pouvoir en exhiber une autre non isomorphe à la première. C'est pourquoi faire référence à *la* structure d'un système n'a objectivement pas de sens. De ce point de vue, la détermination d'une structure d'une molécule de méthane CH_4 dépend d'un schème conceptuel particulier, et plus directement de la description qui en est faite. Une molécule de méthane consiste en un atome de carbone et quatre atomes d'hydrogène formant un tétraèdre régulier au centre duquel se trouve l'atome de carbone. Comme l'indique Frigg, dans certaines études scientifiques, comme celles des collisions par exemple, seule la forme de la molécule importe, l'atome de carbone étant dans ce cas négligé [Frigg, 2002, p. 30]. Une molécule de méthane exhibe au moins deux structures non isomorphes entre elles, l'une dont le domaine est constitué des quatre atomes d'hydrogène et où les liaisons internucléaires entre ces atomes sont les relations, puis l'autre dont le domaine est composé des six liaisons internucléaires, sur lequel une relation particulière est définie (qualifiée par exemple par le prédicat « se croiser »).

En conclusion, il semble indispensable de revenir sur la proposition de définition minimale d'un structuralisme des modèles (formulée dans la sous-section 4.1.3, p. 167) : un système-cible @ est compatible avec un modèle scientifique $\mathcal{M}$ si *une* structure de @ est similaire à *une* structure d'au moins un système-modèle v du modèle $\mathcal{M}$. Une telle conception structuraliste reconnaît que différentes descriptions peuvent être également vraies d'une même réalité, sans pour autant nécessairement adopter une position relativiste à l'égard de la réalité. Un tel structuralisme des modèles n'a pas vocation à déterminer si la réalité dépend de la description qui en est faite, mais nous soutenons que la notion structuraliste de compatibilité est relative notamment à la manière de décrire les systèmes-modèles ou les systèmes-cibles.

Par ailleurs, une description de modèle peut-elle générer des systèmes-modèles dont les structures ne sont pas isomorphes ? La dernière formulation de la condition de compatibilité d'un structuralisme des modèles ne requiert pas que cela ne soit pas le cas, puisqu'il suffit qu'*une* structure du système-cible soit similaire à *une* structure d'au moins un système-modèle du modèle scientifique considéré ; les systèmes-modèles générés à partir d'une description de modèle peuvent être non isomorphes entre eux. Cette condition est « minimale » même à cet égard. Si les critiques que nous allons exposer valent dans le cas où les systèmes-modèles peuvent être non isomorphes entre eux, alors elles valent également dans le cas où tous les systèmes-modèles générés à partir d'une description de modèle sont nécessairement isomorphes un à un.

4.2.2 Isomorphismes, systèmes-modèles et systèmes-cibles

Indépendamment de la prise en considération qu'un système n'a pas une seule et unique structure, les relations entre différents systèmes, auxquelles le structuralisme scientifique a recours, peuvent être remises en cause. Un isomorphisme est un concept mathématique se tenant entre deux structures au sens mathématique ; il ne s'agit pas d'une relation entre une structure et une partie du monde [Frigg, 2010a, p. 106]. En effet, « l'hypothèse essentielle (et implicite) de cette conception est que le système-cible présente une certaine structure » [Frigg, 2002, p. 5]. Or, cette hypothèse implique, nous l'avons vu, certains procédés non structurels (que le structuralisme ne peut donc pas exprimer en ses propres termes). French et Ladyman estiment par ailleurs que la hiérarchie complexe de modèles constituant les niveaux empiriques et théoriques d'un domaine ne permet pas d'expliquer la relation entre modèles théoriques et monde empirique à l'aide d'un simple isomorphisme [French et Ladyman, 1999, p. 115].

Une critique de la relation entre modèles et phénomènes actuels exprimée en termes d'isomorphismes est également formulée par van Fraassen, mais il y apporte une réponse en suggérant que les isomorphismes se tiennent entre certaines sous-structures empiriques des modèles et les « apparences » mises en évidence par l'expérience [van Fraassen, 1980, p. 64]. Cependant, la critique émise par Frigg à l'encontre du structuralisme concerne la pertinence même d'une analyse purement structuraliste des relations entre systèmes-modèles et systèmes-cibles, quelles que soient les éventuelles sous-structures considérées. Cette argumentation repose sur la constitution des modèles scientifiques qui ne sont pas de simples structures. Nous pouvons préciser qu'une structure ne constitue pas un modèle scientifique (au moins dans son intégralité) et qu'une sous-structure n'est pas une sous-partie pertinente d'un modèle. Dans les deux cas, la *teneur* des propositions *entraînée* par le modèle est perdue. En effet, les modèles scientifiques « ne sont pas purement mathématiques ou structurels dans la mesure où ils seraient des choses physiques s'ils étaient réels » [Frigg, 2010c, p. 253]. Frigg prend l'exemple des populations du modèle de Lotka-Volterra (portant sur la population de poissons dans la mer Adriatique), qui consisteraient en des groupes d'animaux de chair et de sang si elles étaient réelles. Ces aspects pris en charge par les descriptions de modèles ne sont tout simplement pas exprimés dans une structure abstraite.

Comme nous l'avons vu, structure abstraite et structure concrète peuvent être distinguées, la première étant la forme abstraite de la structure concrète au sein de laquelle nous savons *quelles* relations se tiennent ; au sein d'une structure abstraite, nous savons simplement qu'*il y a* des relations. Dans la suite de notre analyse, nous montrerons que même si une conception structuraliste particulière était éventuellement formulée en termes de structures concrètes, les aspects non structurels des modèles pourraient certes s'exprimer au sein de structures concrètes, mais ils ne pourraient pas être préservés d'une structure à une autre en termes purement structurels, à l'aide d'un isomorphisme par exemple.

Notons que ces critiques peuvent même être adressées à la conception de van Fraassen, qui définit l'adéquation empirique en termes d'isomorphismes entre les apparences, c'est-à-dire « les structures qui peuvent être décrites dans des rapports d'expérience ou de mesure » [van Fraassen, 1980, p. 64], et des sous-structures empiriques de modèles scientifiques. En effet, si les apparences et la manière de les mettre en évidence (par diverses expériences) font partie intégrante du modèle scientifique, le structuralisme doit expliquer en termes de structures les relations entre apparences et phénomènes réels ; si les apparences et leur mise en évidence sont indépendantes du modèle, c'est alors les relations entre modèle et apparences qui doivent être expliquées, de ce point de vue, en termes de structures. Plus généralement, quels que soient le nombre et la complexité de la hiérarchie des différents niveaux, il est toujours finalement nécessaire de rendre compte du passage entre ce qui constitue l'aspect théorique d'un modèle scientifique et la réalité d'un de ses systèmes-cibles. Nous montrerons que, d'un point de vue épistémologique, les analyses purement structuralistes des relations entre modèles et systèmes-cibles sont dispensables d'une part et non suffisantes d'autre part, leur pertinence étant ainsi simplement contingente.

4.2.3   Similarité structurelle non nécessaire

Comme nous l'avons déjà défini, un système-cible est dit *compatible* avec un modèle scientifique si l'application de ce modèle dans ce système est réussie, c'est-à-dire, selon la nature des objectifs du modèle, si les descriptions, les explications ou les prédictions qu'il fournit sont justes, pertinentes ou fructueuses vis-à-vis du système-cible en question. Bien que cette notion de compatibilité soit généralement assimilée à celle de représentation en philosophie, nous considérons la compatibilité comme un type spécifique de représentation : lorsque les critères d'évaluation d'une « bonne » représentation (ou même d'une représentation « satisfaisante ») sont liés à des considérations telles que celles citées précédemment, nous parlons de *compatibilité*. Ainsi, nous présentons certaines analyses philosophiques portant sur la *représentation*, en l'occurrence définie à l'aide du concept d'isomorphisme, dont certains aspects peuvent concerner cette notion de *compatibilité*.

Tout d'abord, d'un point de vue formel, une conception de la représentation définie en termes d'isomorphismes entre structures n'offre pas l'identité entre les propriétés structurelles de la représentation et celles de la notion d'isomorphisme ; la représentation et l'isomorphisme n'ont pas les mêmes propriétés structurelles. En effet, selon l'argument logique de Mauricio Suárez, isomorphisme et même similarité au sens large ne possèdent pas les mêmes propriétés logiques que la représentation [Suárez, 2003, p. 232] : la représentation au sens général n'est ni réflexive, ni symétrique, ni transitive.

Rendre compte de la représentation à l'aide de la notion d'isomorphisme est tout à fait inapproprié d'un point de vue formel. En effet, un isomorphisme est transitif par définition : en considérant trois structures distinctes A, B et C, si A est isomorphe à B, et B à C, alors A est isomorphe à C. Au contraire, la représentation n'est pas transitive. Par exemple, Diego Velázquez a peint le portrait du pape Innocent X, puis Francis Bacon a réalisé plusieurs toiles de ce portrait. Les peintures de Bacon représentent-elles le pape ou bien le portrait peint par Velázquez ? Selon Suárez, la représentation n'est pas transitive : les études du peintre Francis Bacon sur le portrait du pape Innocent X par Velázquez ne représentent pas le pape Innocent X.

Rendre compte de la représentation à l'aide de la notion de similarité n'est pas non plus approprié d'un point de vue formel. En effet, la similarité est symétrique : si une chose a est similaire à une autre chose b, alors b est également similaire à a. La similarité est également réflexive : une chose est similaire à elle-même. Au contraire, la représentation n'est ni symétrique ni réflexive. Par exemple, le pape ne représente pas la peinture, et le tableau ne se représente pas lui-même. Frigg propose une autre illustration du problème de la symétrie : « un plan du métro de Londres représente le réseau du métro de Londres, mais le métro de Londres ne représente pas le plan » [Frigg, 2002, p. 11].

En résumé, selon Suárez notamment, la représentation au sens général n'est ni réflexive, ni symétrique, ni transitive, tandis que la similarité est réflexive, symétrique et non transitive, et l'isomorphisme est réflexif, symétrique et transitif. En conclusion, analyser la représentation en termes de similarités ou d'isomorphismes est inadéquat d'un point de vue formel, notamment parce que la « direction » de la représentation, du modèle vers le système-cible, ne peut être retranscrite par une relation de similarité ou d'isomorphisme se tenant éventuellement entre eux.

De plus, représentation d'une part et similarité ou isomorphisme d'autre part peuvent être distingués dans le cadre d'une « mauvaise représentation ». Suárez prend l'exemple d'une personne qui, en se déguisant, semble similaire au pape Innocent X tel qu'il a été dépeint par Velázquez [Suárez, 2003, p. 233]. Il est une erreur (et une « mauvaise représentation ») de supposer que la peinture de Velázquez est une représentation de cette personne. Quant à la notion d'isomorphisme, Suárez indique que soit deux structures sont isomorphes, soit elles ne le sont pas du tout. Ainsi, dans le cadre d'un structuralisme fondé sur la notion d'isomorphisme, soit une représentation est exacte, soit il ne s'agit pas du tout d'une représentation.

Les représentations plus ou moins précises (« mauvaises » ou approximatives) sont cependant fréquentes et malgré tout utiles. Par exemple, les plans de métro permettent aux usagers de s'orienter et de définir un trajet satisfaisant, même si ces plans ne sont pas des représentations parfaites des différents réseaux de métro. Selon l'analyse menée par Zhan Guo, le plan du métro de Londres sous forme de diagramme coloré, basé sur les travaux de Harry Beck de 1931, et qui a d'ailleurs servi de modèle à la réalisation des plans de métro de nombreuses autres villes comme Madrid, Berlin ou Paris, comporte d'importantes inexactitudes, comme l'emplacement géographique des stations ou les distances qui les séparent [Guo, 2011, p. 627]. Cette représentation est très approximative, mais elle est satisfaisante dans la mesure où elle permet la bonne réalisation des trajets quotidiens des usagers. Même si, selon Guo, l'approximation de ces plans de métro influe sur la prise de décision des usagers et peuvent entraîner une augmentation d'environ 15% du temps passé dans les transports [Guo, 2011, p. 631] (les pratiques que ce type de représentation permet, pouvant, d'un point de vue pragmatique, être améliorées), il s'agit bien d'une représentation malgré tout. Or, comme le montre Suárez, les représentations approximatives ne peuvent être expliquées en termes de similarités ou d'isomorphismes.

Enfin, d'un point de vue épistémologique, la similarité structurelle ne semble pas nécessaire ; il peut y avoir représentation ou compatibilité sans similarité structurelle. Par exemple, Stathis Psillos considère, d'une part, la mécanique newtonienne selon laquelle $F = m.a$, et, d'autre part, une reformulation selon laquelle cette force F est la résultante de la somme de deux forces basiques F_1 et F_2. « Nous avons ici deux structures non isomorphes, qui sont toutefois empiriquement équivalentes » [Psillos, 2006, p. 562]. De manière plus générale, comme le suggère Suárez, la déclaration selon laquelle la mécanique newtonienne fournit une représentation du système solaire ne pose pas de difficulté, même si, sans corrections relativistes, « elle est empiriquement inadéquate et non isomorphe au phénomène du mouvement planétaire » [Suárez, 2003, p. 234]. En nos propres termes, nous pourrions reformuler ces propos en expliquant notamment que les systèmes-modèles de modèles de mécanique newtonienne portant sur le système solaire ont des structures non isomorphes à celles des systèmes-cibles de notre système solaire actuel.

4.2.4   Similarité structurelle non suffisante

Les sections précédentes ont permis de mettre en évidence que différentes structures concrètes peuvent exhiber des structures abstraites isomorphes, ou qu'une même structure concrète peut, selon les points de vue (ou *schèmes conceptuels*), présenter différentes structures abstraites isomorphes. Ces deux cas de figure ne constituent pas de difficulté pour le structuralisme, puisque c'est justement sur la notion de structure abstraite que repose la compatibilité entre modèles et phénomènes. Mais une structure concrète peut également présenter, selon le point de vue, différentes structures abstraites non isomorphes entre elles. Aussi, même en écartant le caractère inapproprié de la similarité structurelle (assurée par exemple par un isomorphisme) pour rendre compte de la compatibilité entre un modèle scientifique et un système-cible, et même en supposant que le schème conceptuel puisse être assurément le même d'un système-modèle à un système-cible, les aspects structurels et leur préservation, sur lesquels sont fondées les conceptions purement structuralistes, ne sont pas suffisants pour justifier la compatibilité en science. Notre argument concerne principalement les difficultés qu'engendre l'impossibilité pour ces conceptions de rendre compte d'une quelconque préservation des propriétés non structurelles.

Pour Suárez, une relation de représentation peut échouer même si une similarité ou un isomorphisme se tiennent ; un isomorphisme ne constitue pas une représentation [Suárez, 2003, p. 235]. Autrement dit, une telle similarité de structure est insuffisante pour expliquer la compatibilité entre un modèle scientifique et un système-cible, et ainsi comprendre la réussite de l'application de ce modèle dans ce système-cible. Par exemple, « un escalier en colimaçon (c'est-à-dire une entité physique) peut être utilisé pour représenter l'ADN », et « le même escalier peut également être employé pour notamment représenter un ressort » [Suárez, 1999, p. 82]. Il s'agit de deux représentations différentes, de deux modèles distincts. Ainsi, le modèle de l'ADN et celui du ressort ne diffèrent pas en structure, mais en *intention*, en utilisation prévue. Les propositions que le modèle du ressort *entraîne* ne s'appliquent pas à une macromolécule biologique d'ADN actuelle ; entre ce modèle et un tel système-cible, il y a similarité structurelle (définie par isomorphisme), mais il n'y a pas pour autant compatibilité.

Nous suggérons que l'*intention* d'un modèle scientifique n'est pas exclusivement contenue dans ses aspects purement structurels. Les propriétés et relations sur lesquelles porte fondamentalement un modèle ne se réduisent pas à leurs caractéristiques structurelles. En l'occurrence, les modèles cités en exemple ci-dessus exhibent des structures isomorphes, mais impliquent des propriétés et relations différentes (comme nous l'avions remarqué d'un point de vue formel, dès la définition mathématique d'isomorphisme, p. 156). Ces différences ne posent pas de problème en mathématiques pour établir certains théorèmes par exemple, mais elles constituent une difficulté majeure dans l'analyse épistémologique de la compatibilité en termes de structures et d'isomorphismes. La préservation des structures abstraites est insuffisante pour expliquer pleinement la notion de compatibilité en science. C'est pourquoi nous proposerons une perspective structuraliste alternative faisant intervenir la notion de ligne de monde, dans le but de préserver également les propriétés non structurelles d'un modèle à un système-cible et ainsi de garantir que ce sont les *mêmes* propriétés (non structurelles) mises en jeu dans le modèle et dans le système-cible.

Il pourrait sembler satisfaisant d'élaborer une conception structuraliste fondée sur la notion de structure concrète, afin justement de « retrouver » ces aspects non structurels des modèles scientifiques. Or, non seulement une telle conception serait à bien distinguer du structuralisme scientifique traditionnel, mais elle ne pourrait pas justifier, en termes purement structurels, la préservation des aspects non structurels d'un modèle au sein de ses systèmes-cibles. La similarité structurelle, même assurée par la notion d'isomorphisme, entre modèle et système-cible ne permet de préserver que la structure abstraite ; seules les caractéristiques structurelles sont conservées. Envisager une similarité structurelle entre une structure concrète et une structure de système-cible entraîne la perte de ce qu'avait permis de « retrouver » la notion de structure concrète : la *teneur* des propriétés et relations mises en jeu dans cette structure concrète. Nous repassons alors en quelque sorte à une structure abstraite. En effet, la notion mathématique d'isomorphisme permet de préserver les structures abstraites, mais pas ce qui distingue une structure concrète d'une de ses structures abstraites, à savoir les propriétés non structurelles de ce système.

De plus, l'utilisation de la notion de structure concrète requiert la mise en œuvre de procédés non structurels, ce que Frigg illustre en considérant une structure S dont le domaine est composé de trois objets a, b et c, et d'une relation transitive $R = \{\langle a, b\rangle, \langle b, c\rangle, \langle a, c\rangle\}$. Une partie du monde exhibe la structure S, qu'elle consiste en trois barres de fer de différentes longueurs (avec dans ce cas a, b et c des barres de fer, et R une relation comme « être plus court que »), ou qu'elle consiste en trois livres de prix différents (avec dans ce cas a, b et c des livres, et R une relation comme « être plus cher que »). « Il y a d'innombrables descriptions qui rendent vraie la déclaration structurelle selon laquelle une partie du monde physique exemplifie la structure S, mais cette déclaration ne peut être vraie que si certaines déclarations non structurelles sont également vraies » [Frigg, 2010c, p. 254].

En résumé, nous suggérons que même en faisant abstraction des procédés non structurels intervenant dans la détermination d'une structure concrète, une version du structuralisme scientifique fondée sur la notion de structure concrète échouerait à expliquer la notion de compatibilité en termes purement structurels, l'isomorphisme notamment faisant perdre ce que la structure concrète avait apporté. Cela peut être expliqué simplement par les origines mêmes du structuralisme scientifique. En mathématiques, non seulement la différence entre les relations d'une structure et celles (aux mêmes places) d'une autre structure isomorphe à celle-ci n'est pas un obstacle à la formulation de certains théorèmes, mais les objets mathématiques n'ont que les propriétés qui leurs sont conférées par la structure [French, 2006, p. 175]. Or, ce n'est pas le cas pour les objets physiques qui possèdent des propriétés qui ne sont pas capturées au sein de la structure donnée [Psillos, 2006, p. 564]. Les objets physiques ont des caractéristiques non structurelles qui constituent, selon Psillos, leur « contenu physique » [Psillos, 2006, p. 565], ou ce que Anjan Chakravartty nomme « influence ontologique » [Chakravartty, 2003, p. 872]. Toute similarité structurelle entre modèle et système-cible n'est pas suffisante (même en cas d'isomorphisme entre structures intégrales des systèmes concernés), notamment parce que ce contenu non structurel disparaît au sein d'analyses purement structuralistes.

4.2.5   Préservation des influences ontologiques

Nous avons montré que, d'un point de vue épistémologique, un système ne doit pas être réduit à l'une des structures qu'il peut exhiber, ni même à l'ensemble de toutes ses structures envisageables. « Les phénomènes ont une structure, mais ils ne sont pas une structure » [Ladyman, 2001, p. 74]. Dans le même ordre d'idées, les propriétés et relations ne peuvent être réduites à leurs caractéristiques structurelles. Elles ont une *influence ontologique* (pour reprendre l'expression employée par Chakravartty) en raison de laquelle deux relations possédant les mêmes caractéristiques structurelles peuvent ne pas être qualifiées par les mêmes prédicats. En science, cette *influence ontologique* se traduit par une certaine influence causale pouvant être mise en évidence par l'expérience, comme nous le verrons dans le chapitre suivant.

Structuralisme scientifique de second ordre

Une conception structuraliste pourrait consister à expliquer la compatibilité entre un modèle et un système-cible par la préservation d'une structure globale conservant les caractéristiques structurelles des relations mises en jeu. De ce point de vue, deux relations « mises en correspondance » dans le cadre d'une similarité structurelle entre deux systèmes posséderaient les mêmes caractéristiques formelles structurelles (comme la symétrie ou la transitivité par exemple), non seulement dans ces systèmes en particulier, mais également de manière absolue (la caractéristique de transitivité d'une relation par exemple, n'étant pas seulement étudiée dans telle ou telle extension particulière, mais de manière générale ou intensionnelle). Cependant, la *teneur substantielle* (le « contenu physique », selon Psillos, ou l'*influence ontologique*, selon Chakravartty) des relations n'est toujours pas prise en considération.

Considérons par exemple un système S_1 dont le domaine est $\{1, 2\}$ et uniquement muni de la relation mathématique d'infériorité $<$ de sorte que $1 < 2$, ainsi qu'un autre système S_2 dont le domaine est $\{$Napoléon I, Napoléon II$\}$ et simplement muni de la relation qualifiée par le prédicat « être le fils de », de sorte que Napoléon II est le fils de Napoléon I. Selon un structuralisme classique, il y aurait une similarité structurelle entre ces systèmes ; ces systèmes présentent des structures isomorphes. Selon un structuralisme de second ordre (dans le cadre duquel les caractéristiques formelles structurelles des relations mises en correspondance sont préservées), cela ne serait pas le cas car la relation mathématique d'infériorité est transitive, non symétrique et non réflexive, tandis que la relation d'« être le fils de » n'est pas transitive. En effet, si $1 < 2$ et $2 < 3$, alors $1 < 3$, mais même si Napoléon II est le fils de Napoléon I et Napoléon I est le fils de Charles Bonaparte, Napoléon II n'est pas le fils de Charles Bonaparte. Par contre, en considérant un système S_2' de domaine $\{$Napoléon I, Napoléon II$\}$ et simplement muni de la relation qualifiée par le prédicat « être le descendant de », selon un structuralisme de second ordre, S_1 et S_2' exhiberaient bel et bien une similarité structurelle. Ces deux relations sont « mises en correspondance » par cette similarité structurelle de second ordre, non seulement en vertu des structures des systèmes considérés, mais également en vertu de leurs propres caractéristiques structurelles. La *teneur* des relations n'est cependant toujours pas nécessairement préservée en substance. Malgré cette similarité structurelle de second ordre, les *influences ontologiques* des relations mises en jeu dans ces deux systèmes sont essentiellement différentes d'un point de vue épistémique, notamment parce que les prédicats qualifiant les relations respectives de ces systèmes n'ont pas la même signification.

Structure et identité de propriété

Le terme de « correspondance » pour nommer le lien entre les propriétés et relations respectives de deux structures (ou sous-structures) isomorphes est inapproprié d'un point de vue épistémologique, dans la mesure où cette « correspondance » ne tient qu'en vertu de critères structurels qui, nous l'avons montré, sont insuffisants à eux seuls pour définir la notion de compatibilité en science. Il semble plus juste d'écrire que les relations mises en jeu dans deux structures isomorphes sont *mises en correspondance* par le biais d'un isomorphisme. Deux relations de deux systèmes peuvent d'ailleurs être mises en relation dans certains cas et ne pas l'être dans d'autres. Le fait que deux relations (comme « être inférieur à » et « être le fils de ») soient *mises en correspondance* dans le cadre d'une similarité structurelle n'implique pas l'*identité* de ces relations.

Nous suggérons que le structuralisme des modèles scientifiques repose sur un grave présupposé épistémologique, à l'égard duquel le structuralisme en mathématiques est par ailleurs étranger, et selon lequel les propriétés et relations *mises en correspondance* dans le cadre d'une similarité structurelle le sont pour de « bonnes raisons ». Mais même un isomorphisme entre deux structures assure que toute relation R d'une de ces structures soit *mise en correspondance* avec une relation R' de l'autre structure, non qu'il s'agisse de la *même* relation. Rien, d'un point de vue purement structuraliste, ne garantit qu'il s'agisse de la *même* relation $(R = R')$, ni même, plus simplement, qu'il y ait un quelconque rapport d'ordre conceptuel entre ces deux relations *mises en correspondance*. Les isomorphismes se tenant entre deux structures de systèmes sont liés à des considérations sur la manière dont sont constituées, sur un plan purement structurel, les extensions des relations mises en correspondance, mais ils ne concernent pas les informations intensionnelles sur ces relations, pourtant capitales dans le cadre d'une analyse épistémologique. En conséquence, la compatibilité entre un modèle et un système-cible ne peut pas être définie de manière purement structurelle.

L'*intention* d'un modèle, son application visée, réside notamment dans l'*influence ontologique* des propriétés qu'il met en jeu, et ne peut pas, comme nous l'avons montré, être exclusivement contenue dans les aspects purement structurels de ce modèle. Par exemple, comme le souligne Peter Kroes, d'un point de vue purement structurel, « il n'y a aucune différence entre un phénomène de flux thermique et un phénomène de gravitation » [Kroes, 1989, p. 147]. Mais un modèle dédié à la force de gravitation ne concerne cependant pas directement les phénomènes thermodynamiques de transferts de chaleur et ne permet notamment pas de les prévoir.

Nous avions remarqué que le structuralisme ne semblait pas incompatible avec le fictionnalisme et que cette association conceptuelle présentait même des intérêts philosophiques importants. En effet, la différence ontologique entre les objets des systèmes-modèles et ceux des systèmes-cibles ne constitue pas, de ce point de vue, une difficulté particulière. De plus, la *teneur substantielle* ou l'*influence ontologique* des relations n'entrant pas en ligne de compte dans la détermination d'une similarité structurelle, une relation fictionnelle peut être *mise en correspondance* avec une relation actuelle sans problème d'adéquation, toujours d'un point de vue purement structurel. Cependant, cette caractéristique constitue également un argument négatif à l'encontre du structuralisme des modèles scientifiques, puisque même lorsque le principe de similarité structurelle n'est pas trivial, il est insuffisant pour définir la notion de compatibilité.

L'*influence ontologique* et les caractéristiques structurelles d'une propriété sont deux aspects de cette propriété, entre lesquels il y a d'ailleurs certainement de nombreuses corrélations. Mais réduire des propriétés ou des relations à leurs aspects purement structurels dans le but d'établir une certaine similarité structurelle n'est pas suffisant en épistémologie pour expliquer le succès de l'application d'un modèle scientifique. Même en supposant l'utilité d'une similarité structurelle, une telle explication ne peut être donnée en termes purement structurels et doit faire intervenir une certaine préservation de l'*influence ontologique* des propriétés mises en jeu dans différents systèmes aux structures isomorphes, ce que nous proposons de réaliser à l'aide du concept de ligne de monde de propriété.

4.3   Structures et lignes de monde

Définir un structuralisme des modèles scientifiques prenant en considération la notion de ligne de monde permet notamment de rendre cette conception cohérente avec la thèse de Fred Dretske selon laquelle une loi comme « Tous les F sont G » doit être comprise, non pas comme un énoncé au sujet des extensions des prédicats F et G, mais comme un énoncé décrivant une relation entre les propriétés F-ité et G-ité [Dretske, 1977, p. 252]. En effet, dans le cadre d'un structuralisme classique, l'identité de la *teneur substantielle* des relations *mises en correspondance*, par le biais d'un isomorphisme par exemple, n'est aucunement requise. En l'occurrence, rien ne garantit que les propriétés dans un système-cible dont une structure est isomorphe à une structure d'un système-modèle rendant vraie cette loi concernant F et G, soient bel et bien les propriétés F et G. Les critères en vertu desquels des relations sont ainsi *mises en correspondance* sont d'ordre purement structurel. Or, comme nous l'avons expliqué dans les sections précédentes, cet aspect purement structurel n'est pas suffisant d'un point de vue épistémologique. Le respect des lignes de relations au sein de cette *mise en correspondance*, tel que nous le définirons, constitue une justification épistémologique pertinente du succès de l'application des modèles scientifiques dans des systèmes-cibles.

4.3.1 Structures et individus

Nous avons défini une structure comme la donnée d'un domaine, un ensemble d'éléments, et d'un ensemble ordonné de relations n-aires sur ce domaine. Mais de nombreuses analyses structuralistes écartent la notion d'individualité. Selon ce point de vue, comme Steven French le résume, les objets du domaine d'une structure ne sont que des « nœuds », des « intersections » de relations [French, 2006, p. 173]. « Leur identité est entièrement donnée par leur rôle dans la structure » [French, 2006, p. 175]. Par exemple, Paul Teller explique la pertinence de l'espace de Fock en physique quantique, dont l'utilisation permet d'étudier le nombre de fois où certaines propriétés sont instanciées, sans prêter attention à quelle particule instancie quelle propriété [Teller, 1995, p. 37]. Selon Katherine Brading et Alexander Skiles, il n'est pas ici nécessaire de pouvoir faire référence à un électron en particulier [Brading et Skiles, 2012, p. 106].

L'individualité des objets d'une structure n'importe pas nécessairement, mais les objets doivent exemplifier certaines propriétés (relations n-aires avec $n = 1$). Si une structure peut en effet être considérée comme un ensemble de « places », les objets doivent toutefois avoir certaines caractéristiques pour occuper ces places. Ainsi, il est notamment concevable de définir les lois scientifiques dans une perspective structuraliste : une place vide réservée à un objet possédant la propriété F entretient telle relation particulière avec une place vide de la structure réservée à un objet possédant la propriété G. Pour reprendre un exemple de Stewart Shapiro, « il n'est pas possible de réaliser un échec et mat avec un roi et deux cavaliers contre un roi seul » [Shapiro, 1997, p. 75]. Cela ne dépend pas de la matière de laquelle les pièces sont faites par exemple. Cela ne dépend pas non plus de quelles pièces en particulier il s'agit : intervertir par exemple les rois de deux plateaux distincts d'échec n'influe pas cette « loi ». Mais dans cette structure, « être un roi » notamment, c'est avoir certaines propriétés (comme en l'occurrence avoir ses déplacements limités à une case adjacente à chaque tour).

Nous pouvons illustrer cet aspect du structuralisme en comparant une structure à ce jeu d'éveil (sorte de puzzle à encastrements) avec lequel les enfants apprennent notamment à identifier les formes et les couleurs. Chaque place d'une structure ne requiert pas un occupant en particulier, et n'impose même pas une nature ontologique particulière, mais seulement certaines propriétés pertinentes. Une structure est ainsi un ensemble de places imposant certaines propriétés aux objets qui pourraient les occuper, et un ensemble de relations entre ces places vides « sélectives » (dans la mesure où seuls les objets possédant les propriétés imposées peuvent y prendre place). Une structure peut être déterminée à l'aide de lignes de propriétés et de relations ; les objets de son domaine, appropriés pour certaines places, sont dans l'ensemble-valeur d'une ligne de propriété (ou dans l'intersection des ensembles-valeurs de plusieurs lignes de propriétés), et les relations de cette structure sont définies à l'aide de lignes de relations, en particulier de leurs ensembles-valeurs. Le concept de ligne de relation permet de rendre compte de la notion de structure concrète (en considérant par exemple que les interprétations de prédicats depuis un système sont les lignes de monde de relations qualifiées par ces prédicats depuis ce système). Mais, de plus, il est nécessaire de définir la similarité structurelle de manière à préserver non seulement les caractéristiques structurelles, mais également certains aspects non structurels d'un système.

4.3.2   Isomorphismes et lignes de relations

Dans le but d'élaborer une conception prenant en considération les arguments du structuralisme scientifique à l'égard de la pertinence des structures, et apportant des solutions aux problèmes évoqués dans ce chapitre (comme la non-nécessité de préservation de l'*influence ontologique* des propriétés et des relations, entre deux systèmes dont les structures sont isomorphes), nous proposons de définir une similarité structurelle sur la base d'isomorphismes respectant les lignes de monde de relations n-aires (pour $n \geq 1$).

En termes de lignes de monde, nous avons expliqué dans le second chapitre qu'un individu, une propriété ou une relation sont considérés d'un point de vue modal comme des *fonctions* (pour les individus) ou des *multifonctions hintikkiennes* (pour les propriétés et les relations). Décrire une structure en termes de lignes de monde consisterait ainsi à l'envisager comme une combinaison entre un ensemble de manifestations locales d'individus, et un ensemble ordonné de valeurs de lignes de relations. En effet, dans une structure d'un monde w, notée $\langle D, R_1, \ldots, R_n \rangle$ d'un point de vue structuraliste classique, l'extension de chaque relation n-aire R_j (pour tout entier j tel que $1 \leq j \leq n$) serait, en nos propres termes, l'ensemble-valeur, dans ce monde w, d'une ligne de relation n-aire ℓ_j. Ainsi, la définition d'isomorphisme donnée p. 156 resterait la même. En l'occurrence, l'énoncé biconditionnel de cette définition exprimée pour des structures $A = \langle\, |A|, R_1, \ldots, R_n \,\rangle$ et $B = \langle\, |B|, S_1, \ldots, S_n \,\rangle$, où R_i et S_i ont l'arité m_i, pour tout $1 \leq i \leq n$, pour tous éléments $a_1, \ldots, a_{m_i}$ de $|A|$, et un isomorphisme $f : |A| \longrightarrow |B|$:

$$\langle a_1, \ldots, a_{m_i} \rangle \in R_i \text{ si et seulement si } \langle f(a_1), \ldots, f(a_{m_i}) \rangle \in S_i$$

deviendrait, pour deux systèmes w_1 et w_2 dont des structures isomorphes par f (avec $f : D_{w_1} \longrightarrow D_{w_2}$) sont notées $\langle D_{w_1}, \ell_1(w_1), \ldots, \ell_n(w_1) \rangle$ et $\langle D_{w_2}, \ell'_1(w_2), \ldots, \ell'_n(w_2) \rangle$, où ℓ_j et ℓ'_j sont des lignes de relations d'arité m_j, pour tout $1 \leq j \leq n$, et pour tous éléments $a_1, \ldots, a_{m_j}$ de D_{w_1} :

$$\langle a_1, \ldots, a_{m_j} \rangle \in \ell_j(w_1) \text{ si et seulement si } \langle f(a_1), \ldots, f(a_{m_j}) \rangle \in \ell'_j(w_2).$$

Comme nous avons défini dans le second chapitre que chaque élément de domaine peut être individualisé, nous aurions, pour des lignes d'individus $i_1, \ldots, i_{m_j}$ définies sur w_1 :

$$\langle i_1(w_1), \ldots, i_{m_j}(w_1) \rangle \in \ell_j(w_1)$$
$$\text{si et seulement si } \langle f(i_1(w_1)), \ldots, f(i_{m_j}(w_1)) \rangle \in \ell'_j(w_2).$$

Selon le structuralisme classique, il y a une *mise en correspondance* des ensembles-valeurs $\ell_j(w_1)$ et $\ell'_j(w_2)$, mais, comme nous l'avons vu, les lignes de relation ℓ_j et ℓ'_j peuvent être très différentes. Par exemple, sur la figure 4.2, les structures de w_1 et w_2 sont isomorphes puisque pour chaque relation exemplifiée dans un système, une relation exemplifiée dans l'autre est *mise en correspondance*. En particulier, pour chaque propriété exemplifiée dans un système, une propriété exemplifiée dans l'autre est *mise en correspondance* (par exemple, la propriété qualifiée par le prédicat « x est un carré » dans w_1 et exemplifiée par l'élément b est *mise en correspondance* par le biais de l'isomorphisme f avec la propriété qualifiée par le prédicat « x est un triangle » dans w_2 et exemplifiée par l'élément b') ; et pour chaque relation exemplifiée dans un système, une relation exemplifiée dans l'autre est *mise en correspondance* (par exemple, la relation qualifiée par le prédicat « une flèche à tirets part de x et pointe y » dans w_1 et exemplifiée par le couple $\langle b, b \rangle$ est *mise en correspondance* par le biais de l'isomorphisme f avec la relation qualifiée par le prédicat « une flèche en pointillés part de x et pointe y » dans w_2 et exemplifiée par le couple $\langle b', b' \rangle$).

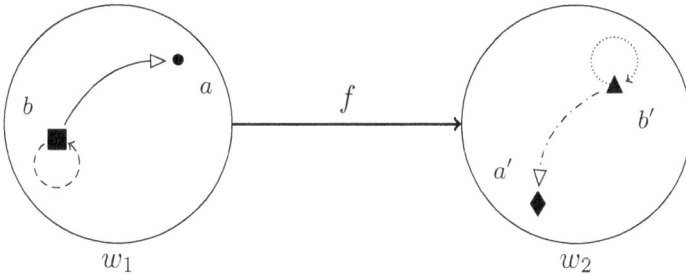

FIGURE 4.2 – Isomorphisme classique

Isomorphismes respectant les lignes de propriétés

L'idée ne consiste pas à imposer que l'isomorphisme f respecte les lignes de monde d'individus puisque, comme nous l'avons étudié, la notion d'individualité n'est pas nécessairement traitée au sein du structuralisme. Deux structures peuvent être isomorphes sans que les mêmes individus s'y manifestent, et cela est pertinent pour une conception structuraliste des modèles scientifiques qui reconnaît que les objets d'un système-modèle ne sont pas les mêmes que ceux d'un système-cible. Nous n'imposons donc pas à l'isomorphisme f un critère tel que, pour tout individu i, si i est défini sur w_1, alors i est défini sur w_2 et $f(i(w_1)) = i(w_2)$. Dans la condition énoncée précédemment :

$$\langle i_1(w_1), \ldots, i_{m_j}(w_1) \rangle \in \ell_j(w_1)$$
$$\text{si et seulement si } \langle f(i_1(w_1)), \ldots, f(i_{m_j}(w_1)) \rangle \in$$
$$\ell'_j(w_2)$$

les objets locaux $f(i_1(w_1)), \ldots, f(i_{m_j}(w_1))$ peuvent donc être des manifestations d'individus différents de $i_1, \ldots, i_{m_j}$, comme des individus $i'_1, \ldots, i'_{m_j}$ définis sur w_2 de sorte que $i'_1(w_2) = f(i_1(w_1)), \ldots, i'_{m_j}(w_2) = f(i_{m_j}(w_1))$, avec en particulier $i_1 \neq i'_1, \ldots, i_{m_j} \neq i'_{m_j}$.

Dans le but de lier un modèle à un système-cible, nous devons cependant nous assurer que ce système est dans la portée de l'*intention* de ce modèle, en étant notamment en mesure d'affirmer que le bon *type* d'objet occupe une place sélective d'une structure. Dans l'exemple de Teller, ce sont des électrons qui forment les nœuds des structures pertinentes [Teller, 1995, p. 37]. Contrairement au structuralisme en mathématiques, une conception structuraliste en épistémologie doit assurer la préservation d'une identité plus que simplement structurelle. Katherine Brading and Elaine Landry soulignent que pour les théories physiques, nous avons besoin de la distinction ontologique entre objets théoriques et leurs réalisations physiques ; « nous devons maintenir un certain niveau de description auquel une théorie physique peut parler d'*électrons*, en tant qu'objets théoriques, sans avoir à parler d'*électrons*, comme des objets réalisés physiquement dans le monde » [Brading et Landry, 2006, p. 573]. D'un point de vue structurel, un modèle ne porte pas sur tel ou tel électron particulier, mais nous devons cependant déterminer que ce sont bien des électrons qui apparaissent dans les structures des systèmes-cibles compatibles. Nous imposons donc à la notion d'isomorphisme sur laquelle repose le structuralisme de respecter les lignes de propriétés. Nous définissons que, pour des structures de deux systèmes w_1 et w_2 isomorphes par un isomorphisme f respectant les lignes de propriétés, pour tout élément $d \in D_{w_1}$ et toute ligne de propriété p dont l'ensemble-valeur n'est pas vide dans w_1 (c'est-à-dire $p(w_1) \neq \varnothing$) :

$$d \in p(w_1) \text{ si et seulement si } f(d) \in p(w_2).$$

Autrement dit, l'image de $p(w_1)$ par f est l'ensemble-valeur $p(w_2)$. Notons que, tout comme *nous n'imposons pas* à l'isomorphisme f de satisfaire la condition selon laquelle, pour tout individu i, si i est défini sur w_1, alors i est défini sur w_2 et $f(i(w_1)) = i(w_2)$, *nous n'imposons pas* non plus que $p(w_1) = p(w_2)$, ce qui signifierait que ces deux ensembles-valeurs sont constitués littéralement des *mêmes* objets (et ce que nous avons justement proscrit d'un point de vue formel, en imposant la localité stricte des domaines de mondes dans notre système logique). Cette définition d'isomorphisme respectant les lignes de propriétés requiert que la ligne de monde dont l'ensemble-valeur dans w_1 n'est pas vide et contient d, ait un ensemble-valeur non vide sur w_2 et contienne l'image de d par f (et inversement).

Une telle similarité entre systèmes n'est plus purement structurelle et permet la préservation des propriétés entre ces systèmes. De manière imagée, les formes d'un puzzle à encastrements sont les *mêmes* que celles d'un puzzle dont la structure est isomorphe à celle du premier par un isomorphisme respectant les lignes de propriétés. Afin de poursuivre l'illustration de Dretske, si un système-modèle et un système-cible ont des structures liées par un isomorphisme respectant les lignes de propriétés, et que le système-modèle comporte des exemplifications des propriétés F et G, alors le système-cible comporte également des exemplifications des propriétés F et G. Les objets qui exemplifient une propriété F dans le système-modèle ne sont pas les mêmes que ceux qui exemplifient cette propriété F dans le système-cible, mais ce type d'isomorphisme assure la préservation de l'identité des propriétés mises en jeu.

Une version du structuralisme scientifique fondée sur une telle définition d'isomorphisme prendrait en charge l'identité des propriétés, et, permettant la préservation de leur teneur substantielle (ou « influence ontologique »), semblerait ainsi constituer une analyse plus appropriée d'un point de vue épistémologique (même s'il est nécessaire, comme nous l'expliquons dans la sous-section suivante, qu'un tel isomorphisme respecte plus généralement les lignes de relations). Nous expliquerons toutefois, dans le chapitre 5, que la notion d'identité des propriétés ne signifie pas nécessairement une stricte égalité des pouvoirs causaux exprimés par les exemplifications de ces propriétés dans différents contextes.

Isomorphismes respectant les lignes de relations

En imposant la condition décrite dans le paragraphe précédent, nous assurons avoir affaire aux *mêmes* propriétés dans deux systèmes aux structures isomorphes sous ce critère. Il est nécessaire d'étendre cette nouvelle condition aux relations, afin de définir de manière générale la notion de compatibilité entre modèles et systèmes-cibles en termes d'isomorphismes se tenant entre leurs structures et respectant les lignes de relations.

Un isomorphisme f^* se tenant entre des structures de deux systèmes w_1 et w_2 (avec $f^* : D_{w_1} \longrightarrow D_{w_2}$), respecte les lignes de relations si, pour tous éléments $d_1, \ldots, d_n$ de D_{w_1} et toute ligne de relation n-aire ℓ dont l'ensemble-valeur n'est pas vide dans w_1 (c'est-à-dire $\ell(w_1) \neq \varnothing$) :

$$\langle d_1, \ldots d_n \rangle \in \ell(w_1) \text{ si et seulement si } \langle f^*(d_1), \ldots f^*(d_n) \rangle \in \ell(w_2).$$

Sur la figure 4.3, la propriété *mise en correspondance* avec celle d'être un carré ne peut pas être celle d'être un triangle (comme sur la figure 4.2, p. 197). Les lignes de propriétés sont respectées par l'isomorphisme f^*. De même, les relations *mises en correspondance* par le biais de f^* sont les *mêmes* en vertu du respect des lignes de relations. Les individus mis en jeu peuvent être différents (a et a' peuvent être les manifestations d'individus distincts), mais l'« influence ontologique » des propriétés et relations est préservée.

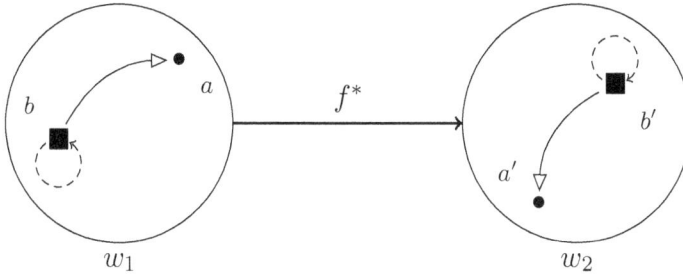

FIGURE 4.3 – Isomorphisme respectant les lignes de relations

Un isomorphisme tel que f^* se tenant entre des structures d'un système-modèle et d'un système-cible préserve les caractéristiques structurelles et certains aspects non structurels de ce système-modèle, notamment la *teneur substantielle* des relations définies au sein du modèle scientifique concerné. Considérons par exemple un modèle scientifique émettant une loi selon laquelle de tout carré part une flèche pleine et pointe un rond. Un système-modèle généré v met en jeu des objets exemplifiant les propriétés d'être un carré et d'être un rond, et vérifie cette loi. Pour une situation w, si un isomorphisme f^* respectant les lignes de relations se tient entre une structure de v et une sous-structure de w, nous pouvons inférer que, dans ce système-cible, une flèche considérée comme pleine part de tout objet exemplifiant la propriété d'être un carré pour pointer un objet exemplifiant celle d'être un rond.

Rappelons une nouvelle fois que, de manière générale, nous employons bien la notion de sous-structure de système-cible (et ainsi le concept de plongement analysé dans le paragraphe 4.1.4, p. 171), mais dans le cas d'un isomorphisme entre structures intégrales, la sous-structure en question est la structure complète de ce système-cible. Par exemple, une structure d'un système-modèle d'une molécule d'eau peut être liée à une sous-structure d'un système-cible si celui-ci fait par exemple intervenir des éléments non concernés par les propos du modèle.

4.3.3   Analyse logique des isomorphismes respectant les lignes de relations

Le structuralisme est une conception qui dépasse dans l'absolu le langage particulier à tel ou tel système. La version du structuralisme que nous définissons repose d'abord sur une notion de similarité structurelle qui respecte les lignes de monde de relations, et non, en premier lieu, sur la conservation d'une détermination quelconque de prédicat. Il est cependant envisageable d'analyser le structuralisme des modèles, tel que nous le proposons, en termes de satisfaction logique. Les explications qui suivent ne résument donc pas cette conception, mais concernent ses aspects logiques.

En logique, comme nous l'avons expliqué au début du chapitre (p. 157), des structures A et B du même langage $\mathcal{L}$ sont isomorphes, si un isomorphisme f se tient de $|A|$ vers $|B|$, de sorte que pour tout prédicat n-aire P ($n \geq 1$) du langage $\mathcal{L}$ et tous éléments $a_1, \ldots, a_n$ de $|A|$:

$$\langle a_1, \ldots, a_n \rangle \in P^A \text{ si et seulement si } \langle f(a_1), \ldots, f(a_n) \rangle \in P^B$$

où P^A et P^B sont les interprétations du prédicat P respectivement dans les structures A et B.

Dans le cadre du système logique que nous avons présenté (p. 60), cette définition appliquée au sein du structuralisme des modèles scientifiques se formulerait de la manière suivante : des structures d'un système-modèle v et d'un système-cible w sont isomorphes si un isomorphisme f se tient de D_v vers D_w, de sorte que pour tout prédicat n-aire P (si ce n'est pour tout prédicat d'un langage entier, au moins pour tout prédicat utilisé pour exprimer les propositions *entraînées* à partir du modèle scientifique en question) et tous éléments $d_1, \ldots, d_n$ de D_v :

$$\langle d_1, \ldots, d_n \rangle \in Int(P, v)(v)$$
$$\text{si et seulement si } \langle f(d_1), \ldots, f(d_n) \rangle \in Int(P, w)(w).$$

Le problème que nous avons déjà mis en évidence est que les lignes de relations dont les ensembles-valeurs sont mis en correspondance par le biais de f, à savoir les lignes de relations $Int(P, v)$ et $Int(P, w)$, peuvent être tout à fait différentes ; le prédicat P peut qualifier des lignes de monde différentes selon les contextes (avec $Int(P, v) = \ell$ et $Int(P, w) = \ell'$, potentiellement $\ell \neq \ell'$). La similarité structurelle classique est insuffisante parce qu'elle est fondée sur l'utilisation du même symbole de prédicat seulement.

En l'occurrence, dans un modèle de logique modale augmenté M approprié pour l'étude d'un tel cas (nous définirons plus en détail cette notion de modèle logique augmenté *approprié*, dans le chapitre 5), si une formule atomique est satisfaite sans prédétermination dans v, alors elle l'est sans prédétermination dans w :

> si $M, v, g \Vdash Pt_1 \ldots t_n$ avec $[\![t_i]\!]_{M,g,v}(v) = d_i$, pour $1 \leq i \leq n$, alors $M, w, g \Vdash Pt_1 \ldots t_n$ avec $[\![t_i]\!]_{M,g,w}(w) = f(d_i)$, pour $1 \leq i \leq n$.

Mais rien n'assure que le prédicat P soit interprété comme la même ligne de relation dans v et dans w. Autrement dit, cette définition classique signifie simplement que si $\langle d_1, \ldots, d_n \rangle \in \ell(v)$ (avec $Int(P, v) = \ell$), alors $\langle f(d_1), \ldots, f(d_n) \rangle \in \ell'(w)$ (avec $Int(P, w) = \ell'$). Potentiellement, ℓ et ℓ' sont des lignes de relations très différentes. Plus généralement, toute formule φ satisfaite sans prédétermination dans v (de sorte que $M, v, g \Vdash \varphi$) peut être satisfaite sans prédétermination dans w sans que l'interprétation de chacun des prédicats apparaissant dans φ soit la même dans v et dans w, malgré l'isomorphisme f liant leurs structures. De même, avec la satisfaction par prédétermination $\models$, les relations sont préservées dans les éventuels passages entre différents mondes possibles, engendrés par des occurrences d'opérateurs modaux, mais les lignes de relations peuvent être différentes de part et d'autre d'un isomorphisme classique.

Notre proposition d'un structuralisme des modèles scientifiques préservant les relations vise à combler cette lacune. L'apparente « pureté » du structuralisme visant à émettre des explications fondées sur la simple notion de « squelette structurel », pouvait sembler nous amener à l'essentiel même du lien entre modèles scientifiques et situations compatibles.

Mais les conceptions de ce type en épistémologie rencontrent des difficultés qui n'apparaissent pas en mathématiques, notamment parce que la notion d'isomorphisme n'a évidemment pas vocation, en mathématiques, à définir par exemple la compatibilité entre un modèle scientifique et un système-cible, et que cette notion de représentation scientifique requiert, comme nous l'avons expliqué, la prise en compte de critères autres que structurels. Notre proposition revient en quelque sorte à adapter les définitions mathématiques de structures et d'isomorphismes pour l'épistémologie, notamment en rendant compte de l'identité des relations en termes de lignes de monde. Selon notre conception structuraliste des modèles scientifiques préservant les relations, la compatibilité entre un modèle scientifique et un système-cible repose sur le fait que des structures d'un système-modèle v de ce modèle scientifique et du système-cible w considéré, soient liées, non par un simple isomorphisme, mais par un isomorphisme respectant les lignes de relations, tel que nous l'avons défini, p. 200.

En particulier, avec un isomorphisme f^* respectant les lignes de relations, se tenant de D_v vers D_w, pour tout prédicat n-aire P (employé pour exprimer des propositions liées à la description du modèle scientifique considéré) avec $Int(P, v)(v) \neq \varnothing$, et tous éléments $d_1, \ldots, d_n$ de D_v :

$$\text{si } \langle d_1, \ldots, d_n \rangle \in Int(P, v)(v)$$
$$\text{alors } \langle f^*(d_1), \ldots, f^*(d_n) \rangle \in Int(P, v)(w).$$

Le n-uplet des images décrit ci-dessus exemplifie, dans w, la relation n-aire qualifiée, depuis le contexte v, par le prédicat P. Il s'agit de la même relation $Int(P, v)$ qui est exemplifiée dans v par le n-uplet $\langle d_1, \ldots, d_n \rangle$, et dans w par le n-uplet $\langle f^*(d_1), \ldots, f^*(d_n) \rangle$. Cette conception structuraliste préservant les relations, reposant sur la notion d'isomorphisme respectant les lignes de relations, diffère bien du structuralisme logique classique.

D'un point de vue logique, le structuralisme des modèles que nous proposons, repose sur le fait que des structures d'un système-modèle, noté v, et d'un système-cible, noté w, soient liées par un isomorphisme

respectant les lignes de relations, ainsi que sur l'utilisation de la relation de satisfaction par prédétermination dissociée depuis un contexte
de référence (définie p. 79), en particulier sur la satisfaction, dans w,
par prédétermination dissociée depuis v, de formules satisfaites dans le
système-modèle v. Notons que, comme les isomorphismes se tiennent
entre des mondes structurés, et non entre des ensembles de mondes or-
ganisés selon une certaine relation d'accessibilité, nous nous concentrons
sur les formules non modales, ne contenant pas d'opérateur modal, afin
de ne pas mettre en jeu des mondes accessibles depuis v ou w, qui ne
seraient pas concernés par l'isomorphisme se tenant entre des structures
de v et de w.

Considérons un modèle scientifique $\mathcal{M}$. Dans les systèmes-modèles
de $\mathcal{M}$, la description du modèle $\mathcal{M}$ est strictement vérifiée. Dans le
cadre de la conception structuraliste revisitée que nous proposons, la
compatibilité entre un modèle scientifique $\mathcal{M}$ et une situation w est
établie si une structure d'au moins un système-modèle v de $\mathcal{M}$ est liée,
par un isomorphisme f^* respectant les lignes de relations, à une structure
du système-cible w, et si, pour toute formule non modale φ satisfaite
dans v :

$$M, w, g \underset{v}{\models} \varphi$$

avec M, un modèle de logique modale augmenté approprié pour l'étude
d'un tel cas. Par exemple, dans le cas d'une formule atomique :

si $M, v, g \Vdash Pt_1 \ldots t_n$ avec $[\![t_i]\!]_{M,g,v}(v) = d_i$, pour $1 \leq i \leq n$,
alors $M, w, g \underset{v}{\models} Pt_1 \ldots t_n$ avec $[\![t_i]\!]_{M,g,w}(w) = f^*(d_i)$, pour
$1 \leq i \leq n$.

Autrement dit, dans le cadre de cette conception structuraliste revisitée,
avec $Int(P, v) = \ell$:

$\langle d_1, \ldots, d_n \rangle \in \ell(v)$ si et seulement si $\langle f^*(d_1), \ldots, f^*(d_n) \rangle \in \ell(w)$.

Pour reprendre l'exemple de Dretske, selon lequel « tous les F
sont G », la relation conceptuelle entre F-ité et G-ité dans un système v peut ainsi être préservée au sein d'un système w. En considérant les prédicats F et G qualifiant respectivement les propriétés F-ité

et G-ité dans v, la préservation d'une telle loi ne s'analyse pas simplement en termes d'interprétations locales de prédicats, en requérant par exemple, d'une part, $Int(F, v)(v) \subseteq Int(G, v)(v)$ et, d'autre part, $Int(F, w)(w) \subseteq Int(G, w)(w)$, mais elle est assurée, dans le cadre de la conception structuraliste revisitée que nous proposons, de la manière suivante (avec M, un modèle de logique modale augmenté approprié pour l'étude d'un tel cas) :

si $M, v, g \Vdash \forall x(Fx \to Gx)$
alors $M, w, g \underset{v}{\models} \forall x(Fx \to Gx)$.

La loi « tous les F sont G », satisfaite dans v, décrit bien une relation entre les propriétés F-ité et G-ité, conformément à la thèse de Dretske (présentée p. 193). Cette relation est préservée dans une situation w dont une structure est liée à une structure de v par un isomorphisme respectant les lignes de relations. En effet, si $Int(F, v)(v) \subseteq Int(G, v)(v)$, alors $Int(F, v)(w) \subseteq Int(G, v)(w)$, comme le montre l'étude de la satisfaction de cette loi dans w par prédétermination dissociée depuis v :

$M, w, g \underset{v}{\models} \forall x(Fx \to Gx)$

si et seulement si pour tout individu $i \in \mathscr{L}_i$ défini sur w :
$M, w, g[x/i] \underset{v}{\models} (Fx \to Gx)$

si et seulement si pour tout individu $i \in \mathscr{L}_i$ défini sur w,
$M, w, g[x/i] \underset{w}{\not\models} Fx$ ou $M, w, g[x/i] \underset{v}{\models} Gx$

si et seulement si pour tout individu $i \in \mathscr{L}_i$ défini sur w,
$i(w) \notin Int(F, v)(w)$ ou $i(w) \in Int(G, v)(w)$.

Conclusion du Chapitre 4

Si nous souhaitons élaborer un structuralisme pertinent d'un point de vue épistémologique, il est nécessaire de prendre la mesure des limites imposées par ses fondements, qu'ils soient mathématiques ou logiques. L'analyse de la *représentation scientifique* (ou *compatibilité*) requiert de considérer, d'une manière ou d'une autre, l'*identité* des relations mises en jeu dans des systèmes aux structures isomorphes. Dans le cadre du structuralisme des modèles scientifiques que nous proposons, une situation w est compatible avec un modèle scientifique $\mathcal{M}$ si, pour au moins un système-modèle v de $\mathcal{M}$, v et w sont liés par un isomorphisme se tenant entre leurs domaines et respectant les lignes de relations, et si, dans un modèle logique approprié M, pour toute formule non modale φ satisfaite dans v : $M, w, g \models_{\overline{v}} \varphi$. La compatibilité d'une situation possible avec un modèle scientifique n'est alors pas basée sur une pure similarité structurelle (comme le suggère le structuralisme classique), ni sur des interprétations différentes d'un prédicat (comme en logique avec la satisfaction sans prédétermination par exemple), mais sur le respect des lignes de monde de relations, ce qui peut constituer une justification épistémologique pertinente du succès de l'application des modèles scientifiques dans certains systèmes-cibles. Notons par ailleurs que, dans la définition précédente, la sélection d'« au moins un système-modèle » est une étape de l'entreprise scientifique propre à chaque application d'un modèle particulier. La condition minimale, d'un point de vue épistémologique général, serait bien qu'il existe au moins un système-modèle de $\mathcal{M}$ pouvant être lié à w de la manière décrite, pour qu'une telle situation w soit *compatible* avec ce modèle scientifique $\mathcal{M}$, dans le cadre de cette version du structuralisme.

Nous ne suggérons toutefois pas que la notion de similarité structurelle avancée par le structuralisme soit nécessaire pour expliquer le succès des modèles scientifiques, cette condition pouvant être trop stricte et risquant éventuellement d'écarter de manière *a priori* certaines applications d'un modèle qui auraient pu s'avérer tout à fait explicatives ou prédictives (la notion de compatibilité sera d'ailleurs traitée différemment dans le chapitre suivant, sans recourir à la notion de structure). Nous prétendons qu'un point de vue structuraliste doit subir certaines modifications conceptuelles pour être pertinent dans une perspective épistémologique, comme notamment être muni d'un critère technique permettant la préservation de la teneur substantielle ou de l'*influence ontologique* des propriétés et relations mises en jeu. Le concept d'isomorphisme respectant les lignes de monde de relations permet la préservation à la fois des caractéristiques structurelles et de certains aspects non structurels d'un système. Un point de vue définissant la notion de compatibilité sur la base de ce concept d'isomorphisme ne peut pas être qualifié de purement structuraliste, notamment parce qu'il va à l'encontre du point commun à toutes les versions classiques du structuralisme que Jean Piaget résume, dans un autre contexte, comme « un idéal ou des espoirs d'intelligibilité intrinsèque, fondés sur le postulat qu'une structure se suffit à elle-même et ne requiert pas, pour être saisie, le recours à toutes sortes d'éléments étrangers à sa nature » [Piaget, 1968, p. 8]. Imposer le critère de similarité structurelle par isomorphisme constitue une étape préalable dans la démarche scientifique, qui consiste à « apposer » sur le système-cible étudié une structure isomorphe à une structure d'au moins un système-modèle pertinent. En un sens, nous pourrions parler, à l'instar des « descriptions préparées » (voir notamment [Cartwright, 1983, p. 14]), de « structures préparées » pouvant constituer, selon les cas, un critère trivial ou trop strict.

Les modèles scientifiques aboutis ne fournissent pas uniquement des descriptions correctes de « la » structure du monde, comme le suggère le structuralisme. La *teneur* d'un modèle occupe une place importante dans l'explication du succès de son application. La préservation de cette *teneur* d'un modèle à un autre (plus performant par exemple) passe par le respect des lignes de relations et permet d'ailleurs de rendre compte de la « continuité » en science, que le structuralisme associe à la notion de structure, mais qu'Elie Zahar notamment situe davantage dans le *sens* plutôt que dans la *référence* des concepts concernés [Zahar, 2001, p. 50], ou, pour reprendre les termes de James Ladyman et Don Ross, dans l'*intension* plutôt que dans l'*extension* des concepts concernés [Ladyman et Ross, 2007, p. 128]. Les critères épistémologiques selon lesquels une représentation scientifique est jugée satisfaisante ne sont donc pas d'ordre purement structurel, ils ne doivent pas non plus être liés à une notion primitive de « réalisme », mais ils sont relatifs aux lignes de monde de relations et notamment à la façon dont leurs ensembles-valeurs sont déterminés à travers les mondes possibles. Nous suggérerons dans le chapitre suivant qu'en science, cette détermination est relative aux modèles scientifiques et repose sur certaines caractéristiques causales.

Chapitre 5

Pouvoirs causaux

L'identité d'une propriété peut reposer sur des critères de natures diverses selon les points de vue, mais dans le cadre de notre étude épistémologique des modèles scientifiques, nous suggérons que cette identité et par conséquent celle d'un objet théorique sont liées aux pouvoirs causaux. En science, déterminer si un élément d'un système-cible peut être considéré comme un exemplaire d'un objet théorique est une démarche à la fois basée sur l'analyse de certains pouvoirs de cet élément, et à la fois soumise au respect de conditions d'application spécifiques. Le point d'ancrage ontologique de notre analyse épistémologique est l'expression de pouvoirs causaux dans les systèmes-cibles. Cette thèse épistémologique, que nous prendrons soin de distinguer d'une doctrine métaphysique, permettra d'enrichir l'aspect purement logique de notre étude. Sur un plan purement formel, les lignes de monde en elles-mêmes, en tant qu'éléments de modèle logique augmenté, sont un concept logique d'identification indépendant du langage et des pouvoirs causaux notamment. Dans le chapitre 2, nous avons toutefois étudié la manière dont des éléments de langage peuvent être liés à ces lignes de monde (en définissant une fonction d'interprétation qui, à un élément de langage et un monde possible, associe une ligne de monde). Mais un système sémantique d'identification au sens purement logique ne nous indique pas les raisons épistémologiques pour lesquelles, notamment, un élément de domaine appartient à l'ensemble-valeur d'une propriété. Orienter l'outil formel que nous avons présenté, consiste à expliquer la constitution des ensembles-valeurs d'une ligne de propriété ou de relation d'un modèle logique d'une certaine manière. Dans ce chapitre, nous suggérons

que les lignes de monde sont conceptuellement « tracées » en termes
de pouvoirs causaux ; l'appartenance d'un élément à l'ensemble-valeur
d'une ligne de propriété dans un monde possible d'un modèle logique
est associée à des justifications épistémologiques concernant certains de
ses pouvoirs causaux. Nous expliquerons que les spécificités pratiques
de cette association peuvent varier selon les contextes, suivant que les
mondes possibles du modèle logique qui constituent des mondes de référence, et ceux qui constituent des mondes d'évaluation, valent pour des
systèmes-modèles ou des systèmes-cibles du modèle scientifique étudié
au moyen de ce modèle logique.

5.1   Épistémologie des pouvoirs causaux

5.1.1   Propriétés naturelles et propriétés scientifiques

Pour saisir le caractère épistémologique essentiel de notre étude, il
est utile de décrire en premier lieu des thèses d'ordre métaphysique à
l'égard des propriétés et des pouvoirs causaux. Deux principales conceptions philosophiques de la causalité sont distinguées, notamment par
Michael Esfeld : suivant la métaphysique des propriétés catégoriques,
traditionnellement qualifiée de *métaphysique humienne*, « les propriétés
sont des qualités pures ; ce qu'elles sont est indépendant des relations
causales et nomologiques dans lesquels elles figurent » [Esfeld, 2009,
p. 180], tandis que selon la théorie causale des propriétés, « il n'existe rien
de plus dans les propriétés que le pouvoir d'engendrer certains effets »
[ibid., p. 182]. Comme le conclut Esfeld, selon la *métaphysique humienne*,
« les propriétés dans le monde ne sont pas causales, et la causalité consiste en certaines régularités ou rapports de dépendance contrefactuelle
dans la distribution des propriétés catégoriques en entier », alors que
selon la conception des pouvoirs causaux, « les propriétés sont en elles-
mêmes causales » [Esfeld, 2010, p. 199]. D'un point de vue métaphysique,
diverses conclusions peuvent être tirées de ces conceptions distinctes,
comme par exemple, de la théorie causale, l'*essentialisme disposition-*

nel des propriétés ([Bird, 2007, p. 44] par exemple) et ainsi la nécessité des lois ([Ellis, 2002, p. 100] par exemple). Comme le précise Esfeld, selon la métaphysique humienne, « des propriétés du même type peuvent exercer des rôles causaux entièrement différents dans différents mondes possibles », tandis que, d'après la théorie causale des propriétés, « l'essence d'une propriété détermine le rôle causal qu'exercent les occurrences du type en question » [Esfeld, 2009, p. 183] (extrait traduit par Esfeld lui-même dans [Le Bihan, 2013, p. 330]). Mais, les déclarations de ce type, prises dans un discours métaphysique, concernent prétendument les propriétés de manière générale et universelle. Ces thèses métaphysiques consistent à postuler l'existence des propriétés dans le monde ou la nature et à en discuter les caractéristiques.

Notre étude n'a pas pour ambition première de porter sur « les propriétés » en ce sens ontologique, dont le concept peut être appelé celui des *propriétés naturelles*, mais elle concerne ce que nous nommons les *propriétés scientifiques*. Ces expressions désignent des concepts de deux sphères philosophiques différentes, même si certaines de leurs caractéristiques sont semblables et si des thèses métaphysiques peuvent impliquer certaines thèses épistémologiques, ou réciproquement (ces concepts coïncident selon le réalisme scientifique par exemple, les expressions de *propriétés naturelles* et *scientifiques* désignant une seule et même chose). Malgré les revendications réalistes des pratiques scientifiques, selon lesquelles notamment les déclarations de modèles scientifiques visent les *propriétés naturelles*, nous distinguons les *propriétés naturelles* auxquelles nous nous confronterions dans la nature, et les *propriétés scientifiques* construites au sein d'un modèle scientifique. Dans le cadre de l'orientation épistémologique de notre système logique, les lignes de monde de propriétés sont associées à des *propriétés scientifiques*.

De manière générale, nous ne prétendons pas expliquer la causalité dans la nature, mais le mode d'application d'un modèle scientifique à un système-cible. Même si nous définissons l'identité des *propriétés scientifiques* en termes de pouvoirs causaux, notre analyse ne peut pas être généralisée d'un point de vue métaphysique, étant donné l'un de ses arguments constitutifs selon lequel une *propriété scientifique* est relative au modèle scientifique au sein duquel elle est définie. Par exemple, Claudine Tiercelin écrit :

> « Un proton se définira (au moyen d'une définition réelle) comme toute particule se comportant comme le font les protons, car nul proton ne pourrait manquer de se comporter de cette manière, et nulle particule autre qu'un proton ne pourrait imiter ce comportement. Son identité, en tant que proton, se définira donc par son rôle causal. Quant aux lois régissant le comportement des protons et leurs interactions, elles ne sauraient être purement accidentelles. L'essentialisme apparaît comme une position plus plausible [...] Les propriétés, sans lesquelles nous n'aurions aucun accès cognitif aux choses, se définissent essentiellement par les dispositions et les pouvoirs causaux qu'elles exercent. » [Tiercelin, 2015]

Dans cette citation, le terme « proton » désigne des particules réelles dont l'essence telle que nous pouvons la constater dans la nature se définit en termes de pouvoirs causaux. D'un point de vue épistémologique, nous nous restreignons à indiquer qu'un « proton », dans un modèle particulier, est un objet théorique et, en le considérant comme un faisceau de lignes de propriétés ou de relations, nous suggérons que l'appartenance d'un élément d'un système-cible possible à son ensemble-valeur dans ce système est décidée par l'étude de certains des pouvoirs causaux de cet élément. Nous n'étudions pas des « définitions réelles » (ce qui ferait qu'une chose serait ce qu'elle est) au sens que cette expression revêt dans la citation précédente, mais des définitions scientifiques comprises comme des constructions épistémiques décrivant ce qui fait qu'une chose est reconnue comme un exemplaire de tel ou tel objet théorique. Nous ne nous inscrivons pas dans une théorie métaphysique causale des propriétés naturelles, mais nous rendons compte de l'identité d'une propriété scientifique notamment en termes de pouvoirs causaux, relativement à une définition spécifique (que nous appellerons *profil causal* de cette propriété) délivrée au sein d'un modèle scientifique particulier. Comme nous l'indiquions dans l'introduction de ce chapitre, l'expression de certains pouvoirs causaux dans des systèmes-cibles constitue l'appui pratique sur lequel repose la comparaison entre modèles et mondes possibles.

5.1.2   Lois naturelles et lois scientifiques

De manière analogue, nous distinguons le concept métaphysique de *lois naturelles* (ou *lois de la nature*) et le concept épistémologique de *lois scientifiques*. L'expression de *lois naturelles* désigne, dans le cadre de certaines doctrines philosophiques, des principes qui régiraient la nature (de manière régulière ou nécessaire selon les thèses), tandis que nous définissons les *lois scientifiques* comme des déclarations émises au sein de modèles scientifiques et mettant en rapport des propriétés ou des relations scientifiques. D'un point de vue métaphysique, Sydney Shoemaker, par exemple, estime que les *lois naturelles* sont métaphysiquement nécessaires [Shoemaker, 1980, p. 129], tandis que David Hugh Mellor les considère comme contingentes [Mellor, 2000, p. 770]. Par ailleurs, le concept de propriété scientifique étant d'ordre épistémologique, celui de *loi scientifique* l'est également puisque le type de liaison nomologique, c'est-à-dire la manière de mettre des propriétés en relation, s'inscrit également, comme nous le verrons, dans une description épistémique. En d'autres termes, les *lois naturelles*, comme le souligne Nancy Cartwright, sont « prescriptives, non pas simplement descriptives, et, de manière plus forte encore, elles sont supposées être responsables de ce qui se passe dans la Nature » [Cartwright, 2005, p. 183], tandis que les *lois scientifiques* peuvent décrire (voire prédire d'une certaine manière) des phénomènes se produisant dans la nature, mais elles n'en sont pas « responsables ». Remarquons que cette distinction semble également opérée par Norman Swartz lorsqu'il utilise l'expression de « lois physiques » [Swartz, 1986], mais nous privilégions l'usage du qualificatif *scientifique* plutôt que *physique*, d'une part pour ne pas possiblement évoquer une restriction au seul domaine de la physique, et d'autre part car l'expression de « lois physiques » peut encore implicitement suggérer que ce sont des lois physiquement réelles.

Si l'existence des *lois naturelles* peut être questionnée ([Mumford, 2004, p. 90] par exemple), nous ne pouvons douter de celle des *lois scientifiques* en tant que définitions d'un certain rapport entre des concepts scientifiques. De plus, même en postulant que la causalité dans la nature obéit à des lois au sens métaphysique, l'identité ou ne serait-ce que l'*adéquation* entre *lois scientifiques* et *lois naturelles*, peuvent être interrogées. Mais expliquer la réussite de l'application de certains modèles ou des prédictions permises par certaines lois scientifiques vis-à-vis d'un système-cible, par une telle *adéquation* entre *lois scientifiques* et *lois naturelles*, constitue une justification métaphysique. Nous cherchons à expliciter, d'un point de vue épistémologique, les conditions sous lesquelles des *lois scientifiques* sont *vérifiées* (ou *rendues vraies*) dans un système-cible dit *compatible*.

5.1.3   Science et pouvoirs causaux

Notre étude des objets théoriques ne vise pas à décrire ce que peuvent être les « propriétés » indépendamment de la science. Elle porte sur la manière dont les modèles scientifiques définissent certaines propriétés et a pour objectif d'expliquer le fonctionnement de ces modèles, sans prétendre mettre au jour les éventuels principes métaphysiques qui pourraient justifier un tel fonctionnement. Nous suggérons qu'en science, l'analyse de certains pouvoirs causaux des objets nous permet de les considérer, ou non, comme des exemplifications de propriétés scientifiques. Nous cherchons à rendre compte de cette pratique scientifique, quelles que soient les réponses philosophiques aux questionnements métaphysiques sur les propriétés ou les lois de manière générale. Dans cette démarche, nous adoptons le prérequis ontologique que la science elle-même postule : il est possible d'étudier (et parfois de mesurer quantitativement) certains aspects de la causalité que nous appelons pouvoirs causaux. Notons toutefois que notre étude n'est également pas du même ordre qu'une thèse empiriste qui fonderait l'origine de la connaissance sur l'expérience. Nous suggérons simplement que la connaissance théorique, quelle qu'en soit la source, est évaluée dans un monde possible sur la base de ces pouvoirs causaux. La pratique de la mesure quantitative de pouvoirs causaux est considérée comme un moyen objectif et reproductible de procéder à l'identification des propriétés scientifiques propre à un modèle et à la vérification des rapports nomologiques que ce modèle définit entre ces propriétés. Nous ne considérons donc pas les pouvoirs causaux d'un point de vue métaphysique, mais nous constatons leur pertinence d'un point de vue épistémologique en rendant compte de l'utilisation qui en est faite en science. Par conséquent, même si les idées que nous exposons par la suite (comme le concept de profil causal de propriété) devaient éventuellement marquer notre étude d'un essentialisme dispositionnel dans une quelconque mesure, une telle qualification propre à la métaphysique devrait être adaptée sur un plan épistémologique. Un éventuel essentialisme dispositionnel à l'égard des *propriétés scientifiques* (celles-ci étant définies, relativement à un modèle, par certains pouvoirs causaux de ses exemplifications dans certaines circonstances) est bien distinct d'un essentialisme dispositionnel à l'égard des *propriétés naturelles*. Dans le cadre d'un essentialisme dispositionnel métaphysique, les pouvoirs causaux essentiels à une *propriété naturelle* le sont de manière nécessaire indépendamment de la science, alors que, dans le cadre d'un essentialisme dispositionnel épistémologique, la définition d'une *propriété scientifique* en termes de pouvoirs causaux est une construction épistémique relative à un modèle particulier.

5.2   Pouvoirs causaux et propriétés scientifiques

Selon Cartwright, « l'abstraction est la clé de la construction d'une théorie scientifique, et le processus inverse de concrétisation, celle de son application » [Cartwright, 1989, p. 8]. Notre proposition est que le processus de *concrétisation* d'un modèle scientifique au sein d'un système-cible se joue vis-à-vis des propriétés définitionnelles et des rapports nomologiques établis dans ce modèle. Dans cette section, nous nous concentrons sur l'un des aspects qui constitueront la définition de ce qui caractérise un exemplaire d'objet théorique : nous suggérons qu'un exemplaire d'un objet théorique est considéré comme tel *notamment* s'il exemplifie ses propriétés définitionnelles, ainsi que certaines propriétés dites *circonstancielles*, déterminées de manière idéalisée dans le modèle au sein duquel l'objet théorique en question est défini.

5.2.1   Profil causal de propriété

Les pouvoirs sont qualifiés de « causaux » car ils causent certains effets et influent sur l'environnement dans lequel ils s'expriment, sur notre perception ou encore nos instruments de mesure. Nous suggérons qu'un objet est considéré comme une exemplification d'une propriété notamment s'il possède certains pouvoirs, c'est-à-dire, comme Brian Ellis par exemple le précise, s'il « affecte d'autres choses ou s'il est affecté par d'autres choses » d'une manière particulière [Ellis, 2008, p. 80]. D'un point de vue épistémologique, une propriété ne *confère* pas de pouvoirs aux objets qui les exemplifient ; une telle déclaration serait d'ordre métaphysique. Ainsi, c'est en vertu de certains de ses pouvoirs qu'un objet est reconnu épistémologiquement comme une exemplification d'une propriété, et non l'inverse. Nous ne suggérons pas que, parce qu'il exemplifie une propriété, cela lui confère métaphysiquement certains pouvoirs. Mais constater qu'un objet possède certains pouvoirs dans des contextes spécifiques peut lui « conférer » le statut d'exemplification d'une propriété définie au sein d'un modèle.

Nous proposons de rendre compte de cet aspect causal des définitions de propriétés au sein des modèles scientifiques à l'aide du concept de *profil causal*. Notons que cette expression est utilisée par Shoemaker dans un autre contexte philosophique, celui de la causalité mentale, en le réservant principalement aux propriétés mentales [Shoemaker, 2007, p. 12]. Shoemaker poursuit ainsi son analyse de l'essence d'une propriété en termes de pouvoirs causaux :

> « Chacune des potentialités qui constituent une propriété peut être caractérisée en disant que, en combinaison avec telles ou telles autres propriétés, cette propriété donne lieu à un certain pouvoir causal. » [Shoemaker, 1979, p. 332]

Intuitivement, le profil causal d'une propriété participe à la définition de l'identité de cette propriété en termes de pouvoirs causaux, en établissant, pour des contextes spécifiques, les pouvoirs que doivent posséder les objets pour être potentiellement considérés comme des exemplifications de cette propriété. Autrement dit, exemplifier une propriété définie au sein d'un modèle scientifique particulier, requiert d'être *conforme* à un certain profil causal. D'un point de vue pratique, une exemplification de propriété dans une situation pourra être identifiée comme telle par la mesure de certains de ses pouvoirs causaux dans des contextes particuliers, ce que nous analyserons à l'aide des lignes de monde d'individus. Plus précisément, nous expliquerons par la suite que l'identité d'une propriété est définie, au sein d'un modèle scientifique, par un profil causal et un profil que nous qualifierons de *nomologique*. De manière générale, relativement à un modèle, l'identité d'un objet théorique (compris comme un faisceau de propriétés) sera caractérisée par un certain profil causal décrivant les pouvoirs causaux que doivent avoir ses exemplaires dans des contextes donnés, et par un certain profil nomologique (que nous définirons p. 255). Comme nous l'expliquerons, déterminer qu'un objet local est un exemplaire d'un objet théorique requiert d'étudier la *conformité* de cet objet local aux profils causaux et nomologiques des propriétés qui définissent cet objet théorique au sein de ce modèle. Mais dans un premier temps, nous nous concentrons sur la notion de conformité à un profil causal de propriété (qui constituera une condition nécessaire, potentiellement non suffisante, dans la définition de l'exemplification d'une telle propriété).

Profil occurrentiel ou dispositionnel

Un débat philosophique traditionnel traite de la distinction entre propriétés catégoriques (comme celles liées à une couleur ou à une masse par exemple) et propriétés dispositionnelles (comme celles d'une certaine fragilité ou d'un degré déterminé d'inflammabilité), ces dernières requérant nécessairement un traitement modal pour être saisies, contrairement aux premières dont l'étude, dans un contexte actuel par exemple, ne ferait intervenir que des caractéristiques actuelles des éléments de ce contexte. D'un point de vue épistémologique, une propriété scientifique est relative au modèle dans lequel elle est définie ; elle est telle qu'elle est du fait de sa définition au sein d'un modèle. C'est ainsi davantage la manière de définir une propriété qui peut ou non être dispositionnelle, si par exemple des prédicats *dispositionnels* ou *occurents* sont employés pour la qualifier ; l'étude d'un prédicat dispositionnel (ou plus généralement une description dispositionnelle) dans un contexte solliciterait la prise en considération d'autres contextes, contrairement à celle d'un prédicat occurrent. À l'instar de Jonathan Lowe, nous considérons dans notre étude la distinction entre descriptions (pouvant passer par la prédication) dispositionnelles ou occurrentielles, plutôt que celle entre propriétés dispositionnelles ou catégoriques [Lowe, 2006, p. 124]. Comme Mumford le soutient, dans une description, des prédicats dispositionnels ou catégoriques peuvent d'ailleurs qualifier la même propriété [Mumford, 1998, p. 65]. Mumford souligne donc que la distinction entre catégorique et dispositionnel est d'ordre conceptuel et non ontologique.

D'un point de vue plus général, au-delà de la notion linguistique de prédication, une seule et même propriété scientifique peut en effet être définie de différentes manières. Selon les particularités de sa définition, la reconnaissance d'une propriété dans un système w peut se justifier entièrement par un examen restreint à w uniquement, ou elle peut nécessiter un examen modal dans certains autres mondes possibles w'. Dans le premier cas, la propriété est définie à l'aide d'un profil causal dit « occurrentiel », car seule l'occurrence dans w de l'objet qui l'exemplifie dans w est considérée. Dans le second cas, la propriété est définie à l'aide d'un profil causal dit « dispositionnel », car il est nécessaire de considérer l'objet qui l'exemplifie dans w, dans d'autres contextes w'. L'attribution d'un profil plutôt qu'un autre, occurrentiel ou dispositionnel, est un « style de description de propriétés », comme le précise Anjan Chakravartty :

> « Une telle attribution ne fait pas comme telle référence à une catégorie ontologique de propriétés. En fait, toutes les descriptions dispositionnelles sont coextensives à des descriptions catégoriques. Par exemple, "soluble", un prédicat qui désigne une propriété dispositionnelle supposée, est tout simplement coextensif à une certaine *structure moléculaire*, qui est un prédicat qui désigne une propriété catégorique. » [Chakravartty, 2015, p. 91]

Autrement dit, s'il y avait un prédicat associé avec cette « certaine structure moléculaire », il serait interprété de la même manière que le prédicat « être soluble ». John Leslie Mackie suggère même, d'un point de vue métaphysique, qu'« aucune propriété n'est dispositionnelle » et que les propriétés ont une base purement catégorique qui peut être décrite de manière catégorique ou dispositionnelle [Mackie, 1973, p. 141]. D'un point de vue épistémologique, nous ne définissons pas ce que pourrait être une propriété dispositionnelle en termes d'une propriété catégorique, nous suggérons que les pouvoirs causaux peuvent être utilisés pour définir l'identité d'une propriété à travers les mondes possibles, de manière soit purement occurrentielle, soit dispositionnelle.

- Dans le cas d'une définition de propriété s'appuyant uniquement sur un profil occurrentiel, un objet du domaine d'un monde w est reconnu comme une exemplification de cette propriété dans w en vertu des pouvoirs qu'il possède dans w. Autrement dit, les pouvoirs en vertu desquels un objet de w est considéré comme une exemplification de cette propriété dans w, sont par exemple mesurables dans w.

- Dans le cas d'une définition de propriété s'appuyant uniquement sur un profil dispositionnel, un objet du domaine d'un monde w est reconnu comme une exemplification de cette propriété dans w en vertu des pouvoirs qu'il possède dans d'autres contextes w'. Autrement dit, les pouvoirs en vertu desquels un objet de w est considéré comme une exemplification de cette propriété dans w, sont par exemple mesurables dans d'autres contextes w'.

Notons que la notion de modalité intervient dans les profils causaux dispositionnels, ainsi que dans les profils occurrentiels. Dans les deux cas, une propriété est définie de manière modale en décrivant quels pouvoirs causaux doivent avoir les objets d'un certain monde possible pour en être considérés comme des exemplifications. L'aspect modal d'une définition de propriété s'appuyant sur un profil occurrentiel (telle qu'elle est décrite dans le premier point ci-dessus) est remarquable dans la multitude de mondes possibles pour lesquels peut valoir w, c'est-à-dire toutes les situations dans lesquelles des exemplifications de cette propriété peuvent être reconnues. L'aspect modal d'une définition de propriété s'appuyant sur un profil dispositionnel (telle qu'elle est décrite dans le second point) est doublement remarquable, dans la multitude de mondes possibles pour lesquels peut valoir w, ainsi que dans l'étude du *même* objet dans d'autres contextes w' (que nous effectuerons au moyen du concept d'individu). La définition modale des pouvoirs des exemplifications d'une propriété (ou d'un objet théorique) dans certains contextes, constitue le profil causal de cette propriété (ou de cet objet théorique).

Profil relativisé

Si le concept épistémologique de profil causal était généralisé pour définir une propriété naturelle du point de vue de la métaphysique humienne, il ne serait pas adéquat puisqu'il consisterait à définir cette propriété en vertu des pouvoirs qu'elle « conférerait », mais du point de vue métaphysique de la théorie causale des propriétés, ce concept pourrait être approprié. Notons d'ailleurs qu'il serait gravement réducteur de supposer qu'un profil causal de propriété, dans le cadre d'une thèse telle que l'essentialisme dispositionnel, décrive de manière absolue un unique pouvoir causal identique dans tous les mondes possibles. Même un profil occurrentiel peut faire intervenir différents pouvoirs causaux selon les contextes, en décrivant par exemple qu'un objet d'un contexte w exemplifie une propriété spécifique s'il a tel pouvoir dans w, qu'un objet d'un contexte w' exemplifie cette même propriété spécifique s'il a tel autre pouvoir dans w', etc. L'aspect possiblement multiple des profils causaux, lorsqu'ils mettent en jeu une multitude de contextes, reflète la caractéristique essentielle de la dispositionnalité, soulignée en métaphysique par les expressions « multi-conditionnelles » [Mellor, 2000, p. 760] ou « multi-track », et illustrée par exemple dans [Ryle, 1949, p. 114]. Mais d'un point de vue métaphysique, selon l'essentialisme dispositionnel, une propriété ne serait définie dans l'absolu que par un seul et unique profil causal (indifféremment occurrentiel ou dispositionnel). Au contraire, de notre point de vue épistémologique, un tel essentialisme dispositionnel devrait être réduit au cadre d'un modèle scientifique particulier, une propriété qualifiée par un seul et même prédicat pouvant être définie, selon différents modèles scientifiques, par des profils causaux distincts. Une propriété scientifique étant relative au modèle dans lequel elle est définie, son profil causal est également relatif à ce modèle.

Considérons l'exemple d'un modèle scientifique définissant l'objet théorique « eau » simplement en termes de ses états possibles : un liquide, considéré comme un élément d'une situation, est reconnu comme un exemplaire de l'objet théorique « eau » en vertu de son état lorsqu'il est soumis à une certaine température. Le profil de cet objet théorique, relativement à ce modèle, ne ferait pas allusion à un seul pouvoir fixé à travers les situations possibles. Il consisterait à décrire notamment qu'un liquide est considéré comme de l'eau s'il se trouve à l'état solide en dessous de 0°C, à l'état de vapeur au dessus de 100°C, etc. Un tel profil causal pourrait être représenté sous la forme d'un diagramme comme celui utilisé par John Dalton pour illustrer ses travaux [Dalton, 1808, p. 217] (et repris notamment dans [Chang, 2004, p.169]).

Toutefois, les résultats permis par ce modèle scientifique pourraient être affinés en définissant cet objet théorique à l'aide d'un profil ne prenant pas seulement en compte la propriété circonstancielle de température, mais également celle de la pression. Un tel profil pourrait par exemple respecter la relation de Clausius-Clapeyron en définissant les états des exemplifications de l'objet théorique « eau » relativement à la température et à la pression, sous forme de tableau ou de ce qui est appelé un diagramme de phase, comme celui proposé par Percy Williams Bridgman pour décrire dans quel état — solide, liquide ou gazeux — se trouve l'*eau* en fonction de la température et de la pression [Bridgman, 1937, p. 965] (repris par exemple dans [Eisenberg et Kauzmann, 1969, p. 60]).

Considérons les expériences menées sur l'eau au sein d'une Z-machine (« Z Pulsed Power Facility », un générateur permettant de soumettre des matériaux à des conditions extrêmes de pression et de température) qui ont mis en évidence le passage à l'état solide de l'eau soumise à des températures extrêmes (plus élevées que celles du soleil) et à des pressions supérieures à 70.000 atmosphères [Dolan *et al.*, 2007]. Les déclarations tirées de modèles scientifiques reposant par exemple sur un profil causal fidèle aux travaux de Dalton, sont totalement erronées dans un tel contexte (l'eau ne pouvant être qu'à l'état de liquide ou de vapeur dans de telles conditions, selon de tels modèles).

La possibilité de contradiction des profils causaux, ou tout au moins de leurs extrapolations, illustre et justifie la distinction que nous opérons entre épistémologie et métaphysique : de tels profils causaux permettent de définir des *propriétés scientifiques*, et non d'éventuelles *propriétés naturelles*. Ces profils, définissant plus généralement des objets théoriques, doivent impérativement être relativisés à des modèles scientifiques particuliers. Autrement dit, l'identité d'une propriété scientifique est relative au modèle au sein duquel elle est définie.

Profil et contextes possibles

Une propriété scientifique sera définie de manière d'autant plus précise si son profil causal décrit de manière détaillée les contextes dans lesquels les objets considérés comme des exemplifications de cette propriété doivent exprimer certains pouvoirs causaux. Dans l'exemple d'un profil fidèle à un diagramme température-pression de phase de l'eau, seules deux propriétés circonstancielles des contextes envisagés dans un tel profil sont considérées. Un profil peut par exemple définir que le point d'ébullition de l'eau est atteint si l'eau est soumise à une température de 100°C et à une pression de 1 atmosphère (unité notée *atm*), qu'il est atteint si l'eau est soumise à une température de 85°C et à une pression de 0, 5 *atm*, etc. Un tel profil, compris comme un ensemble de descriptions de contextes et de pouvoirs ou comportements causaux, peut être résumé graphiquement par un diagramme de phase. Mais ce profil est abstrait et idéalisé dans la mesure où il ne prend pas en compte la multitude d'éléments perturbateurs possibles (comme la qualité de l'air, les impuretés de l'eau, la source de chaleur...) pouvant aboutir à une *erreur absolue* remarquable, c'est-à-dire en l'occurrence un écart quantitativement important entre la valeur théorique, selon ce profil, du point d'ébullition dans des circonstances particulières et la mesure effective du point d'ébullition dans des circonstances prétendument identiques, mais qui ne le sont en réalité que du point de vue de la pression et de la température.

De plus, de manière générale, les modèles scientifiques étant « finis », avec des descriptions de modèles marquées par une pluralité d'idéalisations, d'abstractions et d'isolations, de nombreuses caractéristiques (comme par exemple des propriétés circonstancielles) sont écartées, soit parce que leur impact sur les déclarations du modèle est jugé négligeable, soit parce que leur identité entre le contexte dans lequel le modèle a été élaboré et les systèmes-cibles visés est implicitement supposée.

En conséquence, nous soulignons l'importance de la précision descriptive d'un profil causal d'une propriété, à l'égard des contextes dans

lesquels certains pouvoirs doivent être exprimés par des objets pour que
ceux-ci soient considérés comme étant conformes à ce profil (et ainsi
potentiellement comme des exemplifications de cette propriété). Dans
certains cas, ce niveau de précision peut avoir un impact sur la manière
d'exemplifier une propriété. Par exemple, le degré de fragilité d'un objet
peut dépendre des circonstances possibles dans lesquelles cet objet se
casse, s'il suffit de l'effleurer ou s'il faut le manipuler plus brutalement.
Ou, pour reprendre le cas du changement d'état de l'eau, les circonstances déterminent par exemple la vitesse de solidification, c'est-à-dire
du passage de l'eau de l'état liquide à l'état solide (de plusieurs minutes
dans des conditions courantes à seulement quelques nanosecondes dans
une Z-machine [Dolan *et al.*, 2007]).

Notons enfin que les propriétés circonstancielles constituant un profil
causal peuvent être ramenées à des propriétés objectuelles (exemplifiées
par des objets locaux). Si un profil décrit le pouvoir qu'un objet doit avoir
dans certains contextes w' réunissant des propriétés circonstancielles particulières, pour être considéré comme une exemplification d'une propriété
scientifique dans une situation w, nous pouvons réduire ces propriétés
circonstancielles à des propriétés objectuelles de l'objet considéré. Un
exemple illustrant cette contextualisation en termes de propriétés objectuelles peut être celui d'une déclaration d'un profil causal du point
d'ébullition de l'eau telle que « de l'eau est en ébullition si elle se trouve
dans un contexte de température t_k et de pression p_k » (avec t_k et p_k,
des valeurs déterminées), peut être comprise comme « de l'eau ayant la
propriété d'être soumise à une température t_k et une pression p_k, est en
ébullition » (pour les mêmes valeurs de t_k et p_k).

5.2.2   Profils causaux et lignes de monde

Les liens entre pouvoirs et propriétés sont traditionnellement discu-
tés sur un plan métaphysique : les propriétés sont-elles des pouvoirs ou
confèrent-elles des pouvoirs aux particuliers qui les instancient ? D'un
point de vue épistémologique, ne pouvant répondre à cette question

puisqu'une propriété ne peut être observée sans qu'elle soit instanciée
(la propriété de rougeur ne peut par exemple se révéler que sur un
certain support), nous suggérons que les particuliers doivent jouer un
rôle dans l'analyse des modèles scientifiques et en particulier des profils causaux de propriétés, rejoignant ainsi l'analyse de Shoemaker (tirée
d'un autre contexte philosophique) : « ce qui fait d'une propriété la propriété qu'elle est, ce qui détermine son identité, c'est son potentiel à
contribuer aux pouvoirs causaux des choses qui ont cette propriété »
[Shoemaker, 1980, p. 114].

Le concept de profil causal de propriété requiert une notion de particulier et un traitement approprié de son identité à travers les mondes
possibles. Au moins dans le cas de profils causaux dispositionnels, il est
nécessaire de pouvoir suivre les particuliers à travers différents contextes. Pour déterminer si un objet d'une situation w est *conforme* au profil
causal dispositionnel d'une propriété définie dans un modèle scientifique,
il faut placer cet objet, virtuellement ou réellement, dans des contextes
possibles propres à ce profil.

D'un point de vue formel, nous suggérons de suivre cet objet à l'aide
du concept de ligne de monde d'individu. En symbolisant la notion de
profil causal par $\mathbb{P}$, indexé du modèle scientifique $\mathcal{M}$ dans lequel ce profil
est défini et de la propriété concernée représentée par une ligne de monde
de propriété ℓ, le profil de la propriété ℓ, défini par $\mathcal{M}$ (noté $\mathbb{P}_{\mathcal{M},\ell}$) décrit
les pouvoirs causaux que les manifestations d'un individu dans certains
contextes doivent avoir pour qu'une manifestation de cet individu soit
considérée comme conforme au profil causal de cette propriété (et ainsi
potentiellement comme une exemplification de cette propriété). Nous
expliquerons par la suite qu'une propriété peut être définie au sein d'un
modèle par un profil causal *et* un autre que nous appellerons *profil nomologique* ; dans ce cas, une exemplification de cette propriété doit non
seulement être conforme à son profil causal, mais aussi à son profil nomologique.

De manière préliminaire, un profil causal pourrait être donné comme $\mathbb{P}_{\mathcal{M},\ell}(w) = \{(C,k)\}$ pour toute situation w, ainsi qu'un ensemble de propriétés circonstancielles, symbolisé par C, et un certain pouvoir causal noté k. Un tel profil causal est occurrentiel s'il s'avère que w réunit l'ensemble des propriétés circonstancielles C (c'est-à-dire si des objets locaux de w exemplifient les propriétés objectuelles auxquelles peuvent être réduites ces propriétés circonstancielles), sinon il est dispositionnel (puisque si un objet local de w n'est pas soumis aux propriétés circonstancielles C, l'étude de la conformité de cet objet à ce profil dans w requiert de suivre cet objet jusque dans un monde qui réunit bien l'ensemble des propriétés circonstancielles C).

Considérons tout d'abord le cas d'un profil causal $\mathbb{P}_{\mathcal{M},\ell}(w) = \{(C,k)\}$ occurrentiel (lorsqu'il s'avère que w réunit les propriétés circonstancielles C). Un objet local de w est dit *conforme* à un tel profil causal occurrentiel si cet objet a le pouvoir k dans w. De plus, un profil peut être occurrentiel en définissant les pouvoirs qu'un objet doit avoir dans un contexte pour exemplifier une propriété dans ce contexte, mais ces pouvoirs peuvent être différents pour qu'un objet exemplifie cette même propriété dans un autre contexte. Un profil $\mathbb{P}_{\mathcal{M},\ell}$ devrait dans ce cas être défini sur différents contextes, de sorte par exemple que, pour certaines situations w, $\mathbb{P}_{\mathcal{M},\ell}(w) = \{(C,k)\}$ et, pour certaines situations w' distinctes de w, $\mathbb{P}_{\mathcal{M},\ell}(w') = \{(C',k')\}$... Par exemple, un profil causal de la propriété d'ébullition est un cas particulier de profil occurrentiel : le pouvoir causal k est le même (il s'agit du fait de bouillir), mais l'attribution de cette propriété varie selon la manière dont les propriétés circonstancielles de température et de pression sont réunies au sein d'une situation. Un tel profil $\mathbb{P}_{\mathcal{M},\ell}$ devrait être défini sur certains mondes w_1 en associant ce pouvoir causal k à des conditions C_1 (comme une température de 100°C et une pression de 1 atm), puis sur w_2 en l'associant à des conditions C_2 (comme une température de 85°C et une pression de $0,5$ atm)... Une représentation graphique d'un tel profil est évidemment plus pertinente, mais la symbolisation d'un profil causal d'une propriété ℓ, défini par un modèle scientifique $\mathcal{M}$, comme $\mathbb{P}_{\mathcal{M},\ell}$, permet d'évoquer cette notion de manière générale en science.

Un profil causal dispositionnel pourrait être donné comme $\mathbb{P}_{\mathcal{M},\ell}(w) = \{(C_1, k_1), \ldots, (C_n, k_n)\}$ pour toute situation w, ainsi que pour un entier n, des ensembles de propriétés circonstancielles et certains pouvoirs causaux, respectivement symbolisés, pour tout entier j tel que $1 \leq j \leq n$, par C_j et k_j. Comme nous l'avons évoqué, pour assurer l'identité transmonde des individus dont dépend la conformité à un profil causal dispositionnel, notamment à travers les mondes qui réunissent différentes propriétés circonstancielles, nous utilisons le concept de lignes de monde d'individus. Un objet local de w est dit *conforme* à un tel profil causal dispositionnel si cet élément de D_w est la manifestation, dans w, d'un individu qui se manifeste dans au moins un monde réunissant les propriétés circonstancielles C_1, en tant qu'objet local de ce monde avec le pouvoir causal k_1, et qui se manifeste dans au moins un monde réunissant les propriétés circonstancielles C_2, en tant qu'objet local de ce monde avec le pouvoir causal k_2... Autrement dit, les objets locaux de w *conformes* à ce profil, sont les manifestations d'individus dont les manifestations dans des mondes réunissant les propriétés circonstancielles C_j, ont le pouvoir causal k_j, pour tout $1 \leq j \leq n$. Remarquons qu'à l'instar d'un profil causal occurrentiel, un profil causal dispositionnel peut être défini différemment sur certains mondes distincts, de sorte que, par exemple, pour certaines situations w, $\mathbb{P}_{\mathcal{M},\ell}(w) = \{(C_1, k_1), \ldots, (C_n, k_n)\}$, et pour certaines situations w' distinctes de w, $\mathbb{P}_{\mathcal{M},\ell}(w') = \{(C'_1, k'_1), \ldots, (C'_m, k'_m)\}$, etc. À titre indicatif, un profil causal dispositionnel peut avoir un aspect occurrentiel. En l'occurrence, un profil causal comme $\mathbb{P}_{\mathcal{M},\ell}(w) = \{(C, k), (C', k')\}$ pour toute situation w, est en partie occurrentiel si w réunit l'ensemble de propriétés circonstancielles C. Par exemple, exemplifier la propriété de la fragilité dans un contexte réunissant certaines circonstances C, c'est être intact dans ce contexte, mais se briser dans d'autres circonstances C'. Pour exemplifier la propriété de la fragilité dans un contexte, une manifestation d'individu doit exprimer des pouvoirs causaux différents entre ce contexte initial et des contextes dans lesquels il se brise. Déterminer une telle exemplification dans une situation met en jeu les pouvoirs causaux d'autres manifestations de cet individu dans différents contextes.

De manière générale, pour un profil causal d'une propriété ℓ, défini au sein d'un modèle scientifique $\mathcal{M}$, tel que pour un certain monde w,

$$\mathbb{P}_{\mathcal{M},\ell}(w) = \{(C_1, k_1), \ldots, (C_n, k_n)\}$$

la manifestation de tout individu i défini sur w, $i(w)$, est dite *conforme* au profil causal $\mathbb{P}_{\mathcal{M},\ell}(w)$ si, pour tout entier j tel que $1 \leq j \leq n$:

- l'individu i est défini sur au moins un monde w_j réunissant les propriétés circonstancielles C_j,

- et la manifestation $i(w_j)$ possède le pouvoir causal k_j.

La définition de profil causal que nous avons proposée concerne les propriétés scientifiques, ainsi que les relations n-aires scientifiques. Par exemple, le profil causal de la relation angulaire entre les atomes d'une molécule d'eau au niveau d'un atome d'oxygène, peut être lié à la valeur 104,45°. Ainsi, de manière générale, pour un profil causal d'une relation n-aire ℓ, défini au sein d'un modèle $\mathcal{M}$, tel que pour un certain monde w,

$$\mathbb{P}_{\mathcal{M},\ell}(w) = \{(C_1, k_1), \ldots, (C_n, k_n)\}$$

un n-uplet de manifestations locales, dans w, d'individus définis sur w, $\langle i_1(w), \ldots, i_n(w) \rangle$, est dit *conforme* au profil causal $\mathbb{P}_{\mathcal{M},\ell}(w)$ si, pour tout entier j avec $1 \leq j \leq n$:

- les individus composant le n-uplet $\langle i_1(w), \ldots, i_n(w) \rangle$ sont définis simultanément sur au moins un monde w_j réunissant les propriétés circonstancielles C_j,

- et $\langle i_1(w_j), \ldots, i_n(w_j) \rangle$ exprime le pouvoir causal k_j.

La notion de *conformité* au profil causal d'une propriété ou d'une relation ℓ dans un monde w vis-à-vis d'un modèle scientifique $\mathcal{M}$, constituera l'un des critères déterminant l'ensemble $\ell(w)$. D'un point de vue terminologique, rappelons que si $\ell \in \mathscr{L}_r$ est une ligne de propriété, « $i(w) \in \ell(w)$ » est équivalent à « $i(w)$ exemplifie la propriété ℓ » ; $\ell(w)$ est l'ensemble des objets locaux de w qui exemplifient cette propriété définie au sein du modèle $\mathcal{M}$. Si $\ell \in \mathscr{L}_r$ est une ligne de relation n-aire, « $\langle i_1(w), \ldots i_n(w) \rangle \in \ell(w)$ » est équivalent à « $\langle i_1(w), \ldots i_n(w) \rangle$ exemplifie la relation ℓ » ; $\ell(w)$ est l'ensemble des n-uplets composés d'objets locaux de w, qui exemplifient cette relation n-aire définie au sein du modèle $\mathcal{M}$. Si $\ell \in \mathscr{L}_r$ est une ligne de relation n-aire, nous indiquons que toute manifestation d'individu intervenant dans un n-uplet exemplifiant ℓ, *contribue* à exemplifier ℓ. De plus, une manifestation d'individu $i(w)$ qui apparaît dans au moins un n-uplet *conforme* au profil causal $\mathbb{P}_{\mathcal{M},\ell}(w)$, est dite *conforme* à ce profil causal si tout n-uplet dans lequel apparaît la manifestation $i(w)$, est *conforme* au profil causal $\mathbb{P}_{\mathcal{M},\ell}(w)$.

Remarquons que ces définitions sont formellement convenables car, dans le système logique que nous avons défini, tout objet local peut être individualisé : dans un modèle logique augmente M, avec notamment un ensemble de mondes W et un ensemble de lignes de monde d'individus $\mathscr{L}_i$, pour tout monde $w \in W$, tout élément $d \in D_w$ est la manifestation d'au moins un individu $i \in \mathscr{L}_i$, de sorte que $d = i(w)$. De plus, rappelons que les propriétés circonstancielles peuvent être comprises comme des propriétés objectuelles, de sorte que le fait qu'un individu i soit défini sur un monde réunissant certaines propriétés circonstancielles (comme par exemple une température t_k et une pression p_k, avec t_k et p_k, des valeurs déterminées) puisse être compris comme le fait que la manifestation de cet individu dans le monde en question exemplifie certaines propriétés (comme celles qualifiées par les prédicats T_k, valant pour « être soumis à une température t_k », et P_k, valant pour « être soumis à une pression p_k »). Ainsi, d'un point de vue logique, pour un modèle logique approprié M, un individu i est défini sur un monde w_k réunissant la propriété circonstancielle de température t_k et celle de pression p_k, si $M, w, g[x/i] \models T_k x \land P_k x$.

La notion de profil causal, définissant en partie celle de propriété scientifique en termes de pouvoirs causaux, est soutenue par le concept de ligne de monde d'individu. Un modèle scientifique $\mathcal{M}$ définit un objet théorique o, considéré comme un faisceau de lignes de monde de propriétés ou de relations, notamment à l'aide de certains profils causaux, de sorte que pour une situation w, $o(w)$ est l'ensemble des exemplaires de cet objet théorique. Pour qu'un élément d de D_w (le domaine de w) soit un exemplaire de l'objet théorique o, c'est-à-dire $d \in o(w)$, l'individu i, dont d est la manifestation locale dans w, sera notamment tel que $i(w)$ est *conforme* aux profils causaux des propriétés et relations définitionnelles de o. Si ces profils causaux sont purement occurrentiels, seuls certains pouvoirs causaux de $i(w)$ seront considérés. Si certains profils causaux sont dispositionnels, certains pouvoirs causaux d'autres manifestations de l'individu i seront considérés (à savoir ceux de manifestations dans des contextes réunissant les propriétés circonstancielles mises en jeu dans ces profils). Nous préciserons plus loin que le type de relation de satisfaction est important et justifierons l'utilisation de la *satisfaction par prédétermination dissociée* depuis un système-modèle v de $\mathcal{M}$. Intuitivement, dans un modèle logique augmenté approprié M, avec le prédicat O (avec la clé de traduction Ox : « x un exemplaire de o »), dans un monde w, sous l'assignation g :

$$M, w, g \models_v \exists x O x$$
si et seulement si   pour au moins un individu $i \in \mathscr{L}_i$ défini sur w :
$$M, w, g[x/i] \models_v O x$$

Nous expliquerons que la *conformité* de $i(w)$ aux profils causaux des propriétés ou relations définitionnelles de l'objet théorique o dans $\mathcal{M}$ est requise pour que cette condition soit remplie.

5.2.3   Conformité à un profil causal

Établir la conformité d'une manifestation d'individu à l'égard d'un profil causal de propriété requiert, d'un point de vue pratique, d'assurer l'identité d'un individu et celle des pouvoirs causaux sur lesquels un profil repose. En science, l'identité d'un individu peut être justifiée de diverses manières, constituant la préservation de certains aspects de cet individu (parmi lesquels l'identité au sens métaphysique n'est généralement pas prise en compte). Cette identité est relative à la manière de la déterminer. L'identité d'un individu peut être conditionnée par la place qu'occupe l'une de ses manifestations dans une certaine structure, indépendamment des propriétés de cette manifestation (autres que relationnelles dans cette structure). Par exemple, en biologie, l'emplacement d'un gène d'ADN dans un génotype légitime son identité, malgré les mutations qu'il a pu éventuellement subir (modifiant ainsi ses propriétés et ses pouvoirs causaux) ; une cellule peut être marquée à l'aide d'un indicateur coloré, comme le bleu de méthylène, pour que son évolution puisse être étudiée, également indépendamment de ses propriétés possibles ; un individu animal peut être suivi à travers différents lieux géographiques à l'aide d'une balise de localisation. Ces techniques assurant en pratique l'identité d'individus présentent des limites, voire des risques importants d'erreur (la perméabilité d'une cellule marquée par un indicateur peut par exemple être altérée). Un aspect de l'évaluation de cette fiabilité, qui concerne également l'identité des pouvoirs causaux, est lié à la notion de mesure.

En science, de même que l'identification de différentes manifestations d'un individu ne se base pas sur leur simple ressemblance par exemple, celle des différentes instances d'une propriété s'effectue selon des critères objectifs, et généralement quantifiables. La conformité à un profil causal peut ainsi se jouer dans la mesure effective de certains pouvoirs causaux, notamment lorsque ce profil fait intervenir des pouvoirs quantitativement déterminés. Un profil causal d'un objet théorique peut déterminer que cet objet est exemplifié par un objet local dans un certain contexte,

notamment si cet objet pèse exactement 1 mg par exemple, c'est-à-dire
s'il a le pouvoir d'agir sur une balance de précision de cette manière
spécifique. Un profil d'une propriété de couleur, comme la rougeur, peut
déterminer qu'un objet exemplifie cette propriété si sa longueur d'onde
mesurée est très exactement 700 nanomètres, dans certaines conditions
de luminosité, c'est-à-dire s'il a le pouvoir d'agir sur un colorimètre de
cette manière spécifique. Dans ce type de définition, déterminer si une
manifestation d'individu est conforme à un profil causal, c'est-à-dire si,
pour un certain contexte w, $i(w)$ a un pouvoir k par exemple, consiste
à mesurer ce pouvoir. La mesure comme donnée quantitative d'un aspect d'une propriété, dans un contexte spatio-temporel déterminé, nous
renseigne sur la conformité à un profil causal. Cette propriété a potentiellement d'autres aspects : descriptifs, délivrés dans la description du
modèle concerné ; relationnels, vis-à-vis d'autres propriétés (ce que nous
étudierons dans une section ultérieure) ; ou encore d'autres aspects causaux (non concernés par cette mesure spécifique). Mais par la mesure
du pouvoir auquel fait allusion le profil causal qui la définit, seul cet
aspect est pris en compte pour reconnaître les exemplifications de cette
propriété. « Les instruments de mesure ont la capacité de lire la nature » [Cartwright, 1989, p. 6], ou tout au moins certains de ses aspects
causaux.

Cependant, la procédure empirique de mesure visant à déterminer la
valeur quantitative d'un pouvoir doit être fiable et reproductible dans
différentes situations en s'adaptant à leurs circonstances. L'étalonnage
ou la calibration des instruments est ainsi primordial dans l'évaluation
de la conformité à un profil causal faisant appel à la notion de mesure de
pouvoirs causaux. L'étalonnage de la balance utilisée pour déterminer si
un objet a une masse d'exactement 1 mg doit par exemple être correctement effectué. Les relations entre la calibration des instruments et les
circonstances dans lesquelles ils seront utilisés, afin de justement déterminer ce que « correctement calibré » signifie, peuvent d'ailleurs faire
l'objet d'une étude à part entière (voir par exemple [Roberts, 2008]).

Une propriété scientifique a de multiples aspects, en l'occurrence certaines caractéristiques causales que les mesures permettent de quantifier. L'identité d'une propriété scientifique est, d'un point de vue théorique, relative à la manière dont elle est définie au sein d'un modèle, et d'un point de vue pratique, possiblement relative à la procédure de mesure de certains pouvoirs causaux. Ces relativisations sont liées par certains critères d'application du modèle scientifique.

5.3   Approximation d'exemplification

Un premier aspect de la concrétisation (au sens de [Cartwright, 1989, p. 8]) consiste en une approximation de l'exemplification des propriétés définitionnelles ou circonstancielles déterminées au sein d'un modèle scientifique. Cette approximation est nécessaire dans le processus d'application d'un modèle scientifique à un système-cible, notamment lorsque la manière dont ces propriétés sont déterminées dans ce modèle est idéalisée vis-à-vis de ce système, ces propriétés n'y étant pas exemplifiables strictement. Dans un premier temps, nous analysons cette approximation d'exemplification d'une propriété uniquement par l'approximation de la conformité au profil causal de cette propriété.

Dans un système-cible w, une manifestation $i(w)$ peut être conforme au profil d'une propriété scientifique d'un modèle $\mathcal{M}$, si l'individu concerné a exactement (d'un point de vue quantitatif par exemple) les pouvoirs décrits par ce profil dans certains contextes. Cela constitue une condition à la compatibilité stricte de w avec $\mathcal{M}$. Mais cet individu i peut aussi avoir, par exemple, des pouvoirs causaux dont la mesure effective est quantitativement proche des valeurs de pouvoirs décrits par le profil en question. Par exemple, la propriété sur laquelle porte un modèle scientifique $\mathcal{M}$ pouvant être qualifiée par le prédicat « avoir une masse nulle », est exemplifiée strictement par le fil des objets considérés comme des exemplifications strictes de l'objet théorique de pendule simple dans des systèmes-modèles de $\mathcal{M}$, mais elle ne l'est pas dans un système-cible physique actuel notamment. Toutefois, si la masse mesurée du fil d'un objet actuel que nous cherchons à reconnaître comme un exemplaire acceptable de l'objet théorique de pendule simple est quantitativement proche de zéro, alors la propriété de masse nulle pourra être considérée comme exemplifiée, relativement à une certaine approximation, par cet objet actuel.

L'évaluation de cette proximité entre valeur théorique déterminée par un profil causal et valeur mesurée dans un système-cible (et donc le jugement de cette reconnaissance d'exemplification comme « satisfaisante » ou « acceptable ») est relative à certains critères d'approximation (ou *conditions d'applicabilité* [Bunge, 1959, p. 336]). D'un point de vue conceptuel, les notions de *vérité approximative* ou de *vérisimilitude* (au sens de [Popper, 1963]) sont envisageables, mais pour souligner notamment que la vérité d'un énoncé est évaluée sous certaines conditions d'application du modèle scientifique d'où provient cet énoncé, nous emploierons l'expression d'*application approximative* à l'instar de [Moulines, 1976]. L'application d'un modèle scientifique sous certains critères d'approximation dans un système-cible est une extrapolation notamment si une propriété y est exemplifiée de manière approximative relativement à ces critères, alors qu'elle ne l'est pas strictement.

5.3.1   Conditions d'application d'un modèle scientifique

De manière générale, la tolérance permise lors d'une application empirique d'un modèle est définie en fonction des *besoins* et des *intérêts* qui motivent cette application. Paul Teller prend l'exemple d'une déclaration comme « la circonférence de la Terre est de 40000 kilomètres », considérée comme *vraie* alors que la valeur de 40075,16 kilomètres est plus précise, c'est-à-dire quantitativement plus proche de la valeur réelle de la circonférence de la Terre autour de l'équateur. Cette déclaration est *suffisamment vraie, relativement à nos besoins et nos intérêts présents* [Teller, 2009, p. 236]. La propriété d'avoir une circonférence de 40000 kilomètres peut être exemplifiée de manière « acceptable » par la planète Terre, relativement à certaines conditions d'application d'un modèle scientifique,

et ne pas l'être relativement à d'autres conditions d'application plus ri-
goureuses du même modèle scientifique. Un degré d'approximation est
ainsi justifié par des *besoins* et *intérêts* variables, selon par exemple que
nous souhaitions appliquer un modèle plus ou moins facilement, ou plus
ou moins rigoureusement.

Dans un ensemble de conditions d'application E, une tolérance ou
une marge d'erreur est définie pour l'exemplification de chaque propriété
ou relation définie au sein d'un modèle scientifique $\mathcal{M}$. Par exemple,
dans le cadre d'une application de $\mathcal{M}$ sous les conditions E (que nous
pouvons noter $\langle \mathcal{M}, E \rangle$), l'exemplification d'une propriété scientifique p
définie au sein de $\mathcal{M}$ est relative à une approximation ϵ_p. Potentiellement, dans le cadre de cette même application de $\mathcal{M}$ sous les conditions E, l'exemplification d'une autre propriété p' de $\mathcal{M}$ est relative à
une autre approximation $\epsilon_{p'}$. Les approximations ϵ_p et $\epsilon_{p'}$ sont potentiellement différentes, même si elles sont certainement liées de manière
cohérente au sein d'une même application de modèle. Par exemple, dans
l'application approximative d'un modèle de pendule simple, les critères
d'approximation établis à l'égard de la propriété d'avoir un fil de masse
nulle sont différents de ceux établis pour la propriété d'avoir une masse
ponctuelle fixée à l'extrémité de ce fil.

Dans le cas d'une propriété p définie au sein d'un modèle $\mathcal{M}$ uniquement à l'aide d'un profil causal occurrentiel faisant intervenir un pouvoir
quantitativement déterminé par la valeur c_k, une manifestation d'indi-
vidu sera conforme à un tel profil, relativement à une application $\langle \mathcal{M}, E \rangle$,
si la mesure du pouvoir concerné de cette manifestation est, par exemple,
dans l'intervalle de valeurs $[c_k - \epsilon_p, c_k + \epsilon_p]$, et non plus simplement si
cette mesure a exactement la valeur c_k.

La valeur d'un certain taux d'approximation ϵ_p, fixée dans le cadre de
l'exemplification d'une propriété p, peut être déterminée et exprimée de
diverses manières selon les disciplines scientifiques. Cette valeur conduit
dans tous les cas à un certain seuil de maximalité (voir par exemple
[Weisberg, 2013, p. 147]), au-delà duquel une « exemplification » sera

jugée non acceptable. Par exemple, dans le cadre de l'application d'un modèle $\mathcal{M}$ de pendule simple, un fil de pendule simple peut exemplifier la propriété d'avoir une masse nulle si sa masse mesurée est inférieure à 1 mg, relativement à une application $\langle \mathcal{M}, E \rangle$, ou à 10 mg, relativement à une autre application $\langle \mathcal{M}, E' \rangle$ avec une tolérance plus grande à l'égard de l'exemplification de cette propriété. Ou, dans le cas d'un profil causal représenté graphiquement sous forme d'un diagramme de phase de l'eau, la tolérance permise à l'égard de la conformité d'une manifestation d'individu à ce profil, relativement à certaines conditions d'application, pourrait être visualisée par l'écart entre le point de la courbe et la mesure effective pour le couple température-pression correspondant. Considérons par exemple l'état d'ébullition de l'eau, théoriquement atteint à 100°C dans des conditions de pression de 1 atm, selon un modèle. Une température d'ébullition effectivement mesurée entre 99,9°C et 100,1°C pourra être jugée acceptable selon certaines conditions d'application, et ne pas l'être relativement à d'autres conditions d'applications. De plus, le taux d'approximation fixé et les « besoins ou intérêts présents » d'une application sont généralement liés : « dans un contexte, une erreur de 10% peut indiquer une bonne approximation, mais dans un autre, une discordance flagrante » [Norton, 2012, p. 209].

5.3.2   Fictionnalisme de Frigg et approximation

Avant de présenter le rapport conceptuel que nous suggérons entre lignes de monde et approximation, et pour aborder la place de la notion d'approximation au sein d'un point de vue fictionnaliste, considérons la conception des modèles scientifiques, proposée par Roman Frigg et James Nguyen, en 2016. Une description de modèle, faisant allusion à certaines propriétés, génère, selon des règles de génération, *un* système-modèle dans lequel ces propriétés sont exemplifiées strictement (« la description de modèle génère *l*'objet imaginé servant de véhicule dans une représentation » [Frigg et Nguyen, 2016, p. 237]). Ces propriétés, appelées P-propriétés, sont *converties* en des Q-propriétés, selon une certaine *clé*, afin d'obtenir des propriétés réalisables pouvant être *imputées* aux systèmes-cibles. Il y a une représentation lorsque « le système-cible T a les Q-propriétés » [ibid., p. 239]. Si nous notons les T-propriétés, les propriétés exemplifiées dans le système-cible T, il y a donc représentation si les Q-propriétés et les T-propriétés sont identiques. Un aspect de la figure illustrant cette conception dans [ibid., p. 229], peut être présenté de la manière suivante :

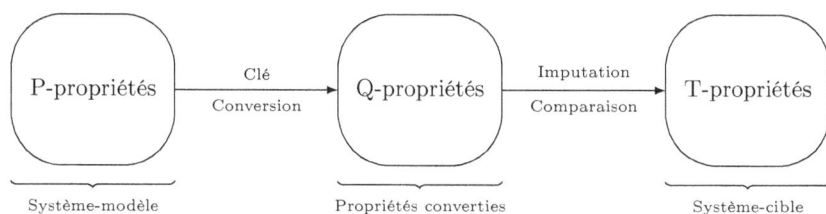

FIGURE 5.1 – Conception de Roman Frigg et James Nguyen (2016)

Comme nous avons déjà pu le signaler en étudiant [Frigg, 2010c] notammment, nous suggérons qu'une description de modèle génère une classe de systèmes-modèles, plutôt qu'un seul et unique système-modèle. Non seulement, parce qu'il peut y avoir plusieurs manières, meme fictionnelles, de satisfaire une description (trivialement, de multiples adaptations d'une même œuvre de fiction sont possibles), mais aussi parce que le modèle, dont la description définit un objet théorique, peut émettre à la fois une loi au sujet de cet objet théorique lorsque ses exemplaires exemplifient une certaine propriété p_1, et à la fois une tout autre loi au sujet de ce même objet théorique, mais lorsque ses exemplaires exemplifient une autre propriété p_2. Si ces deux propriétés p_1 et p_2 ne peuvent être exemplifiées simultanément, dans un même système, il est nécessaire de concevoir au moins deux systèmes-modèles, l'un satisfaisant la description de l'objet théorique exemplifiant p_1 et ainsi la première loi, l'autre satisfaisant la description de l'objet théorique exemplifiant p_2, et ainsi la seconde loi.

D'autre part, la manière qu'a un système-cible T d'« avoir » des
Q-propriétés (comme cela est indiqué dans [Frigg et Nguyen, 2016,
p. 239]) est problématique. En effet, les Q-propriétés et les T-propriétés
ont un statut épistémologiquement différent. Frigg et Nguyen prennent
l'exemple du modèle de la molécule de myoglobine élaboré par John
Kendrew, en considérant que l'exemplification de cet objet théorique
dans un système-modèle a les dimensions 43Å×35Å×23Å (un Ång-
ström étant une unité de longueur valant 0,1 nanomètre) ; il s'agit d'une
P-propriété. Cette P-propriété est *convertie* en Q-propriété telle que
43Å±10%×35Å±10%×23Å±10%, qui peut être imputée à un système-
cible T. La notion de « comparaison de propriété » proposée dans [Frigg,
2010c] est ainsi traitée dans [Frigg et Nguyen, 2016]. Cependant, une
telle Q-« propriété » est en réalité un ensemble de valeurs relatif à un
certain taux d'approximation, tandis qu'une T-propriété exemplifiée par
le système-cible T est déterminée par une valeur singulière.

En nos propres termes, nous suggérons qu'une molécule d'un système-
cible exemplifie de manière acceptable, relativement à une certaine approximation, la P-propriété d'avoir les dimensions 43Å×35Å×23Å, si ses
dimensions réelles (sa T-propriété) sont comprises dans l'ensemble des
dimensions tolérées ; ensemble défini par ces critères d'approximation selon nous (et considéré par Frigg et Nguyen comme une « propriété »).
Nous soulignons donc qu'une Q-propriété, comprise au sens de Frigg et
Nguyen, ne peut être exemplifiée dans un système-cible. Mais une T-
propriété peut, par contre, y être exemplifiée comme une propriété liée
à des dimensions spécifiques déterminées. Il y a ainsi exemplification
de cette P-propriété si la manière qu'a une molécule de *déterminer* la
propriété (générale et déterminable) d'« avoir des dimensions », est tolérée relativement aux conditions d'application du modèle en question. De
manière générale, le problème des propriétés *déterminables* reste posé,
et nous y reviendrons en suggérant que leur détermination au sein d'un
système-cible compatible est guidée par le respect des différentes lois d'un
modèle dans lesquelles ces propriétés interviennent. Avant cela, nous proposons de lier l'ensemble-valeur d'une P-propriété dans un système-cible

et l'ensemble-valeur d'une T-propriété par une même ligne de monde de propriété, relativement à certains critères d'application.

5.3.3   Lignes de monde et approximation

Les lignes de monde permettent notamment de rendre compte de l'identité d'une propriété ou d'une relation entre des systèmes-modèles idéalisés et des systèmes-cibles actuels. La constitution de l'ensemble-valeur d'une ligne de propriété ℓ sur laquelle porte un modèle scientifique $\mathcal{M}$, qualifiée de manière idéalisée par un prédicat P, est relative à une application particulière de ce modèle $\langle \mathcal{M}, E \rangle$. Un objet d d'un système-cible w n'est pas un élément propre de l'ensemble-valeur $\ell(w)$ de cette propriété scientifique, mais il peut en être un élément par extrapolation relative à cette application qui définit un taux d'approximation ϵ_ℓ. Autrement dit, une manifestation $i(w)$ peut ne pas être conforme strictement au profil $\mathbb{P}_{\mathcal{M},\ell}(w)$, mais peut l'être relativement à une certaine approximation ϵ_ℓ. Considérons un exemple dans lequel la propriété ℓ n'est définie que par ce profil causal (nous expliquerons que dans un modèle scientifique, généralement, une propriété est également définie par un *profil nomologique*). Dans cet exemple, si ce profil causal requiert que les exemplifications de cette propriété dans un monde w' réunissant certaines circonstances, aient un pouvoir causal spécifique dont la valeur mesurée est c_k, alors $i(w)$ exemplifie cette propriété, relativement à cette application, si l'individu i est défini sur w' et si la mesure du pouvoir concerné de $i(w')$ est dans l'intervalle $[c_k - \epsilon_\ell, c_k + \epsilon_\ell]$. Rappelons que $i(w)$ exemplifierait cette propriété de manière absolue, indépendamment d'un quelconque critère d'approximation, si i était défini sur w' et si la mesure du pouvoir concerné de $i(w')$ valait c_k.

5.3.4 Modèle augmenté de logique modale approprié pour l'étude d'une application de modèle scientifique

Cette orientation épistémologique de notre système logique allie un point de vue fictionnaliste sur les modèles scientifiques à une méthode pratique d'identification de leurs propriétés dans des systèmes-cibles. L'exemplification d'un objet théorique n'est donc pas simplement relative au modèle scientifique au sein duquel il est défini, mais elle l'est également à une manière d'appliquer ce modèle. L'approximation vis-à-vis de l'exemplification d'un objet théorique est comparable à un processus inverse à l'idéalisation par laquelle cet objet théorique a été élaboré. Appliquer un modèle, ses lois en particulier, dans un système-cible, consiste à supposer que les propriétés et les relations sur lesquelles porte le modèle sont bien celles exemplifiées dans ce système-cible. Mais cette identité, assurée conceptuellement par les lignes de monde de propriétés et de relations, est relative à certaines conditions d'application notamment.

Caractéristiques d'un modèle logique approprié

D'un point de vue logique, pour rendre compte de cette relativisation et pour qu'une proposition comme $i(w) \in \ell(w)$ puisse refléter le fait que la manifestation $i(w)$ exemplifie la propriété ℓ seulement relativement à certains critères d'approximation, nous proposons d'utiliser un modèle logique augmenté M pour étudier un modèle scientifique $\mathcal{M}$, appliqué de la manière E. Autrement dit, un modèle logique augmenté permet d'étudier une application $\langle \mathcal{M}, E \rangle$.

Nous avions déjà évoqué que des mondes possibles d'un modèle logique puissent valoir pour des systèmes-modèles ou des systèmes-cibles notamment, mais un modèle logique M doit avoir certaines caractéristiques afin de pouvoir être « approprié » à une application de modèle scientifique $\langle \mathcal{M}, E \rangle$. Un tel modèle logique approprié doit notamment pouvoir rendre compte de l'aspect fictionnaliste de notre conception, en l'occurrence de la classe des systèmes-modèles de $\mathcal{M}$. D'autre part, comme nous l'avons déjà signalé, la notion de *profil nomologique* jouera un rôle dans la définition de l'exemplification d'une propriété (essentiellement dans le point 3 ci-dessous). Afin de définir progressivement le concept de modèle logique *approprié*, nous envisageons, dans un premier temps, un modèle scientifique $\mathcal{M}$ dans lequel les propriétés ne sont définies que par un profil causal; nous considérerons le cas général d'un modèle scientifique (avec profils causaux et nomologiques) dans la section 5.4.6 (p. 265). Pour un tel modèle scientifique $\mathcal{M}$, un modèle logique augmenté M est dit *approprié* pour une application $\langle \mathcal{M}, E \rangle$, si :

1. L'ensemble de mondes de M, noté W, est suffisamment vaste pour rendre compte des divers systèmes, comme l'ensemble des systèmes-modèles de $\mathcal{M}$ et l'ensemble des systèmes-cibles visés notamment. Ainsi, la classe de mondes $V \subseteq W$ vaut pour l'ensemble des systèmes-modèles de $\mathcal{M}$ et, par exemple, le monde @ $\in W$ pour un système-cible actuel @. Dans le même ordre d'idées, la relation R d'accessibilité est représentative des modes d'accès d'un monde à un autre.

2. Les ensembles de lignes de monde de M, notés $\mathscr{L}_i$ et $\mathscr{L}_r$, sont également suffisamment vastes. Notamment, pour toute propriété sur laquelle porte $\mathcal{M}$, il y a au moins une ligne $\ell \in \mathscr{L}_r$ dans M.

3. Avec $\mathbb{P}_{\mathcal{M},\ell}(w) = \{(C_1, k_1), \ldots, (C_n, k_n)\}$, le profil causal qui constitue intégralement la définition de la propriété ℓ au sein de $\mathcal{M}$, dans un monde w, l'ensemble-valeur $\ell(w)$ est le sous-ensemble de D_w, de sorte que pour tout $d \in \ell(w)$, il y a une ligne d'individu $i \in \mathscr{L}_i$ telle que, pour tout entier j tel que $1 \leq j \leq n$:

   (a) l'individu i, tel que $i(w) = d$, est défini sur au moins un monde w_j réunissant les propriétés circonstancielles C_j,

   (b) et la manifestation $i(w_j)$ possède le pouvoir causal k_j relativement au critère d'approximation ϵ_ℓ établi dans les conditions d'application de $\langle \mathcal{M}, E \rangle$.

   Autrement dit, pour tout individu $i \in \mathscr{L}_i$ défini sur w, $i(w) \in \ell(w)$ si $i(w)$ est conforme au profil causal $\mathbb{P}_{\mathcal{M},\ell}(w)$ relativement aux conditions d'application E.

Cette partie de la définition est énoncée pour une ligne de monde de propriété, mais elle est généralisable au cas d'une ligne de monde de relation n-aire $\ell \in \mathscr{L}_r$, de la manière suivante : $\langle i_1(w), \dots, i_n(w) \rangle \in \ell(w)$ si $\langle i_1(w), \dots, i_n(w) \rangle$ est conforme au profil causal $\mathbb{P}_{\mathcal{M},\ell}(w)$ relativement aux conditions d'application E (les détails de la conformité à un profil causal de relation n-aire ont été exposés précédemment, p. 230).

Un tel modèle logique M est déterminé sur la base de $\langle \mathcal{M}, E \rangle$, mais nous pouvons remarquer que les caractéristiques concernant l'ensemble de mondes et la relation d'accessibilité des modèles augmentés M appropriés pour une application $\langle \mathcal{M}, E \rangle$ ne varient pas en fonction des conditions d'application E. En particulier, l'ensemble V des systèmes-modèles de $\mathcal{M}$ reste identique quelles que soient les conditions sous lesquelles $\mathcal{M}$ est appliqué : $V \subseteq W$, avec W, l'ensemble des mondes d'un quelconque modèle augmenté M approprié pour une application $\langle \mathcal{M}, E \rangle$, pour toute condition d'application E. En effet, la classe de mondes V de M vaut pour l'ensemble des systèmes-modèles générés par la description de $\mathcal{M}$; notamment, « les systèmes-modèles peuvent être utilisés (et le sont souvent) pour représenter un système-cible, mais la nature intrinsèque d'un système-modèle ne dépend pas du fait que cela soit le cas ou non » [Frigg, 2010c, p. 252]. Dans un premier temps, une classe de systèmes-modèles d'un modèle scientifique est générée, l'analyse des conditions particulières d'application de ce modèle se déroule dans un second temps ; « la nature intrinsèque d'un système-modèle » ne dépend pas de la manière dont peut être déterminé le lien entre un système-modèle et un système-cible. En l'occurrence, le fait qu'un modèle scientifique soit appliqué sous telles ou telles conditions ne modifie pas sa classe de systèmes-modèles. Pour rendre compte de cet aspect épistémologique d'un point de vue logique, nous définissons que la classe de mondes V dans un modèle logique augmenté M approprié pour une application $\langle \mathcal{M}, E \rangle$, valant pour la classe de systèmes-modèles de ce modèle scientifique $\mathcal{M}$, est la même que dans tout modèle logique approprié pour une application $\langle \mathcal{M}, E' \rangle$, pour toute condition d'application E'.

Comme nous l'avions expliqué, les descriptions de modèles peuvent se présenter sous différentes formes, comme un texte rédigé en anglais, une série de formules mathématiques, ou même un objet physique comme une maquette par exemple. Quelle que soit sa forme, dans une perspective fictionnaliste, une telle « description » est considérée comme un support dans un jeu de faire-semblant, générant ainsi une classe de systèmes-modèles. De manière générale, les modèles logiques augmentés nous sont notamment utiles pour évaluer des déclarations au sujet de ces systèmes-modèles, ainsi qu'au sujet de systèmes-cibles (qu'ils soient ou non *compatibles* avec le modèle scientifique étudié). Le fait qu'un modèle logique soit approprié pour une application $\langle \mathcal{M}, E \rangle$, non seulement caractérise les aspects de ce modèle décrits dans le paragraphe précédent, mais détermine aussi la manière de définir sa fonction d'interprétation. Bien que les conditions d'application E n'interviennent pas dans la détermination de la classe des systèmes-modèles de $\mathcal{M}$ (la composition de la classe de mondes V d'un modèle logique approprié pour $\langle \mathcal{M}, E \rangle$ n'étant ainsi pas affectée par les conditions d'application E), elles jouent un rôle dans la manière d'interpréter différents aspects de ce que nous pouvons déclarer depuis un contexte particulier. Une nouvelle fois, une description de modèle scientifique peut se présenter sous différentes formes, mais un modèle logique augmenté, pour un langage $\mathcal{L}$ de la logique modale, approprié pour une application $\langle \mathcal{M}, E \rangle$, nous permet notamment d'évaluer des déclarations formulées dans le langage $\mathcal{L}$ dans le cadre de certains contextes possibles, comme des systèmes-modèles de $\mathcal{M}$ ou des systèmes-cibles. Pour reprendre un exemple de [Frigg, 2010c, p. 262], une déclaration telle que « le système solaire est stable » est-elle « vraie » dans un système-modèle du modèle newtonien du système solaire ? Comme nous le suggérions, nous pouvons pour cela utiliser les relations de satisfaction que nous avons définies pour un modèle logique pour un langage $\mathcal{L}$, avec une clé permettant de *traduire* une telle déclaration dans le vocabulaire à partir duquel le langage $\mathcal{L}$ est constitué, de manière syntaxiquement conforme aux règles présentées dans la section 2.1.1 (p. 34).

Dans cette perspective logique, nous pouvons formuler la définition précédente en étudiant le rôle de la fonction d'interprétation d'un modèle logique approprié. Autrement dit, la définition précédente ne portait que sur le système d'identification d'un modèle logique approprié, mais nous pouvons la formuler de manière à exposer les spécificités de la fonction d'interprétation d'un modèle logique approprié, tirant ainsi profit de l'étude des relations entre système d'identification et système de référence, menée dans le chapitre 2. En effet, les propriétés sont indépendantes des prédicats, mais les prédicats sont un moyen d'accéder aux propriétés à l'aide d'une fonction d'interprétation. Notons que le premier point de la définition ne change pas ; un modèle logique augmenté M, pour un langage $\mathcal{L}$ de la logique modale, avec $M = \langle W, R, \mathscr{L}_i, \mathscr{L}_r, Int \rangle$, est dit *approprié* pour $\langle \mathcal{M}, E \rangle$ (avec un modèle scientifique $\mathcal{M}$ dans lequel les propriétés ne sont définies que par un profil causal), si :

2. Les ensembles de lignes de monde $\mathscr{L}_i$ et $\mathscr{L}_r$ sont également suffisamment vastes. Notamment, pour chaque prédicat P employé pour exprimer les propositions de la description de modèle de $\mathcal{M}$, il y a au moins une ligne $\ell \in \mathscr{L}_r$ telle que $Int(P, v) = \ell$, pour tout système-modèle $v \in V$ de $\mathcal{M}$.

3. Avec $\mathbb{P}_{\mathcal{M}, \ell}(w) = \{(C_1, k_1), \ldots, (C_n, k_n)\}$, le profil causal de la propriété ℓ, défini au sein de $\mathcal{M}$, dans un monde w, l'ensemble-valeur $Int(P, v)(w)$ est le sous-ensemble de D_w, de sorte que pour tout $d \in Int(P, v)(w)$, il y a une ligne d'individu $i \in \mathscr{L}_i$ telle que, pour tout entier j tel que $1 \leq j \leq n$:

   (a) l'individu i, tel que $i(w) = d$, est défini sur au moins un monde w_j réunissant les propriétés circonstancielles C_j,

   (b) et la manifestation $i(w_j)$ possède le pouvoir causal k_j relativement au critère d'approximation ϵ_ℓ établi dans les conditions d'application de $\langle \mathcal{M}, E \rangle$.

Autrement dit, pour tout individu $i \in \mathscr{L}_i$ défini sur w, $i(w) \in \ell(w)$, si $i(w)$ est conforme au profil causal $\mathbb{P}_{\mathcal{M},\ell}(w)$ relativement aux conditions d'application E.

Cette partie de la définition est énoncée pour un prédicat P unaire, mais elle est généralisable au cas d'un prédicat P n-aire, avec une ligne de relation n-aire $\ell \in \mathscr{L}_r$ telle que $Int(P,v) = \ell$, de la manière suivante : $\langle i_1(w), \ldots, i_n(w) \rangle \in Int(P,v)(w)$, si $\langle i_1(w), \ldots, i_n(w) \rangle$ est conforme au profil causal $\mathbb{P}_{\mathcal{M},\ell}(w)$ relativement aux conditions d'application E (les détails de la conformité à un profil causal de relation n-aire ont été exposés précédemment, p. 230).

D'un point de vue terminologique, rappelons que si $\ell \in \mathscr{L}_r$ est une ligne de relation n-aire, alors toute manifestation d'individu intervenant dans un n-uplet exemplifiant ℓ *contribue* à exemplifier ℓ. Nous ajoutons qu'une manifestation d'individu $i(w)$ qui apparaît dans au moins un n-uplet *conforme* au profil causal $\mathbb{P}_{\mathcal{M},\ell}(w)$, relativement aux conditions d'application E, est dite *conforme* à ce profil causal relativement aux conditions E, si tout n-uplet dans lequel apparaît la manifestation $i(w)$, est *conforme* au profil causal $\mathbb{P}_{\mathcal{M},\ell}(w)$ relativement aux conditions d'application E.

Comme nous l'avons expliqué, la constitution de la classe de mondes V du modèle logique M approprié pour l'application du modèle scientifique $\mathcal{M}$, valant pour l'ensemble des systèmes-modèles de $\mathcal{M}$, n'est pas relative aux conditions d'application E. Mais selon la définition ci-dessus, l'interprétation de certains prédicats depuis un système-modèle v de $\mathcal{M}$ peut varier selon les critères d'application, puisque $Int(P,v)$ est une propriété dont les ensembles-valeurs dans des mondes possibles sont construits selon un certain profil causal, sous des critères d'approximation ϵ définis dans les conditions d'application E de $\mathcal{M}$. Un prédicat P, comme « être parfaitement sphérique » par exemple, est interprété strictement, d'un point de vue purement langagier en quelque sorte, depuis un système-cible actuel, comme une ligne de propriété dont l'ensemble-

valeur actuel est vide : $Int(P, @)(@) = \varnothing$. Mais il peut être interprété depuis un système-modèle v de $\mathcal{M}$, sous des conditions d'application E, comme une ligne de propriété dont l'ensemble-valeur actuel,
$Int(P, v)(@)$, contient les manifestations d'individus conformes, sous les
conditions E, au profil causal de cette propriété, défini dans $\mathcal{M}$.

Satisfaction par prédétermination dissociée depuis un système-modèle

Pour étudier des formules du langage $\mathcal{L}$, dans le cadre d'une application d'un modèle scientifique $\mathcal{M}$ sous des conditions d'application E,
nous suggérons qu'il est pertinent d'utiliser la *satisfaction par prédétermination dissociée* depuis un système-modèle v du modèle scientifique $\mathcal{M}$
(v étant alors considéré comme un monde de référence pour la dissociation).

Dans la section 2.4.5 (p. 79), nous avons défini la *satisfaction par
prédétermination dissociée* depuis un monde de référence v comme une
relation $\models_{\overline{v}}$ entre des formules de $\mathcal{L}$ (comme φ, ψ...) et une combinaison
entre un modèle logique augmenté M, une situation w, et une fonction
d'assignation g. Pour rappel, nous notons $M, w, g \models_{\overline{v}} \varphi$ si la formule φ est
satisfaite dans le modèle M, au monde w, sous la fonction d'assignation g,
par prédétermination des lignes d'individus depuis le monde initial de
l'évaluation w et par celle des lignes de relations depuis le monde de
référence v ; et $M, w, g \not\models_{\overline{w}} \varphi$ sinon. Nous avons énoncé les conditions
de satisfaction par prédétermination dissociée des formules de la logique
modale pour les quadruplets (M, w, g, φ) qui respectent les définitions
données dans cette même section 2.4.5 (notamment celles liées à la stricte
localité) et dans lesquels le modèle M possède un ensemble de mondes W
comprenant le monde v depuis lequel la prédétermination des lignes de
relations s'effectue ($v \in W$).

Nous ajoutons que pour l'étude d'une application d'un modèle scientifique $\mathcal{M}$, sous des conditions d'application E, le modèle logique augmenté M employé doit être *approprié* (au sens défini dans la sous-section

précédente) pour cette application $\langle \mathcal{M}, E \rangle$. Un modèle logique approprié pour une telle application étant un cas particulier de modèle augmenté, les définitions de satisfaction établies vis-à-vis d'un modèle augmenté valent pour un modèle augmenté approprié pour une application de modèle scientifique.

Pour une formule φ, faisant intervenir par exemple des prédicats en lien avec la description de modèle de $\mathcal{M}$, et v un système-modèle de $\mathcal{M}$, si $M, w, g \models_{\overline{v}} \varphi$, c'est-à-dire si la formule φ est satisfaite par prédétermination dissociée depuis un système-modèle de $\mathcal{M}$, dans un système-cible w, sous l'assignation g, dans un modèle logique augmenté M approprié pour l'application $\langle \mathcal{M}, E \rangle$, alors l'application de cet aspect du modèle scientifique $\mathcal{M}$, exprimé par cette formule φ, dans le système-modèle w, est jugée acceptable relativement aux critères d'application E. En effet, rappelons notamment que, comme le modèle logique M est approprié pour $\langle \mathcal{M}, E \rangle$, avec Int sa fonction d'interprétation, et P un prédicat interprété depuis v comme la ligne ℓ (avec $Int(P, v) = \ell$, une ligne de monde valant pour une relation définie uniquement par un profil causal au sein de $\mathcal{M}$), l'ensemble-valeur $Int(P, v)(w)$, pour un certain monde w, contient les manifestations, dans w, d'individus i conformes notamment au profil causal $\mathbb{P}_{\mathcal{M}, \ell}(w)$, relativement aux conditions d'application E.

Pour illustrer cette définition, considérons un prédicat P comme « être parfaitement sphérique », et un système-cible actuel @. Dans un modèle logique augmenté M approprié pour l'application d'un modèle scientifique $\mathcal{M}$ sous certaines conditions E, dans lequel la propriété considérée n'est définie que par le profil causal $\mathbb{P}_{\mathcal{M}, \ell}(@)$ (cette propriété n'intervenant pas dans des lois du modèle scientifique par exemple) :

$M, @, g \models_{\overline{v}} \exists x P x$

si et seulement si   pour au moins un individu $i \in \mathscr{L}_i$ défini sur @ :

$$M, @, g[x/i] \models_{\overline{v}} P x$$

si et seulement si   pour au moins un individu $i \in \mathscr{L}_i$ défini sur @ :

$$i(@) \in Int(P, v)(@)$$

si et seulement si   pour au moins un individu $i \in \mathscr{L}_i$ défini sur @,
i(@) est conforme, sous les conditions E, au profil
causal $\mathbb{P}_{\mathcal{M},\ell}$(@) de la propriété $\ell \in \mathscr{L}_r$ telle que
$\ell = Int(P, v)$, défini dans $\mathcal{M}$.

Comme nous l'avons déjà signalé, nous énoncerons ces conditions de manière plus générale pour des propriétés définies au sein de modèles scientifiques par des profils causaux et nomologiques (p. 266).

Les conditions d'application $\langle \mathcal{M}, E \rangle$ (dans lesquelles est déterminé, en particulier, le critère d'approximation ϵ concernant la propriété qualifiée par le prédicat P depuis v) jouent ainsi un rôle dans la satisfaction d'une formule par prédétermination dissociée depuis un système-modèle de $\mathcal{M}$, dans un système-cible @. Interprété strictement depuis le monde actuel, un prédicat P idéalisé qualifie une propriété $Int(P, @)$ dont l'ensemble-valeur actuel est vide, c'est-à-dire $Int(P, @)(@) = \varnothing$, et alors $M, @, g \nVdash \exists x Px$ et $M, @, g \nvDash \exists x Px$, même si M est un modèle logique augmenté approprié pour $\langle \mathcal{M}, E \rangle$; par contre, l'ensemble-valeur $Int(P, v)(@)$, construit relativement au critère d'approximation ϵ, est potentiellement non vide et la formule $\exists x Px$ peut être satisfaite par prédétermination dissociée.

Un modèle logique pour chaque ensemble de conditions d'application d'un même modèle scientifique

Dans le cadre d'une application du même modèle scientifique sous d'autres conditions, c'est-à-dire pour une application $\langle \mathcal{M}, E' \rangle$, la manière d'être conforme au profil de la propriété qualifiée par le même prédicat P peut être différente. En effet, d'une part, une manifestation d'individu i(@) est conforme au profil causal $\mathbb{P}_{\mathcal{M},\ell}$(@) relativement aux conditions d'application E si la manifestation de cet individu i dans un certain monde w exprime le pouvoir causal k relativement au critère d'approximation ϵ_ℓ établi dans les conditions d'application de $\langle \mathcal{M}, E \rangle$. Et d'autre part, une manifestation d'individu i(@) est conforme au profil causal $\mathbb{P}_{\mathcal{M},\ell}$(@) relativement aux conditions d'application E' si la manifestation de cet individu i dans un certain monde w exprime le pouvoir causal k relativement au critère d'approximation ϵ'_ℓ établi dans les conditions d'application de $\langle \mathcal{M}, E' \rangle$. Mais ϵ_ℓ et ϵ'_ℓ sont potentiellement différents (quantitativement par exemple).

Pour étudier deux applications d'un même modèle scientifique sous des conditions E et E', il est donc nécessaire d'utiliser deux modèles logiques augmentés M et M', avec Int', la fonction d'interprétation de M' potentiellement différente de celle de M (notée Int). En l'occurrence, la ligne de monde $Int'(P, v)$ est différente de la ligne $Int(P, v)$. Une nouvelle fois, la classe V des systèmes-modèles de $\mathcal{M}$ ne varie pas en fonction des critères d'application, E ou E', puisqu'il s'agit du même modèle scientifique avec la même description de modèle. Ainsi, $V \subseteq W$ et $V \subseteq W'$, avec W et W' les ensembles de mondes respectifs des modèles logiques M et M'.

De manière plus générale, W et W', les ensembles de mondes respectifs des modèles logiques augmentés M et M', sont constitués de la même manière ; les situations possibles dans lesquelles est étudiée la réussite de l'application du modèle $\mathcal{M}$ sont les mêmes. C'est la manière d'appliquer ce modèle scientifique dans ces situations qui change en fonction des critères d'application E ou E'. La ligne de monde $Int(P, v)$ coïncide avec la ligne $Int'(P, v)$ au moins sur V, mais l'ensemble-valeur $Int(P, v)(@)$ contient les manifestations d'individus conformes au profil causal $\mathbb{P}_{\mathcal{M},\ell}(@)$ relativement au critère d'approximation ϵ_ℓ, tandis que l'ensemble-valeur $Int'(P, v)(@)$ contient les manifestations d'individus conformes au profil causal $\mathbb{P}_{\mathcal{M},\ell}(@)$ relativement au critère d'approximation ϵ'_ℓ.

Un prédicat employé pour exprimer une proposition de la description d'un même modèle scientifique $\mathcal{M}$, évoquant par exemple une idéalisation, peut être interprété de différentes manières relativement à certains critères d'application E. Les mêmes systèmes-modèles sont générés, mais la manière dont sont construits les ensembles-valeurs de certaines lignes de monde de propriétés ou de relations varie selon les critères relativement auxquels ce modèle scientifique est appliqué.

Un modèle logique pour la comparaison de plusieurs modèles scientifiques

Un modèle logique augmenté M peut à lui seul être approprié pour comparer l'application de plusieurs modèles scientifiques, selon des conditions d'application propres pour chacun. Pour deux modèles scientifiques, $\mathcal{M}_1$ et $\mathcal{M}_2$ par exemple, l'ensemble V_1 des systèmes-modèles de $\mathcal{M}_1$ et l'ensemble V_2 des systèmes-modèles de $\mathcal{M}_2$, seraient des sous-ensembles de l'ensemble des mondes du modèle logique M, avec $V_1 \subseteq W$ et $V_2 \subseteq W$ (mais avec $V_1 \neq V_2$). Ces classes de systèmes-modèles sont différentes, puisque tout système-modèle de V_1 est généré à partir de la description de $\mathcal{M}_1$ et tout système-modèle de V_2 est généré à partir de celle de $\mathcal{M}_2$. Comme « deux modèles [scientifiques] sont identiques si et seulement si les mêmes propositions sont fictionnelles en eux » [Frigg et Nguyen, 2016, p. 238], et en interprétant cette citation comme « deux modèles [scientifiques] sont identiques si et seulement si les mêmes propositions sont vraies dans tous les mondes fictionnels générés à partir de ces modèles (à savoir dans tous leurs systèmes-modèles) », les ensembles V_1 et V_2 ne peuvent être identiques que si $\mathcal{M}_1 = \mathcal{M}_2$. Si cela était le cas, si nous avions affaire à un seule et même modèle scientifique, il faudrait alors utiliser des modèles logiques augmentés de la manière décrite dans la sous-section précédente (un pour chaque ensemble de conditions d'application d'un même modèle scientifique).

Dans le cas considéré à présent d'un modèle logique augmenté M approprié pour comparer l'application de plusieurs modèles scientifiques, un prédicat P qualifiant une certaine propriété selon le modèle scientifique $\mathcal{M}_1$ serait interprété depuis l'un de ses systèmes-modèles $v_1 \in V_1$ comme une propriété $Int(P, v_1)$. Si ce même prédicat P qualifiait une autre propriété selon le modèle scientifique $\mathcal{M}_2$, il serait interprété depuis l'un de ses systèmes-modèles $v_2 \in V_2$ comme une propriété $Int(P, v_2)$. Nous pourrions alors étudier, au sein d'un seul et même modèle logique augmenté, la constitution, pour un certain monde w, de l'ensemble-valeur $Int(P, v_1)(w)$, relativement à des conditions d'application E_1, et celle de l'ensemble-valeur $Int(P, v_2)(w)$, relativement à des conditions d'application E_2.

Potentiellement, les ensembles-valeurs $Int(P, v_1)(w)$ et $Int(P, v_2)(w)$ sont différents. La satisfaction d'une même formule par prédétermination dissociée peut alors être altérée selon le système-modèle choisi comme monde de référence de la dissociation. Par exemple, nous pouvons avoir $M, w, g \models_{\overline{v_1}} \exists x P x$ et $M, w, g \nvDash_{\overline{v_2}} \exists x P x$. La comparaison entre différents modèles scientifiques peut ainsi être analysée d'un point de vue logique, comme par exemple celle entre un modèle de physique postulant l'éther luminifère et un autre selon lequel la lumière est une onde électromagnétique, ou bien encore en évaluant des formules tirées de modèles de physique classique ou quantique, afin, par exemple, de déterminer quel type de modèle scientifique il est pertinent ou acceptable d'utiliser vis-à-vis de tel ou tel système-cible, en fonction notamment des *besoins* et des *intérêts* qui motivent cette utilisation.

5.4 Objets théoriques et lois scientifiques

Un modèle scientifique définit ses objets théoriques à l'aide de propriétés définitionnelles, et détermine les critères selon lesquels des manifestations locales seront reconnues comme des exemplaires de ces objets théoriques, en spécifiant notamment les pouvoirs spécifiques que certaines manifestations des individus concernés doivent avoir dans certaines circonstances. Cette conformité aux profils causaux peut être relative à certains critères d'approximation. Mais dans des mondes complètement déterminés, idéaux ou non, les manifestations d'individus considérées comme des exemplaires, stricts ou approximatifs, d'objets théoriques, exemplifient une multitude d'autres propriétés.

Dans le cas de mondes fictionnels, « un système-modèle a des propriétés autres que celles mentionnées dans la description » [Frigg, 2010c, p. 258]. Les objets du domaine d'un système-modèle ont notamment d'autres propriétés que celles mentionnées dans la description de modèle à partir de laquelle un tel système-modèle a été généré. « Les systèmes-modèles sont intéressants justement parce qu'il y a plus de choses vraies à leur sujet que ce que la description initiale spécifie ; personne ne consacrerait du temps à étudier des systèmes-modèles si tout ce qu'il y avait à savoir à leur sujet était explicitement contenu dans la description initiale » [ibid., p. 258].

Dans le cas de contextes actuels, les objets locaux considérés comme des exemplaires d'un objet théorique exemplifient aussi d'autres propriétés que celles sur lesquelles porte le modèle scientifique au sein duquel cet objet théorique est défini. Un exemplaire actuel de l'objet théorique de pendule simple, défini dans un modèle de mécanique par exemple, exemplifie les propriétés définitionnelles de cet objet théorique selon certains critères d'approximation (en étant notamment constitué d'un fil de masse « nulle » et d'une masse « ponctuelle » fixée à l'extrémité de ce fil), mais aussi d'autres propriétés, comme celle d'avoir un fil d'une certaine couleur ou celle d'avoir une certaine période d'oscillation. Si certaines de ces différentes propriétés sont concernées par des lois du modèle, alors la manière de les exemplifier doit respecter les rapports nomologiques définis par ces lois pour que l'objet théorique de ce modèle soit reconnu dans un système-cible possible.

Dans le cas d'un modèle scientifique qui définit son objet théorique de pendule simple, noté o, avec certaines propriétés définitionnelles, et qui énonce la loi $T = 2\pi\sqrt{\frac{L}{g}}$, un objet local $i(w)$ d'un monde w est un exemplaire strict de cet objet théorique de pendule s'il exemplifie ses propriétés définitionnelles ($i(w)$ étant conforme à leur profil causal), et si sa période d'oscillation $t_{i(w)}$, la longueur de son fil $l_{i(w)}$, et l'accélération due à la pesanteur $g_{i(w)}$ à laquelle il est soumis dans w, sont liées de la manière décrite par la loi du modèle en question. Autrement dit, pour que $i(w) \in o(w)$, la manière particulière dont sont déterminées ces propriétés dans ce système-cible par cet objet local (qui exprime des pouvoirs causaux spécifiques aux valeurs déterminées $t_{i(w)}$, $l_{i(w)}$ et $g_{i(w)}$) doit respecter le rapport nomologique qui les lie selon la loi scientifique du modèle, de sorte que $t_{i(w)} = 2\pi\sqrt{\frac{l_{i(w)}}{g_{i(w)}}}$. Nous expliquerons cependant que, de la même manière que la conformité d'une manifestation d'individu à un profil causal peut être stricte ou approximative, la manière de respecter un rapport nomologique peut être relative à un certain critère d'approximation.

5.4.1 Profil nomologique

Si, dans un modèle scientifique, une propriété est mise en jeu dans différentes lois scientifiques, nous suggérons que son *profil nomologique* est, par définition, l'ensemble des dépendances décrites par ces lois au sein de ce modèle. Par exemple, dans le cas d'un modèle $\mathcal{M}$ portant sur un objet théorique de pendule, la longueur du fil peut être concernée par deux lois, comme une loi ψ_1 décrivant un certain rapport entre cette propriété de longueur, celle de la vitesse angulaire et celle de la vitesse linéaire du mobile ($L = \frac{V}{\dot{\theta}}$ par exemple), ainsi qu'une loi ψ_2 décrivant un certain rapport entre cette propriété de longueur, celle de la période d'oscillation et celle de l'accélération due à la pesanteur ($L = \frac{T^2 g}{4\pi^2}$ par exemple).

Considérons une manifestation d'individu qui exemplifie strictement dans un monde w les propriétés définitionnelles de cet objet théorique de pendule (en étant notamment constitué d'un fil de masse « nulle » et d'une masse « ponctuelle » fixée à l'extrémité de ce fil), dans certaines propriétés circonstancielles (en ne subissant par exemple aucune force de frottement ou résistance de l'air). Une telle manifestation d'individu $i(w)$ est conforme au profil nomologique de cette propriété de longueur, vis-à-vis de ce modèle scientifique en particulier, si la manière dont elle exemplifie toutes ces différentes propriétés, avec des pouvoirs causaux déterminés, respecte les rapports nomologiques décrits dans ψ_1 et ψ_2. Par exemple, si les pouvoirs causaux mesurés de cette manifestation d'individu ont des valeurs $t_{i(w)}$, $l_{i(w)}$, $g_{i(w)}$, $v_{i(w)}$ et $\dot{\theta}_{i(w)}$ (respectivement pour sa période d'oscillation, sa longueur de fil, l'accélération due à la pesanteur à laquelle elle est soumise dans w, la vitesse linéaire de son mobile et la dérivée de sa vitesse angulaire par rapport au temps), de sorte que $i(w)$ soit conforme au profil nomologique de la propriété de longueur, avec $l_{i(w)} = \frac{v_{i(w)}}{\theta_{i(w)}}$ et $l_{i(w)} = \frac{t_{i(w)}^2 g_{i(w)}}{4\pi^2}$, alors cette manifestation d'individu est considérée comme un exemplaire de l'objet théorique de pendule tel qu'il est défini au sein du modèle scientifique $\mathcal{M}$.

Le profil nomologique d'une propriété scientifique est ainsi relatif au modèle dans lequel cette propriété est définie. Deux modèles scientifiques portant sur l'objet théorique de pendule simple peuvent par exemple énoncer des lois différentes concernant la période d'oscillation, l'une faisant intervenir la longueur et l'accélération due à la pesanteur, et l'autre faisant intervenir explicitement des équations différentielles employant notamment le *sinus* de l'angle entre la verticale et la direction du fil. En termes de précision, le second modèle pourra être privilégié car les prédictions qu'il permet de formuler peuvent être plus « adéquates » vis-à-vis du phénomène réel d'oscillation du pendule simple. En termes de commodité, le premier modèle pourra être privilégié si ses prédictions sont suffisamment précises, relativement aux attentes liées à cette application. Une nouvelle fois, la pertinence d'une application de modèle dépend des « besoins » et des « intérêts » qui la motivent.

5.4.2   Identité d'un objet théorique

La manifestation locale d'un individu est conforme au profil nomologique d'une propriété scientifique si sa manière d'exemplifier cette propriété et certaines autres propriétés respecte les rapports nomologiques, décrits par le modèle scientifique en question, qui concernent ces propriétés. Une manifestation locale d'individu est un exemplaire d'un objet théorique défini au sein d'un modèle scientifique, si cette manifestation d'individu est conforme aux *profils causaux* et aux *profils nomologiques* des propriétés ou relations définitionnelles, ainsi qu'aux *profils causaux* et aux *profils nomologiques* des autres propriétés qu'elle exemplifie ou ceux des autres relations qu'elle contribue à exemplifier, et qui sont concernées par des lois du modèle.

Tout comme la conformité aux profils causaux *et* aux profils nomologiques des propriétés ou relations définitionnelles est nécessaire, nous suggérons que la conformité aux seuls profils nomologiques des *autres* propriétés ou relations peut ne pas suffire. Par exemple, l'accélération constante due à la pesanteur peut ne pas être une propriété définition-nelle de l'objet théorique considéré. La valeur de l'accélération due à la pesanteur à laquelle la manifestation d'individu en question est soumise, doit toutefois être égale à $9,81\ m.s^{-2}$ par exemple, sous un certain cri-tère d'approximation. C'est pourquoi la manifestation d'individu, pour être considérée comme un exemplaire d'un objet théorique, doit être conforme aux profils causaux *et* aux profils nomologiques des propriétés ou relations définitionnelles de cet objet théorique, ainsi qu'aux profils causaux *et* aux profils nomologiques des autres propriétés ou relations qu'elle exemplifie ou contribue à exemplifier, et qui sont concernées par des lois du modèle.

L'identité d'un objet théorique, relative au modèle scientifique dans lequel il est défini, n'est pas seulement tributaire de l'exemplification de ses propriétés définitionnelles et des propriétés circonstancielles dé-crites par ce modèle, mais également de la manière dont certaines autres propriétés sont exemplifiées par les possibles exemplaires de cet objet théorique, à savoir les propriétés concernées par les lois de ce modèle scientifique.

Le fait que différents modèles définissent leur objet theorique respectif par les mêmes propriétés définitionnelles, elles-mêmes caractérisées par les mêmes profils causaux, ne suffirait pas pour conclure qu'il s'agisse du *même* objet théorique. Les ensembles de profils nomologiques, propres à chaque modèle, devraient aussi être identiques. Par exemple, si la pro-priété de solubilité était définie par un profil causal occurrentiel au sein d'un modèle, et par un profil dispositionnel au sein d'un autre modèle, même si l'équivalence de ces profils était démontrée (en termes de cer-tains pouvoirs causaux dans tous les contextes), il faudrait encore que cette propriété soit concernée par des lois équivalentes dans ces deux modèles, c'est-à-dire que ses rôles dans les différents rapports nomolo-giques soient identiques dans ces modèles.

D'un point de vue épistémologique, nous partageons donc en partie
le raisonnement de Shoemaker, selon lequel « des propriétés qui partagent exactement les mêmes caractéristiques causales » [Shoemaker,
1998, p. 66] sont indistinguables d'un point de vue épistémologique seulement si dans ces « caractéristiques causales », les lois scientifiques du modèle dans lesquelles ces propriétés interviennent sont prises en compte.
(Notons que le raisonnement de Shoemaker s'inscrit dans une conception métaphysique ; selon lui, s'il y a des propriétés qui partagent exactement les mêmes caractéristiques causales, notre vocabulaire ne nous
permet pas de les distinguer, alors que d'un point de vue épistémologique, deux modèles scientifiques pourraient définir leur objet théorique
avec les mêmes profils causaux et nomologiques, mais en utilisant un
nom d'objet théorique différent).

5.4.3   Modèles scientifiques et nécessité

Il est toutefois important de rappeler la distinction évoquée au début de ce chapitre entre lois naturelles et lois scientifiques et de préciser
en quel sens la conception causale des propriétés implique la nécessité
des lois, en distinguant une nouvelle fois métaphysique et épistémologie. D'un point de vue métaphysique, définir une propriété naturelle en
termes de pouvoirs causaux, comme le suggère l'essentialisme dispositionnel, au contraire d'une conception humienne, mène à la nécessité absolue des lois naturelles, comme le soulignent Mumford ou Chakravartty
notamment : « la nécessité des lois de la nature est une conséquence
immédiate de l'identification des lois avec les propriétés essentielles des
catégories naturelles » [Mumford, 2004, p. 108], ou « l'essentialisme dispositionnel a pour conséquence que les lois de la nature sont nécessaires
au sens fort » [Chakravartty, 2015, p. 101]. Cette conclusion s'applique-
t-elle à notre analyse épistémologique ? Nous suggérons en effet que la
considération d'une manifestation locale comme exemplaire d'un objet
théorique d'un modèle scientifique particulier, repose sur la conformité
de cette manifestation d'individu à certains profils causaux ou nomolo-

giques. Si les lois scientifiques en question sont « nécessaires », ce n'est en tout cas pas au sens logique du terme : ces lois scientifiques ne sont pas vérifiées dans tous les mondes possibles. L'exemplification, au sens épistémologique, d'une propriété scientifique par une manifestation d'individu, *nécessite* sa conformité au profil causal et au profil nomologique qui définissent cette propriété *dans un modèle scientifique particulier*. La « nécessité » des lois scientifiques d'un modèle dans un système-cible où les objets théoriques de ce modèle sont exemplifiés est une *nécessité épistémologique* qui découle de la définition même de l'exemplification d'un objet théorique. Mais une telle *nécessité épistémologique* n'entraîne pas la *nécessité métaphysique* des lois scientifiques. Pour mieux comprendre cette distinction, considérons le raisonnement de Max Kistler :

> « Les propriétés qui nous permettent de distinguer les propriétés, les unes des autres sont des propriétés de second ordre, à savoir leurs pouvoirs causaux (et leurs dépendances nomiques non-causales) qui lient leur instanciation à celle d'autres propriétés, en fonction des lois [...] Dans tous les mondes où la propriété F existe, elle obéit aux mêmes lois. Cela implique que les lois elles-mêmes sont nécessaires » [Kistler, 2002, p. 272].

Un modèle qui définit par exemple un objet théorique, nommé « électron », par un certain profil causal (lié à des pouvoirs comme avoir une charge électrique élémentaire négative, ou encore avoir une masse de $9,109 \times 10^{-31}$ kg) et par un certain profil nomologique en formulant une loi stipulant que deux électrons peuvent s'attirer mutuellement. Cet objet théorique, n'est exemplifié que dans les mondes où son profil causal et son profil nomologique sont respectés, c'est-à-dire notamment où les lois du modèle dans lequel cet objet théorique est défini, sont vérifiées. Comme une exemplification de propriété ou d'objet théorique d'un modèle scientifique requiert notamment que les lois de ce modèle soient vérifiées, il est en effet nécessaire, au sens épistémologique, que dans les mondes où cette exemplification est reconnue, les lois soient vérifiées. Mais une telle exemplification peut très bien n'être reconnue dans aucun monde possible. Ces lois ne sont donc pas nécessaires au sens logique, c'est-à-dire « vraies dans tous les mondes possibles ». Aucun système-cible actuel n'est compatible avec ce modèle définissant un objet théorique d'électron en suggérant que les électrons s'attirent mutuellement, mais comme un monde possible ne possède un exemplaire de cet objet théorique que si cette loi d'attraction entre électrons y est vérifiée, la *nécessité épistémologique* qui lie la définition de cet objet théorique à cette loi n'entraîne pas la *nécessité métaphysique* de cette loi. Autrement dit, le respect des lois d'un modèle scientifique au sein d'un système-cible est une condition nécessaire à l'exemplification des objets théoriques de ce modèle par des manifestations locales d'individus dans ce système. La *nécessité épistémologique* des lois découle de l'analyse de l'exemplification d'une propriété en termes de conformité aux profils causaux et nomologiques qui la définissent au sein d'un modèle scientifique.

5.4.4 Lois scientifiques et contextes

L'amalgame entre les notions de *nécessité épistémologique* et de *nécessité métaphysique*, à l'égard des lois scientifiques, peut être renforcé par la formulation de ces lois. Les définitions de lois scientifiques sont idéalisées dans la mesure où, comme nous l'illustrons ci-après, leurs énoncés ne contiennent pas en eux-mêmes toutes les conditions de leur satisfaction, pouvant ainsi suggérer la nécessité de ces lois au sens *métaphysique*. Toute l'argumentation scientifique d'un modèle ne réside pas intégralement dans ses lois et n'est pas réductible à leur simple énoncé. Une loi s'inscrit dans un modèle à partir duquel nous devons prétendre certaines propositions (au sujet du monde, comme des individus ou des propriétés) et générer ainsi des systèmes-modèles. Selon les définitions données par la description de modèle, une loi n'est strictement vérifiée qu'au sein de ces systèmes-modèles, c'est-à-dire dans le cadre d'une contextualisation fictionnelle (par abstraction, idéalisation ou délimitation). Extraire l'énoncé d'une loi du modèle scientifique dans lequel elle est produite, revient à négliger les conditions de sa satisfaction. Une argumentation scientifique ne peut donc pas se résumer uniquement dans l'énoncé des seules lois d'un modèle.

Les lois scientifiques d'un modèle ne sont vérifiées strictement que dans les systèmes-cibles qui réunissent des propriétés circonstancielles identiques à celles des contextes dans lesquels elles sont vraies selon ce modèle. Igor Hanzel suggère de modifier les énoncés de lois afin qu'ils retranscrivent les conditions de leur satisfaction. Poursuivant par exemple la proposition de Popper de transformer l'énoncé de la loi de gravitation $Fxy = \frac{kmxm'y}{rxy^2}$ en :

$$\forall x \forall y \left((Ox \wedge Oy) \rightarrow Fxy = \frac{kmxm'y}{rxy^2} \right)$$

où « O dénote des objets de masse non-nulle ; F, la force d'interaction entre deux objets ; m et m' leurs masses respectives ; et r la distance qui les sépare », Hanzel souligne que l'ensemble des conditions initiales doit apparaître : « les objets ont un volume égal à zéro, $V = 0$, et ils ne sont soumis à aucune force extérieure, $F_e = 0$ » [Hanzel, 1999, p. 52]. Hanzel propose ainsi la formulation suivante :

$$\forall x \forall y \left((Ox \wedge Oy \wedge Vx = 0 \wedge Vy = 0 \wedge F_e x = 0 \wedge F_e y = 0) \rightarrow Fxy = \frac{kmxm'y}{rxy^2} \right)$$

Toutefois, même si une loi scientifique était énoncée de cette manière (notamment dans le but de l'extraire du modèle dans lequel elle a été formulée), et même si l'ensemble des conditions ainsi exposées pouvaient être satisfaites (strictement ou relativement à certains critères d'approximation), la satisfaction logique de l'antécédent de cette formule dans un système-cible n'entraînerait pas nécessairement que cette égalité (dans la conséquence de cette formule) soit vérifiée strictement dans ce système-cible. Par exemple, une loi comme $T = 2\pi\sqrt{\frac{L}{g}}$ d'un modèle scientifique concernant un objet théorique de pendule défini par n propriétés définitionnelles (fil de masse nulle, mobile comme masse ponctuelle ...), est vraie dans des contextes réunissant m propriétés circonstancielles (les objets ne subissent aucune force de frottement de l'air, ils sont soumis à une accélération constante g due à la pesanteur ...). Avec des prédicats $D_{1-n}x$ tel que « x exemplifie les n propriétés définitionnelles », et $C_{1-m}x$ tel que « x exemplifie les m propriétés circonstancielles », cette loi devrait être énoncée, selon [Hanzel, 1999, p. 8], comme :

$$\forall x \left((D_{1-n}x \wedge C_{1-m}x) \to Tx = 2\pi\sqrt{\tfrac{Lx}{g}} \right)$$

Dans l'hypothèse où le symbole = était correctement défini logiquement par Hanzel pour refléter l'égalité mathématique, nous suggérons que même la satisfaction de l'antécédent de cette formule par tout individu manifesté dans un système-cible w, n'entraînerait pas la vérification stricte de l'égalité de cette loi dans w. En effet, la loi concernant une manifestation d'individu dans un système-cible n'est vraie que si cette manifestation exemplifie l'ensemble des propriétés définitionnelles et circonstancielles qui définissent les contextes dans lesquels la loi est vérifiée strictement. Or, un modèle scientifique ne pouvant définir ces contextes que par un nombre fini d'éléments, alors qu'un système-cible comporte une multitude de paramètres, une manifestation d'individu dans un système-cible ne peut pas exemplifier *uniquement* le nombre fini des paramètres caractérisant les contextes dans lesquels la loi est vérifiée strictement. Autrement dit, la reproduction de ces *seuls* paramètres dans des systèmes-cibles n'est pas possible puisque ceux-ci en comportent bien d'autres. Alors, soit tous ces autres paramètres n'ont aucune influence sur les conditions idéalisées (au moins du fait de leur nombre fini) dans lesquelles les lois sont vraies, justifiant alors l'*isolation* éventuellement supposée au sein d'un système ; soit les lois ne peuvent pas être vraies strictement dans un système-cible, expliquant alors les raisons qui poussent Cartwright à penser que « même quand les modèles scientifiques conviennent, ils ne conviennent pas très exactement » [Cartwright et Le Poidevin, 1991, p. 68].

Pour qu'une application de modèle scientifique puisse être jugée « appropriée » ou « satisfaisante », il est généralement nécessaire d'évaluer les résultats de cette application relativement à certaines conditions d'application selon lesquelles une loi est vérifiée, non pas strictement, mais approximativement. Dans le cas d'une loi énoncée comme précédemment à la manière de Hanzel, la notion d'approximation n'intervient pas seulement dans l'évaluation de son antécédent, mais également dans celle de sa conséquence.

5.4.5 Approximation nomologique

Une manifestation d'individu est un exemplaire d'un objet théorique d'un modèle scientifique si elle est conforme au profil causal et au profil nomologique qui définissent cet objet théorique dans ce modèle. Mais le caractère idéalisé d'un modèle scientifique ne transparaît pas uniquement dans sa manière de définir une propriété définitionnelle, il apparaît également dans sa manière de définir les rapports nomologiques déterminés entre certaines propriétés. Nous pouvons ainsi reprendre les propos de Cartwright en suggérant que les lois d'un modèle scientifique « ne gouvernent pas les objets réels, mais uniquement ceux du modèle » [Cartwright, 1983, p. 129]. Cependant, l'application d'un modèle à un système-cible peut être jugée plus ou moins pertinente relativement aux besoins et intérêts qui la motivent. Ces critères d'application concernant les lois, que nous pouvons inclure dans l'ensemble des conditions d'application E d'un modèle $\mathcal{M}$, peuvent établir une erreur tolérée entre les prédictions permises par une loi scientifique et la mesure effective du phénomène visé. Ainsi, dans le cadre d'une application $\langle \mathcal{M}, E \rangle$, une loi ψ sera considérée comme respectée relativement au critère d'approximation ϵ_ψ.

C'est seulement dans le cadre de contextes idéalisés (au moins à l'égard du nombre des paramètres qui les définissent), qu'un modèle émet des prédictions, en énonçant des lois. Même au sein de ce que Cartwright appelle des « machines nomologiques » [Cartwright, 1999, p. 49], utilisées dans le but de s'approcher le mieux possible de la description du modèle et ainsi d'instancier les lois qui y sont énoncées (comme en réalisant une expérience à l'aide d'un banc à coussin d'air pour réduire les forces de frottements entre un mobile et la surface sur laquelle il se déplace), la concrétisation d'un modèle scientifique au sein d'un système-cible nécessite non seulement une approximation de l'exemplification (de propriétés définitionnelles ou circonstancielles déterminées de manière idéalisée au sein de ce modèle), mais également une approximation nomologique, c'est-à-dire un respect relatif à certaines conditions d'application des rapports nomologiques, définis dans ce modèle, entre certaines propriétés.

Soit une propriété scientifique d'un modèle $\mathcal{M}$ intervenant dans certaines de ses lois $\psi_1, \ldots, \psi_m$. Une manifestation d'individu est conforme strictement au profil nomologique d'une telle propriété, si sa manière d'exemplifier cette propriété, ainsi que certaines autres, avec des pouvoirs causaux déterminés, rend vrai l'ensemble des lois du modèle qui concernent cette propriété, à savoir $\psi_1, \ldots, \psi_m$, c'est-à-dire si ces pouvoirs causaux déterminés respectent strictement les rapports nomologiques décrits par ces lois. Nous ajoutons qu'une manifestation d'individu est conforme au profil nomologique d'une telle propriété, selon certaines conditions d'application E du modèle $\mathcal{M}$, si sa manière d'exemplifier cette propriété, ainsi que certaines autres, avec des pouvoirs causaux déterminés, vérifie ψ_j relativement au critère d'approximation ϵ_{ψ_j}, pour tout entier j tel que $1 \leq j \leq m$ (chaque critère ϵ_{ψ_j} étant défini dans les conditions de l'application $\langle \mathcal{M}, E \rangle$).

Plus généralement, un n-uplet de manifestations d'individu est conforme au profil nomologique d'une relation n-aire d'un modèle $\mathcal{M}$, intervenant dans certaines de ses lois $\psi_1, \ldots, \psi_m$, selon certaines conditions d'application E, si sa manière d'exemplifier cette relation, ainsi que certaines autres, avec des pouvoirs causaux déterminés, vérifie ψ_j relativement au critère d'approximation ϵ_{ψ_j}, pour tout entier j tel que $1 \leq j \leq m$. De plus, une manifestation d'individu est conforme au profil nomologique d'une telle relation n-aire, selon certaines conditions d'application E, si tout n-uplet qui exemplifie cette relation et dont cette manifestation d'individu est membre, est conforme, relativement aux certaines conditions d'application E, au profil nomologique de cette relation dans $\mathcal{M}$.

Les critères d'approximation d'une loi scientifique sont variables selon les disciplines, ainsi que selon les besoins et intérêts de l'application de modèle en question. Une loi ψ d'un modèle scientifique $\mathcal{M}$ peut être vérifiée relativement à un critère d'approximation ϵ_ψ dans le cadre d'une application $\langle \mathcal{M}, E \rangle$, ou relativement à un critère d'approximation ϵ'_ψ dans le cadre d'une application $\langle \mathcal{M}, E' \rangle$. Une déclaration telle que « les aspirines soulagent les maux de tête » [Cartwright, 1989, p. 95], peut par exemple être jugée acceptable si elle est vérifiée dans 99% des cas. Ou une loi décrivant un rapport nomologique par une égalité peut être vérifiée relativement à un critère d'approximation exprimé quantitativement. Par exemple, une loi telle que $T = 2\pi \sqrt{\frac{L}{g}}$ peut être vérifiée sous une certaine erreur tolérée ϵ, si, pour des valeurs déterminées t_k, l_l, g_k (respectivement une période d'oscillation, une longueur de fil, et une accélération due à la pesanteur) : $\left| t_k - 2\pi \sqrt{\frac{l_k}{g_k}} \right| < \epsilon$. Ou enfin, une loi mettant en jeu des relations n-aires, comme la troisième loi de Newton (selon laquelle « tout corps d exerçant une force sur un corps d', subit une force d'intensité égale, de sens opposé, exercée par le corps d' »), peut être vérifiée dans un système-cible contenant deux objets d_1 et d_2, sous une certaine erreur tolérée ϵ, si la mesure de la force exercée par d_1 sur d_2 a la valeur $k_{d_1 d_2}$ et celle de la force exercée par d_2 sur d_1 a la valeur $k_{d_2 d_1}$, sont telles que : $|k_{d_1 d_2} - k_{d_2 d_1}| < \epsilon$.

5.4.6 Lignes de monde et objets théoriques dans un modèle logique approprié

Dans le cas d'un objet théorique o défini au sein d'un modèle scientifique $\mathcal{M}$ par des profils causaux et nomologiques, la manifestation d'un individu i dans un système-cible w, est reconnue comme un exemplaire approximatif de cet objet théorique si $i(w)$ est conforme à ces profils causaux et nomologiques relativement aux conditions d'application $\langle \mathcal{M}, E \rangle$. Cette identification s'effectue ainsi en vertu de certains des pouvoirs causaux de $i(w)$ (en l'occurrence certains pouvoirs de la manifestation de l'individu i dans w ou certains pouvoirs d'autres manifestations de i dans le cas de profils dispositionnels), et en vertu des relations entre certains pouvoirs causaux (en les comparant aux rapports nomologiques décrits par les lois qui concernent l'objet théorique o).

D'un point de vue logique, la définition générale de modèle augmenté *approprié* pour une application de modèle scientifique peut être établie à partir de la définition de modèle augmenté M approprié pour une application de modèle scientifique $\langle \mathcal{M}, E \rangle$, avec un modèle scientifique $\mathcal{M}$ dans lequel les propriétés ne sont définies que par un profil causal, en ajoutant au point 3 (p. 246) qui concerne la constitution de l'ensemble-valeur $\ell(w) = Int(P, v)(w)$, la condition selon laquelle, pour tout individu $i \in \mathcal{L}_i$ défini sur $w : i(w) \in \ell(w)$ si $i(w)$ est conforme au profil causal de ℓ (noté $\mathbb{P}_{\mathcal{M}, \ell}(w)$), *ainsi qu'à son profil nomologique*, relativement aux conditions d'application E.

Dans le cas d'un prédicat n-aire P, avec une ligne de relation n-aire $\ell \in \mathcal{L}_r$ telle que $Int(P, v) = \ell$, $\langle i_1(w), \ldots, i_n(w) \rangle \in Int(P, v)(w)$ si $\langle i_1(w), \ldots, i_n(w) \rangle$ est conforme au profil causal de ℓ, *ainsi qu'à son profil nomologique*, relativement aux conditions d'application E.

Par exemple, pour un prédicat P comme « être parfaitement sphérique », un système-cible actuel @, sous l'assignation g, et dans un modèle logique augmenté M approprié pour l'application d'un modèle scientifique $\mathcal{M}$ (dont v est un système-modèle), sous certaines conditions E, M étant approprié pour $\langle \mathcal{M}, E \rangle$ non seulement vis-à-vis des critères d'approximation concernant l'exemplification des propriétés définitionnelles ou circonstancielles, mais aussi vis-à-vis des critères d'approximation concernant les lois de $\mathcal{M}$:

$$M, @, g \models_{\overline{v}} \exists x P x$$

si et seulement si   pour au moins un individu $i \in \mathcal{L}_i$ défini sur @ :
$$M, @, g[x/i] \models_{\overline{v}} P x$$

si et seulement si   pour au moins un individu $i \in \mathcal{L}_i$ défini sur @ :
$$i(@) \in Int(P, v)(@)$$

si et seulement si   pour au moins un individu $i \in \mathscr{L}_i$ défini sur @,
$i(@)$ est conforme, sous les condition E, aux profils
causaux et nomologiques de la propriété $\ell \in \mathscr{L}_r$
telle que $\ell = Int(P, v)$, définis dans $\mathcal{M}$.

Plus généralement, dans le cas d'un modèle scientifique $\mathcal{M}$ qui définit
son objet théorique o (compris comme un faisceau de lignes de monde
de propriétés ou de relations), avec Ox le prédicat « être un exemplaire
de l'objet théorique o », dans un modèle logique augmenté M approprié
pour $\langle \mathcal{M}, E \rangle$, pour un système-cible w, sous l'assignation g :

$M, w, g \models_{\overline{v}} \exists x Ox$

si et seulement si   pour au moins un individu $i \in \mathscr{L}_i$ défini sur w :
$M, w, g[x/i] \models_{\overline{v}} Ox$

si et seulement si   pour au moins un individu $i \in \mathscr{L}_i$ défini sur w :
$i(w)$ est conforme, sous les condition E, aux profils
causaux et nomologiques des propriétés ou relations
définitionnelles de l'objet théorique o dans $\mathcal{M}$, ainsi
qu'aux éventuels profils causaux et nomologiques
d'autres propriétés ou relations dans $\mathcal{M}$, que $i(w)$
exemplifie ou contribue à exemplifier.

Conclusion du Chapitre 5

La reconnaissance d'une manifestation d'individu comme exemplaire
approximatif, sous certaines conditions d'application, d'un objet théorique d'un modèle scientifique, repose sur l'analyse des pouvoirs causaux
de cette manifestation d'individu, précisément :

- certains de ses pouvoirs causaux dans certaines circonstances, pour
  évaluer sa conformité, relativement à des critères d'approximation,
  aux profils causaux et nomologiques des propriétés déterminées
  dans ce modèle scientifique pour définir cet objet théorique,

- et certains de ses pouvoirs causaux (potentiellement d'autres pouvoirs que ceux étudiés dans l'analyse décrite ci-dessus), pour évaluer sa conformité, relativement à des critères d'approximation, aux profils causaux et nomologiques d'autres propriétés ou relations, en étudiant notamment si la manière dont ces pouvoirs causaux sont déterminés respecte, également relativement à des critères d'approximation, les rapports nomologiques décrits par les lois du modèle qui concernent une ou plusieurs propriétés ou relations que cette manifestation d'individu exemplifie ou contribue à exemplifier.

En résumé, une manifestation d'individu est ainsi reconnue, sous certaines conditions d'application, comme exemplaire approximatif d'un objet théorique de modèle scientifique, si elle est conforme, relativement à ces conditions d'application, aux profils causaux et nomologiques des propriétés et relations définitionnelles de cet objet théorique, ainsi qu'à ceux des autres propriétés ou relations que cette manifestation d'individu exemplifie ou contribue à exemplifier, et qui sont concernées par des lois du modèle.

L'application d'un modèle scientifique à un système-cible, sous certaines conditions d'application, sera jugée pertinente si le fait que tous les objets théoriques du modèle soient exemplifiés approximativement dans le système-cible, entraîne que toutes les lois y soient vérifiées approximativement, selon, dans les deux cas, des critères d'approximation définis dans l'ensemble des conditions d'application. Toute notion de compatibilité est ainsi relative aux besoins et intérêts qui motivent cette application.

Conclusion générale

Nous avons proposé une analyse épistémologique des *modèles scientifiques* et de leur application dans différentes situations, centrée sur la définition et l'identification des *objets théoriques*. D'une part, d'un point de vue fictionnaliste, les diverses simplifications pouvant intervenir lors de la conception d'un modèle scientifique nous incitent à envisager des contextes strictement compatibles avec un modèle scientifique. Les *descriptions de modèles* sont considérées comme des *supports* dans des *jeux de faire-semblant*, dans le cadre desquels des *systèmes-modèles* fictionnels sont générés. Au sein de systèmes-modèles, des exemplaires des objets théoriques définis au sein du modèle scientifique concerné peuvent être reconnus comme tels strictement. Les propositions qu'un modèle scientifique *entraîne* sont strictement vraies au sein de ses systèmes-modèles, qu'il s'agisse de descriptions, d'explications ou de prédictions concernant des exemplaires stricts d'objets théoriques ou de leurs relations avec d'autres éléments du domaine de système-modèle auquel ces exemplaires appartiennent. D'autre part, dans une perspective modale, pour que l'application d'un modèle scientifique portant sur certains objets théoriques puisse être jugée satisfaisante au sein d'une multitude de systèmes-cibles, ceux-ci étant alors considérés comme compatibles avec ce modèle, des objets locaux de ces systèmes-cibles doivent être reconnus comme des exemplaires approximatifs, sous certaines conditions d'application, de ces objets théoriques. Après avoir étudié le structuralisme des modèles scientifiques, et avoir présenté les modifications qu'une telle conception doit, selon nous, subir pour être pertinente dans une perspective épistémologique, nous avons toutefois rejeté la notion de similarité structurelle pour comprendre le succès des modèles scientifiques, et nous avons analysé l'identification d'un objet théorique en termes de *profils causaux* et *nomologiques*, expliquant ainsi la notion de compatibilité en termes de pouvoirs causaux plutôt qu'en termes structuralistes. La reconnaissance d'un objet local d'une situation comme exemplaire d'objet théorique, selon certains critères d'approximation, requiert l'analyse de certains pouvoirs causaux de cette manifestation d'individu dans cette situation, et dans d'autres contextes dans des cas de profils dispositionnels. Un objet théorique est ainsi relatif au modèle scientifique dans lequel il est défini, et son identification dans des situations possibles est quant à elle relative aux conditions d'application de ce modèle.

D'un point de vue logique, tout en distinguant *modèles scientifiques* et *modèles logiques*, nous avons proposé une sémantique de logique modale cohérente avec les thèses épistémologiques que nous avons soutenues. Les modèles logiques *augmentés* que nous avons définis sont notamment munis d'un système d'identification des individus, ainsi que d'un système d'identification des propriétés et des relations, indépendants d'un système de référence. Les *lignes de monde d'individus* et les *lignes de monde de relations* permettent de rendre compte de l'identité des individus et des propriétés indépendamment des termes qui peuvent les désigner ou des prédicats qui peuvent les qualifier, depuis certains contextes. Toutefois, les interrelations entre les systèmes de référence et d'identification ont pu être analysées. Un terme ne désigne pas un élément d'un domaine, mais un individu pouvant être identifié dans différents contextes. Un prédicat n'est plus interprété dans une situation comme l'ensemble des objets du domaine qui satisfont ce prédicat, mais comme une propriété ou une relation pouvant être identifiée dans différents contextes. En particulier, un prédicat peut être interprété dans un contexte comme une propriété ou une relation qui n'est pas exemplifiée dans ce contexte, mais qui l'est potentiellement dans d'autres situations.

Dans un modèle logique augmenté *approprié* pour l'étude de l'application d'un modèle scientifique relativement à certaines conditions, nous avons souligné l'importance épistémologique des interrelations entre les systèmes de référence et d'identification au sein d'un système-modèle de ce modèle scientifique, alors considéré comme un contexte de référence. En effet, un modèle scientifique, quelle que soit la nature de sa description, c'est-à-dire la manière dont il est présenté, *entraîne* des propositions qui peuvent être exprimées dans un certain langage. Dans un modèle logique augmenté pour ce même langage, approprié pour l'application de ce modèle scientifique, l'interprétation des prédicats, depuis un contexte de référence que constitue un système-modèle généré à partir de la description de ce modèle scientifique, permet de désigner les propriétés et les relations sur lesquelles porte ce modèle scientifique. En particulier, les exemplaires des objets théoriques définis au sein de ce modèle scientifique y exemplifient strictement ces propriétés. Ces propriétés et relations, dont nous rendons compte de l'identité par le concept de lignes de monde, peuvent ensuite être suivies jusque dans les systèmes-cibles au sein desquels le modèle scientifique considéré est appliqué, relativement aux conditions d'applications pour lesquelles ce modèle logique est approprié. En l'occurrence, les particularités du langage utilisé pour exprimer les propositions entraînées du modèle scientifique en question, à travers les différents contextes, sont écartées. L'identité des propriétés et des relations sur lesquelles porte ce modèle scientifique est indépendante des interprétations locales des éléments du vocabulaire, en particulier des interprétations depuis des systèmes-cibles au sein desquels l'application du modèle scientifique est étudiée.

Dans le même ordre d'idées, nous avons défini la relation de *satisfaction par prédétermination dissociée* depuis un contexte de référence, de manière à étudier la satisfaction des formules, notamment celles exprimant les propositions que le modèle scientifique étudié entraîne, au sein d'un système-cible, selon la détermination des lignes de relations depuis un système-modèle de référence, indépendamment de l'interprétation des prédicats dans ce système-cible en particulier. Les ensembles-valeurs de ces lignes de relations sont construits selon les profils causaux et nomologiques définis dans le cadre de ce modèle scientifique, relativement à certains critères d'approximation définis au sein des conditions d'application considérées. Ainsi, les descriptions, les explications ou les prédictions émises à partir de modèles scientifiques sont jugées justes, pertinentes ou fructueuses vis-à-vis de systèmes-cibles, relativement aux besoins et aux intérêts qui motivent l'application de ces modèles dans ces systèmes-cibles.

La valeur épistémologique accordée à une argumentation scientifique doit être estimée en considération des intérêts qui la motivent. Précisément, l'appréciation de la pertinence épistémologique d'une argumentation prenant appui sur des propositions entraînées de modèles scientifiques doit être exécutée en tenant compte des conditions d'application relativement auxquelles est conduite l'identification des objets théoriques concernés, non plus seulement au sein de systèmes-modèles, mais dans les systèmes-cibles actuels ou possibles visés par cette argumentation.

Bibliographie

ACHINSTEIN, P. (1965). Theoretical models. *The British Journal for the Philosophy of Science*, 16(62):102–120.

ARMSTRONG, D. M. (1983). *What is a Law of Nature?* Cambridge University Press, Cambridge.

BÄCK, A. (2014). *Aristotle's Theory of Abstraction*, volume 74 de *The New Synthese Historical Library*. Springer, Cham.

BAILER-JONES, D. M. (2003). When scientific models represent. *International Studies in the Philosophy of Science*, 17(1):59–74.

BARBEROUSSE, A. (2000). *La physique face à la probabilité*. Vrin, Paris.

BARBEROUSSE, A. et LUDWIG, P. (2009). Models as fictions. *In* SUÁREZ, M., éditeur : *Fictions in Science. Philosophical Essays on Modeling and Idealization*, pages 56–73. Routledge, Oxon, New York.

BEHL, M., LENDLEIN, A. et ZOTZMANN, J. (2010). Shape-memory polymers and shape-changing polymers. *In* LENDLEIN, A., éditeur : *Shape-Memory Polymers*, volume 226 de *Advances in Polymer Science*, pages 1–40. Springer-Verlag, Berlin.

BENOIST, J. (2010). *Concepts*. Cerf, Paris.

BIRD, A. (2007). *Nature's Metaphysics: Laws and Properties*. Oxford University Press, Oxford.

BLACK, M. (1962). *Models and Metaphors. Studies in Language and Philosophy*. Cornell University Press, Ithaca, New York.

BOGHOSSIAN, P. A. (2006). *Fear of Knowledge: Against Relativism and Constructivism*. Oxford University Press, Oxford.

BOHR, N. (1913). On the constitution of atoms and molecules. *Philosophical Magazine*, 26(6):1–25, 476–502, 857–75.

BRADING, K. et LANDRY, E. (2006). Scientific structuralism: Presentation and representation. *Philosophy of Science*, 73(5):571–581.

BRADING, K. et SKILES, A. (2012). Underdetermination as a path to structural realism. *In* LANDRY, E. M. et RICKLES, D. P., éditeurs : *Structural Realism: Structure, Object, and Causality*, pages 99–115. Springer, Dordrecht.

BRIDGMAN, P. W. (1937). The phase diagram of water to 45,000 kg/cm^2. *The Journal of Chemical Physics*, 5(12):964–966.

BUNGE, M. (1959). *Causality: The Place of The Causal Principle in Modern Science*. Harvard University Press, Cambridge.

CARNAP, R. (1966). *Philosophical Foundations of Physics*. Basic Books, New York.

CARTWRIGHT, N. (1983). *How the Laws of Physics Lie*. Oxford University Press, Oxford.

CARTWRIGHT, N. (1989). *Nature's Capacities and Their Measurement*. Oxford University Press, Oxford.

CARTWRIGHT, N. (1999). *The Dappled World: A Study of the Boundaries of Science*. Cambridge University Press, Cambridge.

CARTWRIGHT, N. (2005). No God, no Laws. *In* MORIGGI, S. et SINDONI, E., éditeurs : *Dio, la Natura e la Legge. God and the Laws of Nature*, pages 183–190. Angelicum-Mondo X, Milan.

CARTWRIGHT, N. et LE POIDEVIN, R. (1991). Fables and models. *Proceedings of the Aristotelian Society, Supplementary Volumes*, 65:55–82.

CAVEING, M. (2004). *Le problème des objets dans la pensée mathématique*. Vrin, Paris.

CHAKRAVARTTY, A. (2001). The semantic or model-theoretic view of theories and scientific realism. *Synthese*, 127(3):325–345.

CHAKRAVARTTY, A. (2003). The structuralist conception of objects. *Philosophy of Science*, 70(5):867–878.

CHAKRAVARTTY, A. (2007). *A Metaphysics for Scientific Realism: Knowing the Unobservable.* Cambridge University Press, Cambridge.

CHAKRAVARTTY, A. (2015). L'existence des lois. Les pouvoirs causaux dans la nature. *In* FELTZ, B., FROGNEUX, N. et LEYENS, S., éditeurs : *La nature en éclats. Cinq controverses philosophiques*, pages 85–106. Academia, L'Harmattan, Louvain-La-Neuve.

CHANG, H. (2004). *Inventing Temperature: Measurement and Scientific Progress.* Oxford University Press, New York.

COXETER, H. S. M. (1948). *Regular Polytopes.* Methuen, London.

CURRIE, G. (1990). *The Nature of Fiction.* Cambridge University Press, Cambridge.

DALTON, J. (1808). *New System of Chemical Philosophy*, volume 1. Manchester: S. Russell.

DOLAN, D. H., KNUDSON, M. D., HALL, C. A. et DEENEY, C. (2007). A metastable limit for compressed liquid water. *Nature Physics*, 3:339–342.

DRETSKE, F. I. (1977). Laws of nature. *Philosophy of Science*, 44(2):248–268.

DUHEM, P. (1906). *La Théorie physique. Son objet, sa structure.* Édition de 1981. Vrin, Paris.

EISENBERG, D. et KAUZMANN, W. (1969). *The Structure and Properties of Water.* Oxford Classic Texts in the Physical Sciences. Oxford University Press, Oxford.

ELLIS, B. (2002). *Philosophy of Nature: A Guide to the New Essentialism*. Acumen Publishing, Chesham.

ELLIS, B. (2008). Powers and dispositions. *In* GROFF, R., éditeur : *Revitalizing Causality: Realism about causality in philosophy and social science*, pages 76–92. Routledge, Oxon, New York.

ESFELD, M. (2009). The modal nature of structures in ontic structural realism. *International Studies in the Philosophy of Science*, 23(2):179–194.

ESFELD, M. (2010). Les fondements de la causalité. *Matière première*, 1:199–222.

FINE, A. (2009). Fictionalism. *In* SUÁREZ, M., éditeur : *Fictions in Science. Philosophical Essays on Modeling and Idealization*, pages 19–36. Routledge, Oxon, New York.

FITTING, M. et MENDELSOHN, R. L. (1998). *First-Order Modal Logic*, volume 277 de *Synthese Library*. Springer, Dordrecht.

FOCK, V. A. (1965). La physique quantique et les idéalisations classiques. *Dialectica*, 19(3-4):223–245.

FREGE, G. (1892). Über Sinn und Bedeutung. *Zeitschrift für Philosophie und philosophische Kritik*, 100:25–50. Traduit par M. Black in P.T. Geach et M. Black, éditeurs : *Translations from the Philosophical Writings of Gottlob Frege*, 1960, pages 56–78. Blackwell, Oxford.

FRENCH, S. (2006). Structure as a weapon of the realist. *Proceedings of the Aristotelian Society*, 106(1):169–187.

FRENCH, S. et LADYMAN, J. (1999). Reinflating the semantic approach. *International Studies in the Philosophy of Science*, 13(2):103–121.

FRIGG, R. (2002). Models and representation: Why structures are not enough. *Measurement in Physics and Economics Project Discussion Paper Series*, DP MEAS 25/02.

FRIGG, R. (2006). Scientific representation and the semantic view of theories. *Theoria*, 55(1):49–65.

FRIGG, R. (2010a). Fiction and scientific representation. *In* FRIGG, R. et HUNTER, M. C., éditeurs : *Beyond Mimesis and Convention: Representation in Art and Science*, pages 97–138. Springer, Berlin, New York.

FRIGG, R. (2010b). Fiction in science. *In* WOODS, J., éditeur : *Fictions and Models: New Essays*, pages 247–287. Philosophia Verlag, Munich.

FRIGG, R. (2010c). Models and fiction. *Synthese*, 172(2):251–268.

FRIGG, R. et HARTMANN, S. (2012). Models in science. *In* ZALTA, E. N., éditeur : *Stanford Encyclopedia of Philosophy*. https://plato.stanford.edu/archives/spr2017/entries/models-science/.

FRIGG, R. et NGUYEN, J. (2016). The fiction view of models reloaded. *The Monist*, 99:225–242.

FRIGG, R. et NGUYEN, J. (2018). The turn of the valve: representing with material models. *European Journal for Philosophy of Science*, 8(2):205–224.

FRIGG, R. et VOTSIS, I. (2011). Everything you always wanted to know about structural realism but were afraid to ask. *European Journal for Philosophy of Science*, 1:227–276.

GALLAIS, A., PAPADOPOULOS, G. Z., KOTSIOU, V., CHATZIMISIOS, P. et NOËL, T. (2015). Optimizing the handover delay in mobile wsns. *2015 IEEE 2nd World Forum on Internet of Things (WF-IoT)*, pages 210–215.

GALLAIS, A., PAPADOPOULOS, G. Z., KRITSIS, K., CHATZIMISIOS, P. et NOEL, T. (2016). Performance evaluation methods in ad hoc and wireless sensor networks: a literature study. *IEEE Communications Magazine*, 54(1):122–128.

GAMUT, L. T. F. (1991). *Logic, Language, and Meaning, Volume 2: Intensional Logic and Logical Grammar*. University of Chicago Press, Chicago.

GIERE, R. N. (1983). Testing theoretical hypotheses. *Minnesota Studies in Philosophy of Science*, 10:269–298.

GIERE, R. N. (1988). *Explaining Science: A Cognitive Approach*. University of Chicago Press, Chicago.

GIERE, R. N. (2004). How models are used to represent reality. *Philosophy of Science*, 71:742–752.

GODFREY-SMITH, P. (2006). The strategy of model-based science. *Biology and Philosophy*, 21:725–740.

GOLEVA, R., STAINOV, R., SAVOV, A. et DRAGANOV, P. (2015). Reliable platform for enhanced living environment. *In* AGÜERO, R., ZINNER, T., GOLEVA, R., TIMM-GIEL, A. et TRAN-GIA, P., éditeurs : *Mobile Networks and Management - MONAMI 2014*, volume 141, pages 315–328. Springer, Cham.

GUO, Z. (2011). Mind the map! The impact of transit maps on travel decisions in public transit. *Transportation Research*, Part A 45:625–639.

HANZEL, I. (1999). *The Concept of Scientific Law in the Philosophy of Science and Epistemology: A Study of Theoretical Reason*, volume 208 de *Boston Studies in the Philosophy and History of Science*. Springer, Dordrecht.

HARTMANN, S. (1998). Idealization in quantum field theory. *In* SHANKS, N., éditeur : *Idealization in Contemporary Physics*, pages 99–122. Rodopi, Amsterdam.

HELD, C. (2009). When does a scientific theory describe reality? *In* SUÁREZ, M., éditeur : *Fictions in Science, Philosophical Essays on*

Modeling and Idealization, pages 139–157. Routledge, Oxon, New York.

HINTIKKA, J. (1969). *Models for Modalities*. Reidel, Dordrecht.

HINTIKKA, J. (1970a). Objects of knowledge and belief: Acquaintances and public figures. *The Journal of Philosophy*, 67(21):869–883.

HINTIKKA, J. (1970b). The semantics of modal notions and the indeterminacy of ontology. *Synthese*, 21(3/4):408–424.

HINTIKKA, J. (1975). *The Intentions of Intentionality and Other New Models for Modalities*, volume 90 de *Synthese Library*. Springer, Dordrecht.

HINTIKKA, J. (1984). The logic of science as a model-oriented logic. *PSA: Proceedings of the Biennial Meeting of the Philosophy of Science Association*, 1:177–185.

HINTIKKA, J. (2003). A second generation epistemic logic and its general significance. *In* HENDRICKS, V. F., JØRGENSEN, K. F. et PEDERSEN, S. A., éditeurs : *Knowledge Contributors*, volume 322 de *Synthese Library*, pages 33–55. Springer, Dordrecht.

HINTIKKA, J. (2007). *Socratic Epistemology: Explorations of Knowledge-Seeking by Questioning*. Cambridge University Press, Cambridge.

HINTIKKA, J. et HINTIKKA, M. B. (1982). Towards a general theory of individuation and identification. *In* LEINFELLNER, W. et AL., éditeurs : *Language and Ontology, Proceedings of the Sixth International Wittgenstein Symposium*, pages 137–150. Hölder-Pichler-Tempsky, Vienna. In [Hintikka et Hintikka, 1989]: 73–95.

HINTIKKA, J. et HINTIKKA, M. B. (1989). *The Logic of Epistemology and the Epistemology of Logic: Selected Essays*, volume 200 de *Synthese Library*. Springer, Dordrecht.

HUGHES, R. I. G. (1997). Models and representation. *Philosophy of Science*, 64(4):S325–S336.

JACOBSON, M. C., CHARLSON, R. J., RODHE, H. et ORIANS, G. H. (2000). *Earth System Science: From Biogeochemical Cycles to Global Changes*. Elsevier Academic Press, London.

KISTLER, M. (2002). L'identité des propriétés et la nécessité des lois de la nature. *Cahiers de Philosophie de l'Université de Caen : Le Réalisme des Universaux*, 38/39:249–273.

KNUUTTILA, T. et LOETTGERS, A. (2012). The productive tension. mechanisms vs. templates in modeling the phenomena. *In* HUMPHREYS, P. et IMBERT, C., éditeurs : *Models, Simulations, and Representations*, volume 9 de *Routledge Studies in the Philosophy of Science*, pages 3–24. Routledge, Oxon, New York.

KRIPKE, S. A. (1971). Identity and necessity. *In* MUNITZ, M. K., éditeur : *Identity and Individuation*, pages 135–164. NYU Press, New York.

KRIPKE, S. A. (1980). *Naming and Necessity*. Harvard University Press, Cambridge.

KROES, P. (1989). Structural analogies between physical systems. *The British Journal for the Philosophy of Science*, 40(2):145–154.

LADYMAN, J. (2001). Science, metaphysics and structural realism. *Philosophica*, 67(1):57–76.

LADYMAN, J. et ROSS, D. (2007). Scientific realism, constructive empiricism, and structuralism. *In Every Thing Must Go: Metaphysics Naturalized*, pages 66–129. Oxford University Press, Oxford.

LADYMAN, J., ROSS, D. et SPURRETT, D. (2007). In defence of scientism. *In Every Thing Must Go: Metaphysics Naturalized*, pages 1–65. Oxford University Press, Oxford.

LaPorte, J. (2013). *Rigid designation and theoretical identities*. Oxford University Press, Oxford.

Le Bihan, S., éditeur (2013). *Précis de philosophie de la physique*. Vuibert, Paris.

Lewis, D. K. (1968). Counterpart theory and quantified modal logic. *Journal of Philosophy*, 65(5):113–126.

Lewis, D. K. (1978). Truth in fiction. *American Philosophical Quarterly*, 15(1):37–46.

Locke, J. (1690). *An Essay Concerning Human Understanding*. in P. H. Nidditch, editor (1975). Oxford University Press, Oxford.

Louisell, W. H. (1973). *Quantum Statistical Properties of Radiation*. John Wiley & Sons, New York.

Lowe, E. J. (2006). *The Four-Category Ontology: A Metaphysical Foundation for Natural Science*. Oxford University Press.

Mackie, J. L. (1973). *Truth, Probability, and Paradox: Studies in Philosophical Logic*. Oxford University Press, Oxford.

Mäki, U. (1994). Isolation, Idealization and truth in economics. *In* Hamminga, B. et De Marchi, N., éditeurs : *Idealization in Economics*, pages 147–168. Rodopi, Amsterdam.

Manin, Y. L. (1977). *A Course in Mathematical Logic*, volume 53 de *Graduate Texts in Mathematics*. Springer-Verlag, New York.

Maxwell, J. C. (1867). On the dynamical theory of gases. *Philosophical Transactions of the Royal Society of London*, 157:49–88.

McMullin, E. (1985). Galilean idealization. *Studies in History and Philosophy of Science*, 16(3):247–273.

Mellor, D. H. (1991). Properties and predicates. *In Matters of Metaphysics*, pages 170–182. Cambridge University Press, Cambridge.

MELLOR, D. H. (2000). The semantics and ontology of dispositions. *Mind*, 109:757–780.

MORRISON, M. (1999). Models as autonomous agents. *In* MORGAN, M. S. et MORRISON, M., éditeurs : *Models as Mediators. Perspectives on Natural and Social Science*, pages 38–65. Cambridge University Press, Cambridge.

MORRISON, M. (2015). *Reconstructing Reality: Models, Mathematics, and Simulations.* Oxford University Press, Oxford.

MOULINES, C. U. (1976). Approximate application of empirical theories: A general explication. *Erkenntnis*, 10(2):201–227.

MUMFORD, S. (1998). *Dispositions.* Oxford University Press, Oxford.

MUMFORD, S. (2004). *Laws in Nature.* Routledge, New York.

NEWTON, I. (1687). *Philosophiae naturalis principia mathematica.* Traduction par Émilie du Châtelet (Lambert, Desaint & Saillant, 1756).

NORTON, J. D. (2012). Approximation and idealization: Why the difference matters. *Philosophy of Science*, 79(2):207–232.

PARSONS, T. (1980). *Nonexistent Objects.* Yale University Press, New Haven.

PHILLIPS, A. W. (1958). The relation between unemployment and the rate of change of money wage rates in the United Kingdom, 1861-1957. *Economica*, 25(100):283–299.

PIAGET, J. (1968). *Le Structuralisme.* Quadrige. Presses Universitaires de France, Paris.

PICCO, G. P., MOLTENI, D., MURPHY, A. L., OSSI, F., CAGNACCI, F., CORRÀ, M. et NICOLOSO, S. (2015). Geo-referenced proximity detection of wildlife with wildscope: design and characterization. *In Proceedings of the 14th International Conference on Information Processing in Sensor Networks*, IPSN '15, pages 238–249. ACM, New York.

POINCARÉ, H. (1902). *La Science et l'Hypothèse*. Flammarion, Paris.

POPPER, K. R. (1963). *Conjectures and Refutations: The Growth of Scientific Knowledge*. Routledge, London.

POTOCHNIK, A. (2017). *Idealization and the Aims of Science*. University of Chicago Press, Chicago, London.

PSILLOS, S. (2006). *The* structure, the *Whole* structure and nothing *but* the structure? *Philosophy of Science*, 73(5):560–570.

PUTNAM, H. (1975a). *Mathematics, Matter and Method*. Cambridge University Press, Cambridge.

PUTNAM, H. (1975b). The meaning of 'meaning'. *In* PUTNAM, H., éditeur : *Mind, Language and Reality: Philosophical papers, Volume 2*, pages 215–271. Cambridge University Press, Cambridge.

PUTNAM, H. (1990). *Realism with a Human Face*. Harvard University Press, Cambridge, MA.

QUINE, W. V. O. (1969). *Ontological Relativity and Other Essays*. Columbia University Press, New York.

RAHMAN, S. (2017). Idealizations as prescriptions and the role of fiction in science: Towards a formal semantics. *In* POMBO, O., éditeur : *Lugares e Modelos (Places and Models)*, pages 20–39. Fim de Século, Lisbon.

RAHMAN, S. et FONTAINE, M. (2010). Fiction, creation and fictionality: An overview. *In Methodos*. http://methodos.revues.org/2343.

REBUSCHI, M. (2017). *Questions d'attitudes : Essai de philosophie formelle sur l'intentionnalité*. Vrin, Paris.

ROBERTS, J. T. (2008). *The Law-Governed Universe*, chapitre Measurement and counterfactuals, pages 272–322. Oxford University Press, New York.

RYLE, G. (1949). *The Concept of Mind*. Hutchinson, London. Références relatives à l'édition de 2009, Routledge, Oxon, New York.

SAINSBURY, M. (2010). *Fiction and Fictionalism*. Routledge, Oxon, New York.

SAINSBURY, M. (2012). Representing unicorns: How to think about intensionality. *In* CURRIE, G., KOTATKO, P. et POKORNY, M., éditeurs : *Mimesis: Metaphysics, Cognition, Pragmatics*, volume 17 de *Texts in Philosophy*, pages 106–131. College Publications, London.

SCHINDLER, S. (2008). Model, theory and evidence in the discovery of the DNA structure. *The British Journal for the Philosophy of Science*, 59(4):619–658.

SHAPIRO, S. (1997). *Philosophy of Mathematics: Structure and Ontology*. Oxford University Press, Oxford.

SHOEMAKER, S. (1979). Identity, properties, and causality. *Midwest Studies in Philosophy*, 4(1):321–342.

SHOEMAKER, S. (1980). Causality and properties. *In* van INWAGEN, P., éditeur : *Time and Cause*, pages 109–135. Reidel, Dordrecht.

SHOEMAKER, S. (1998). Causal and metaphysical necessity. *Pacific Philosophical Quarterly*, 79(1):59–77.

SHOEMAKER, S. (2007). *Physical Realization*. Oxford University Press, Oxford.

SUÁREZ, M. (1999). Theories, models, and representations. *In* MAGNANI, L., NERSESSIAN, N. et THAGARD, P., éditeurs : *Model-Based Reasoning in Scientific Discovery*, pages 75–83. Springer, Boston.

SUÁREZ, M. (2003). Scientific representation: Against similarity and isomorphism. *International Studies in the Philosophy of Science*, 17(3): 225–244.

Suppes, P. (1960). A comparison of the meaning and uses of models in mathematics and the empirical sciences. *Synthese*, 12(2/3):287–301. In [Suppes, 1969]:10–23.

Suppes, P. (1969). *Studies in the Methodology and Foundations of Science: Selected Papers from 1951 to 1969*. Numéro 22 de Synthese Library. Springer, Dordrecht.

Swartz, N. (1986). *The Concept of Physical Law*. Cambridge University Press, Cambridge.

Tarski, A. (1933). The concept of truth in formalized languages. *Prace Towarzystwa Naukowego Warszawskiego, Wydzial III Nauk Matematyczno-Fizycznych 34, Warsaw*. Expanded English translation in [Tarski, 1956]:52–278.

Tarski, A. (1956). *Logic, Semantics, Metamathematics, Papers from 1923 to 1938* (Translated by J. H. Woodger). Clarendon Press, Oxford.

Teller, P. (1995). *An Interpretative Introduction to Quantum Field Theory*. Princeton University Press, Princeton.

Teller, P. (2009). Fictions, fictionalization, and truth in science. *In* Suárez, M., éditeur : *Fictions in Science. Philosophical Essays on Modeling and Idealization*, pages 235–247. Routledge, Oxon, New York.

Tiercelin, C. (2015). Métaphysique et philosophie de la connaissance. *L'annuaire du Collège de France*, 114: http://journals.openedition.org/annuaire-cdf/11948.

Toon, A. (2010a). Models as make-believe. *In* Frigg, R. et Hunter, M. C., éditeurs : *Beyond Mimesis and Convention: Representation in Art and Science*, pages 71–96. Springer, Dordrecht, New York.

Toon, A. (2010b). The ontology of theoretical modelling: models as make-believe. *Synthese*, 172(2):301–315.

TOON, A. (2012a). *Models as Make-Believe: Imagination, Fiction and Scientific Representation.* Palgrave Macmillan, Basingstoke.

TOON, A. (2012b). Similarity and scientific representation. *International Studies in the Philosophy of Science*, 26(3):241–257.

TULENHEIMO, T. (2009). Remarks on individuals in modal contexts. *Revue internationale de philosophie*, 250(4):383–394.

TULENHEIMO, T. (2017). *Objects and Modalities: A Study in the Semantics of Modal Logic*, volume 41 de *Logic, Epistemology, and the Unity of Science.* Springer, Dordrecht.

VAIHINGER, H. (1911). *Die Philosophie des Als Ob.* Felix Meiner, Leipzig. Traduit par C. Bouriau in *Philosophia Scientiæ*, Cahier spécial 8 (2008), *La Philosophie du comme si.* Éditions Kimé, Paris.

van FRAASSEN, B. C. (1980). *The Scientific Image.* Oxford University Press, Oxford.

van FRAASSEN, B. C. (1989). *Laws and Symmetry.* Oxford University Press, Oxford.

van FRAASSEN, B. C. (1997). Structure and perspective: Philosophical perplexity and paradox. *In* DALLA CHIARA, M. L., DOETS, K., MUNDICI, D. et van BENTHEM, J., éditeurs : *Logic and Scientific Methods: Volume One of the Tenth International Congress of Logic, Methodology and Philosophy of Science, Florence, August 1995*, pages 511–530. Springer, Dordrecht.

van FRAASSEN, B. C. (2008). *Scientific Representation: Paradoxes of Perspective.* Oxford University Press, Oxford.

WALTON, K. (1990). *Mimesis as Make Believe: On the Foundation of the Representational Arts.* Harvard University Press.

WEBSTER, S. (2010). What scientists believe. *In Discovery.* BBC World Service, http://www.bbc.co.uk/programmes/b00pd299.

WEISBERG, M. (2007). Who is a modeler? *The British Journal for the Philosophy of Science*, 58(2):207–233.

WEISBERG, M. (2013). *Simulation and Similarity: Using Models to Understand the World.* Oxford University Press, New York.

WILLIAMSON, T. (2013). *Modal Logic as Metaphysics.* Oxford University Press, Oxford.

WOODS, J. (1974). *The Logic of Fiction.* Mouton, The Hague, Paris. Second edition (2009), volume 23 of *Studies in Logic.* College Publications, London.

WORALL, J. (1989). Structural realism: The best of both worlds? *Dialectica*, 43(1):99–124.

ZAHAR, E. (2001). *Poincaré's Philosophy: From Conventionalism to Phenomenology.* Open Court, Chicago.

ZALTA, E. (1988). *Intensional Logic and Metaphysics of Intentionality.* MIT Press, Cambridge.

Table des matières